바이오 열역학

농업생명과학연구원 학술총서 12

바이오 열역학

펴낸곳 서울대학교출판문화원
펴낸이 성낙인
지은이 조성인, 이중용, 정종훈, 송대빈

초판 1쇄 인쇄 2014년 8월 20일
초판 1쇄 발행 2014년 8월 25일
출판등록 제15-3호

주소 서울 관악구 관악로 1 우편번호 151-742
대표전화 02-880-5252 팩스 02-889-0785
마케팅팀(주문상담) 02-889-4424, 02-880-7995
이메일 snubook@snu.ac.kr
홈페이지 www.snupress.com
영문홈페이지 eng.snupress.com

ISBN 978-89-521-1673-4 94520
978-89-521-1021-3 94520(세트)

농업생명과학연구원 학술총서 12

바이오 열역학

조성인, 이중용, 정종훈, 송대빈 지음

서울대학교출판문화원

Bio-Thermodynamics

Cho, Seong In et al.

Seoul National University Press

머리말

서울대학교 농업생명과학대학에서 열역학을 15여 년 동안 강의하면서 아쉬웠던 점은 공학의 기본 역학 중의 하나인 열역학에 대한 많은 책이 출판되어 있으나 일반 공학분야 전공 학생을 대상으로 하는 내용위주로 책이 구성되어 동물과 식물 나아가서는 인간을 대상으로 연구하는 생명공학도를 대상으로 하는 적당한 열역학 교재가 없었다는 점이다.

이러한 연유로 교재 발간에 뜻있는 분들이 생명공학 분야 응용에 적합한 열역학 교재를 집필하기로 하였다. 본 교재의 내용은 바이오시스템을 이해하는 학생을 대상으로 하여 열과 일, 에너지에 대한 기초 개념을 이해하고 열과 에너지의 이용 효율 극대화를 위한 열역학시스템의 공학적 설계 능력과 성능 분석을 위한 기초 과학 이론을 습득하고, 나아가서 열기관, 열전달, 냉난방, 생물환경, 농산물 건조 및 저장 등의 바이오시스템 공학 분야에 실제 적용하는 능력을 배양하는 목적으로 구성되었다.

특히 각 장의 내용에 맞는 예제나 연습문제는 식물과 동물 시스템, 인간생활에 관계된 장치나 시스템을 대상으로 하고자 노력하였다. 본 교재의 내용이 생명공학도에게 열역학적인 지식을 바이오시스템 관점에서 이해하고 적용하는 능력 향상에 조금이나마 도움이 되었으면 한다.

2014년 7월

집필진 일동

서울대학교 농업생명과학대학 바이오시스템 · 소재학부	교수 조성인
서울대학교 농업생명과학대학 바이오시스템 · 소재학부	교수 이중용
서울대학교 농업생명과학대학 바이오시스템 · 소재학부	교수 정종훈
경상대학교 농업생명과학대학 생물산업기계공학과	교수 송대빈

차례

그림 차례

표 차례

1 열역학의 기본개념

열역학thermodynamics은 열과 일이라는 에너지 간의 상호 관계를 구명하는 자연과학의 하나다. 열역학에서 열과 일 사이의 매개체 역할을 하는 부분을 열역학 시스템이라고 하는데, 열역학 시스템은 열에서 일, 또는 일에서 열로 변환되는 부분으로서 대개 에너지 변화에 따라 기체, 액체로 상phase변화를 일으키는 작동물질substance을 갖는다.

시스템은 여러 개의 서로 다른 형태적 또는 개념적인 요소들이 어떤 유용한 목적을 달성하기 위하여 서로 유기적으로 작용하는 결합체를 말한다. 대표적인 열역학 시스템으로 냉장고, 에어컨, 자동차 엔진, 압력밥솥 등을 예로 들 수 있다.

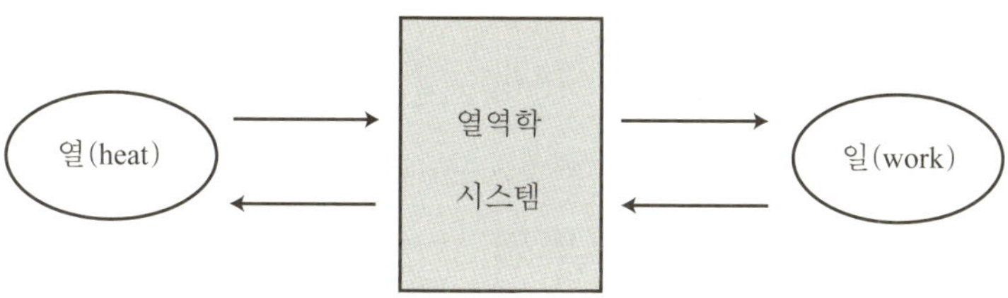

그림 1-1 열역학 시스템

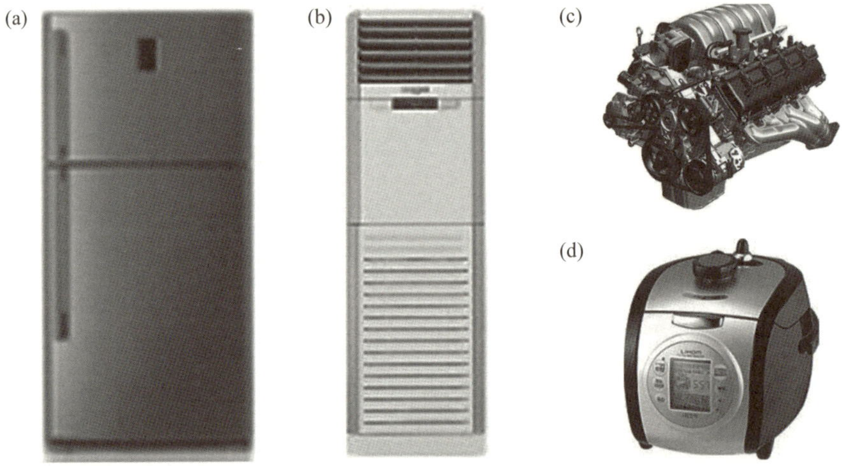

그림 1-2 대표적인 열역학 시스템: (a) 냉장고, (b) 에어컨, (c) 자동차 엔진, (d) 압력밥솥

1. 바이오 열역학

공학도engineer가 자연과학의 하나인 열역학을 배워야 하는 이유는 무엇인가? 그 이유를 파악하려면 자연과학과 공학의 차이를 이해하여야 한다. 일반적으로 자연과학은 자연현상을 구명하여 원리나 법칙으로 체계화한 학문으로 정의한다. 한편, 공학Engineering은 자연과학을 응용하여 실생활에 유용한 산물을 만들어 내는 학문이다. 공학의 사전적인 정의를 소개하면 다음과 같다.

> Engineering is the profession in which a knowledge of mathematics and natural sciences gained by study, experience and practice is applied with judgement to develop ways to utilize, economically, the materials and forces of nature for the benefit of mankind.

자연과학인 열역학을 실용적으로 응용하기 위한 학문을 공업 열역학Engineering Thermodynamics이라고 한다. 공업 열역학에서는 열역학적 시스템의 공학적인 설계, 에너지 효율성, 실생활의 효용성 등에 보다 초점을 둔다. 공업 열역학의 정의를 소개하면 다음과 같다.

> Engineering thermodynamics is the subject that deals with the study of the science of thermodynamics and the usefulness of this science in the engineering design of process, devices, and systems involving the effective utilization of energy and matter for the benefit of mankind.

바이오 열역학thermodynamics for biosystems engineers은 아직 개념이 확립되지는 않았지만 공업 열역학에서 주로 다루는 냉장고, 보일러 등과 같은 단위 열기계는 물론 식물체, 동물체와 같은 협의의 바이오시스템이나 축산생산 시스템, 작물생산 시스템, 발효 시스템과 같은 광의의 바이오시스템에 열역학을 적용하여 실용적으로 이용하기 위한 공학으로 설명할 수 있다. 따라서 기본적 원리는 바이오 열역학이나 공업 열역학이나 모두 열역학에 기초하며 같다고 볼 수 있다.

열역학은 열heat을 관찰하는 관점에 따라 고전적 열역학과 통계적 열역학으로 구분한다. 고전적 열역학classical thermodynamics은 일반적으로 말하는 열역학으로서 거시적 관점macroscopic view에서 작동물질의 성질과 열역학 시스템에서 열과 일의 관계를 파악하는 경험적 실험적 학문이다. 이에 비하여 통계적 열역학statistical thermodynamics은 작동유체를 구성하는 분자 수준에서 개별적 분자의 열을 흡수 또는 방출하는 과정에 근거한 미시적 관점microscopic view의 이론적인 학문이다.

2. 열역학 시스템

열역학에서 발생하는 팽창과 수축을 이해하기 위해서는 먼저 열역학적 시스템system과 검사체적control volume의 개념을 이해하여야 한다.

열역학에서 시스템은 그림 1-3에서 보듯이 분석의 대상이 되는 공간 안에 포함된 작동물질을 의미하며 시스템에 포함되지 않는 나머지 부분은 주위surrounding라고 한다. 또한 시스템과 주위를 구분하는 실제 또는 가상의 표면은 경계boundary라고 한다. 열역학 시스템은 작동물질이 경계를 통과할 수 있느냐 없느냐에 따라서 개방 시스템open system과 밀폐 시스템closed system으로 구분한다.

그림 1-4는 밀폐 시스템의 특성을 도식적으로 나타낸 것이다. 밀폐 시스템에서 작동물질은 경계를 통과하지 못하므로 시스템의 질량은 시간이 흐름에 따라 변화가 없다는 것을 의미한다. 개방 시스템에서는 작동물질이 경계를 통해 이동하여 출입이 가능하다. 그러나 물질이 가지는 에너지는 밀폐 시스템이나 개방 시스템 모두 열이나 일의 형태로 경계를 통과할 수 있다.

시스템을 정의하는 경계는 고정된 경우도 있지만 이동하거나 팽창 · 수축될 수도 있다. 즉 밀폐 시스템에서 작동물질의 출입이 없으므로 작동물질의 질량은 일정해야 하지만 체적(V)은 일정하지 않을 수도 있다. 특별한 경

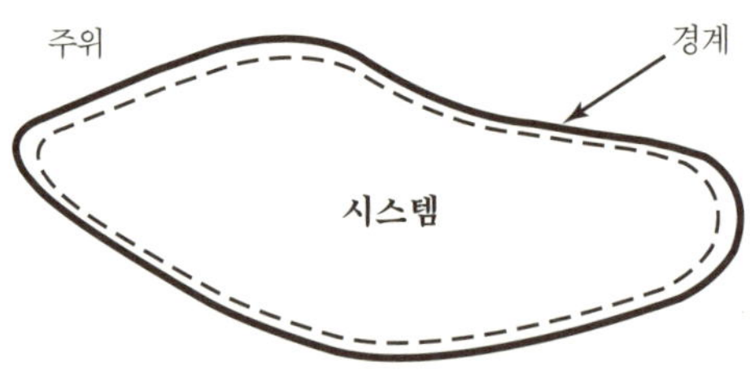

그림 1-3 열역학 시스템의 주위와 경계

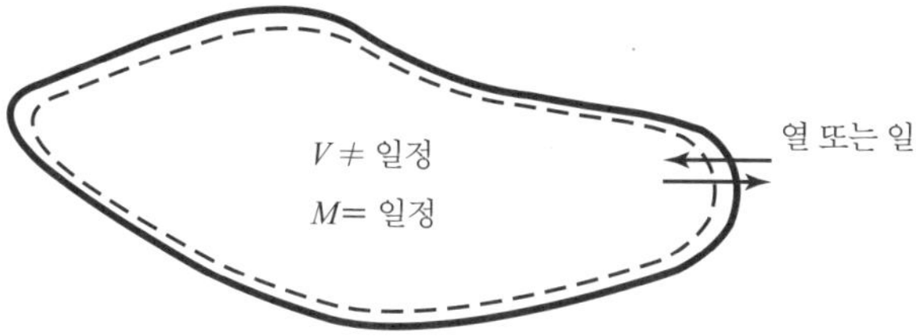

그림 1-4 밀폐 시스템의 특성

우로 경계가 단열insulation 즉 열의 진입과 방출이 차단된 경우에는 열의 이동은 불가능하지만 이 경우에도 일은 경계를 통과할 수 있다. 작동물질이나 에너지가 경계를 통과하지 않아 주위에 의해서 고립되어 있는 시스템을 고립 시스템isolated system이라고 한다.

열역학적 시스템에서 열과 일의 관계를 설명하기 위하여 4 행정기관four cycle engine의 실린더와 피스톤 사이에 갇힌 혼합기체를 시스템으로 가정한 상황을 그림 1-5에 표현하였다. 그림 1-5(a)는 연소실의 구조를 나타내고 그림 1-5(b)는 압축하는 과정을 나타낸 것이다. 압축과정에서는 밸브가 모두 닫혀 있으므로 실린더와 피스톤 사이의 공간에 있는 연료와 공기의 혼합기체는 실린더 벽을 통과하지 못하고 위치도 이동하지 않으며 질량은 일정하나 체적(V)은 일을 받아 압축되고 연소실의 열에너지는 실린더 벽체를 통하여 유출된다.

그림 1-6은 개방 시스템을 도식적으로 나타낸 것이다. 유체의 출입이 가능한 압축기, 터빈, 노즐 등이 대표적인 개방 시스템이다. 일정한 질량이 갇혀 있는 밀폐 시스템과 달리 순간마다 작동물질의 출입이 있기 때문에 그림 1-6과 같이 분석하고자 하는 대상의 영역을 점선으로 정의하여 시스템의 경계를 설정한다. 그 경계로 둘러싸인 공간이 검사체적control volume이라고 한다. 검사체적의 경계를 통해 개방 시스템은 한쪽에서 작동물질이 들어

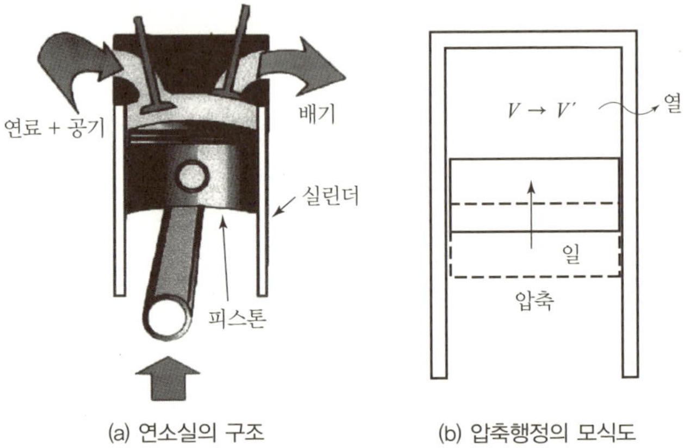

그림 1-5 4-사이클 엔진 연소실

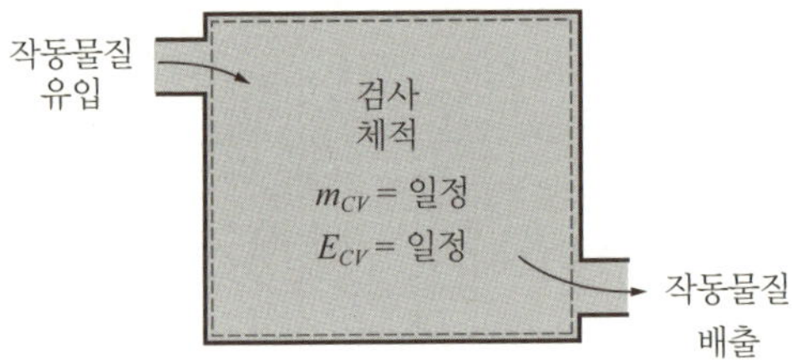

그림 1-6 작동물질이 출입하는 개방 시스템(정상 상태의 경우)

오고 다른 반대편으로 작동물질이 나간다. 작동물질이 들어오기만 하는 경우와 빠져 나가기만 하는 경우도 있다. 검사체적의 경계는 고정되기도 하고 움직이기도 한다. 검사체적의 경계를 통해 열과 일의 에너지는 자유롭게 출입할 수 있다.

3. 에너지의 형태

에너지는 일을 할 수 있는 능력으로 정의되며, 일반적으로 운동 에너지 kinetic energy, 위치 에너지potential energy, 열에너지thermal energy, 기타 에너지로 구분된다. 기타 에너지에는 화학반응, 핵반응, 전기장, 전자장 효과 등에 의한 에너지가 있다.

열역학적 관점에서 에너지는 열역학적 시스템의 상태를 변화시키는 능력으로 정의된다. 즉 시스템의 열역학적 상태를 기술하고 시스템 내부에서의 변화 또는 시스템 경계를 통하여 전달되거나 변화되는 양을 의미한다. 열역학에서 다루는 열heat과 일work은 열에너지와 기계적 에너지mechanical energy로 표현된다.

운동 에너지(E_K)와 위치 에너지(E_P)는 기계적 에너지라고도 하며, 다음과 같이 나타내어진다.

$$E_K = \frac{1}{2} m\vec{V}^2 \qquad \text{(식 1-1)}$$

여기서, E_K : kinetic energy of mass m (J)

$\vec{V}$: velocity of mass m (m/s)

$$E_P = mgZ \qquad \text{(식 1-2)}$$

여기서, E_P : potential energy of mass m (J)

g : gravitational constant (9.81 m^2/s)

Z : relative vertical distance between mass m and the reference (m)

4. 열역학 시스템 상태량

열역학적인 시스템의 열역학적인 상태state를 나타내는 측정 가능한 여러 가지 물리적인 양을 시스템 상태량system property이라고 한다. 널리 사용되는 상태량에는 질량mass, 온도temperature, 압력pressure, 체적volume, 비체적specific volume, 밀도density 등이 있다. 어느 한 순간의 열역학 시스템의 상태는 그림 1-7과 같이 주어진 열역학 상태량에 의해서 결정된다. 시스템의 상태량은 주어진 상태에서는 그 상태에 도달하기까지의 경로에 무관하게 항상 같은 값을 가진다.

시스템의 상태량은 작동물질의 질량 변화에 따라 동반하여 변하는 종량성 상태량extensive properties, EP과 질량에 무관한 강도성 상태량intensive properties, IP으로 구분된다. 질량과 체적은 대표적인 종량성 상태량이고 압력과 밀도는 질량에 따라 변하지 않은 대표적인 강도성질을 가지는 상태량이다.

밀폐된 용기 안에서 끓고 있는 물의 압력과 온도는 서로 종속적 상태량dependent property이다. 즉, 용기 내의 압력에 따라 끓는 온도가 종속적으로 정해진다. 그러나 프로판 기체통 속의 압력과 온도는 서로 독립적인 상태량이

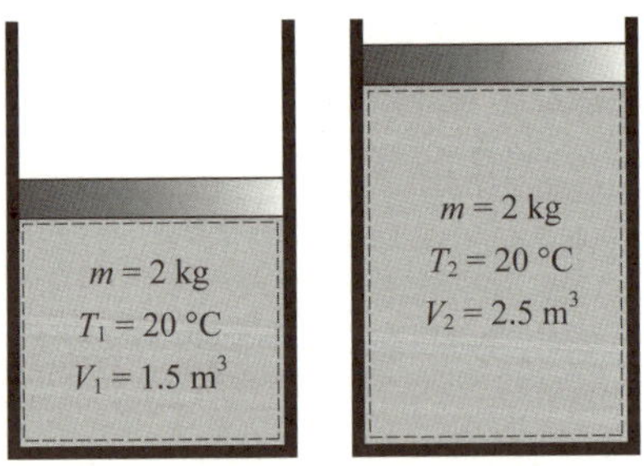

(a) 상태 1　　(b) 상태 2

그림 1-7 두 가지의 다른 열역학 상태

다. 즉, 같은 압력에서도 주어진 상태에 따라 여러 다른 온도 값을 독립적으로 가질 수 있다.

5. 열역학적 평형

주위로부터 고립된 일정한 시스템 내부에서의 모든 지점에서 열역학 시스템의 상태량이 같을 때 평형 상태equilibrium state에 도달했다고 말한다. 시스템의 상태량은 주어진 시스템이 평형에 도달했을 때의 값을 말한다.

시스템 내부의 어느 지점에서 일정한 온도, 압력, 화학조성을 가질 때 그 시스템은 각각 열적 평형thermal equilibrium, 기계적 평형mechanical equilibrium, 화학적 평형chemical equilibrium에 도달했다고 말한다. 시스템 내부의 작동물질의 온도, 압력, 화학조성이 모두 같을 때 열역학적 평형thermodynamic equilibrium 상태라고 정의된다. 그림 1-8은 열적 평형 전과 후의 밀폐 시스템을 보여 주고 있다.

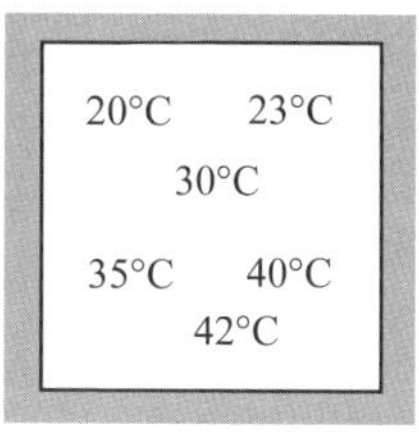

(a) 평형 이전

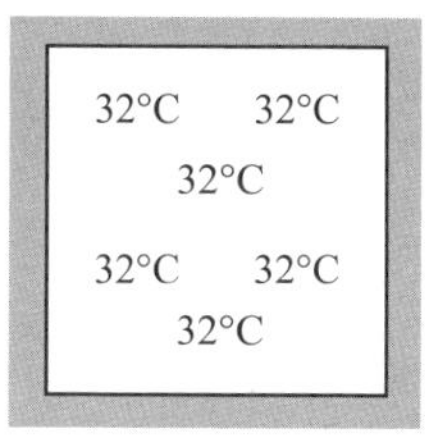

(b) 평형 이후

그림 1-8 열적 평형이 이루기 전과 열적 평형을 이룬 후의 밀폐 시스템

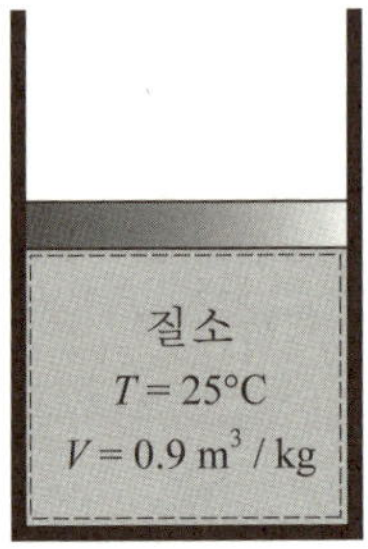

그림 1-9 독립적인 두 개의 강도성 상태량을 가진 순수단순압축성 시스템

6. 열역학 상태 성립조건

어느 열역학 시스템의 상태를 결정하기 위해서는 수많은 상태량이 요구된다. 화학반응이 일어나지 않은 단일 화학성분으로 구성된 작동물질을 가진 시스템의 상태는 그림 1-9와 같이 최소 두 개의 서로 다른 독립적인 강도성 상태량이 있으면 그 시스템의 상태가 결정된다.

전기장, 자기장, 중력 또는 표면 장력 등의 영향을 받지 않을 때 단순압축성 시스템simple compressible system이 될 수 있고, 작동 물질이 화학반응이 일어나지 않은 단일 화학성분으로 구성된 시스템을 순수단순압축성 시스템pure, simple and compressible system이라고 한다.

7. 과정과 사이클

과정process은 그림 1-10과 같이 시스템 내의 물질이 어떤 상태에서 다른 상태로 변할 때 연속된 상태 변화의 경로path를 말한다. 과정 중에 온도가 동일한 과정을 등온과정isothermal process, 압력이 동일한 과정을 등압과정

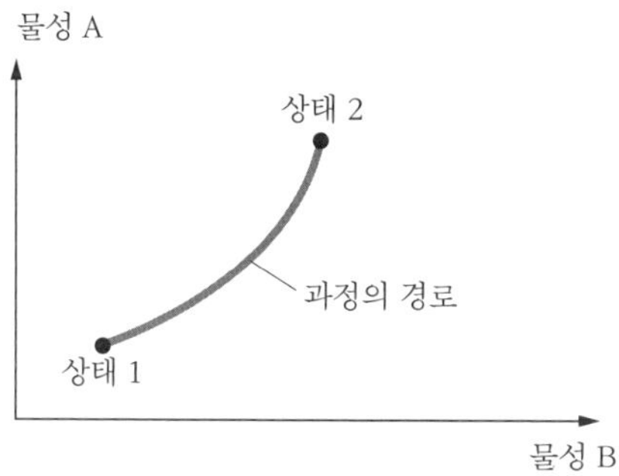

그림 1-10 열역학적 과정과 경로

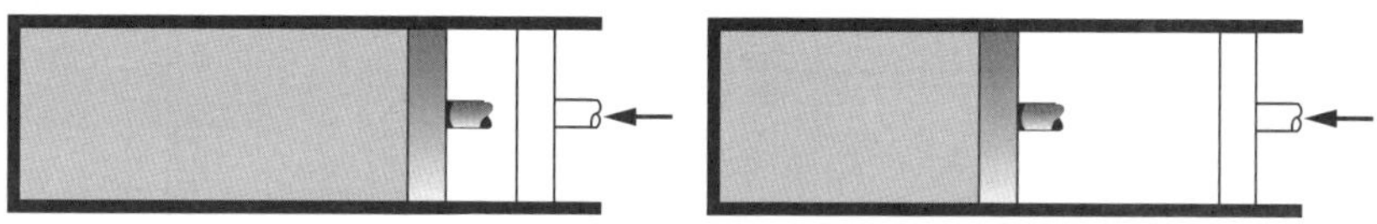

그림 1-11 준평형과정과 비준평형과정

isobaric process, 체적이 동일한 과정을 등적과정isochoric 또는 isometric process이라고 한다. 과정 중에 열이 시스템의 경계를 출입하지 않은 과정은 단열과정adiabatic process이라고 한다.

상태량은 시스템이 평형을 이루었을 때 시스템의 상태를 나타낸다, 시스템이 평형 상태에서 다른 평형 상태로 이동하는 과정 중에 시스템의 상태는 어떻게 되는가? 그림 1-11(a)와 같이 과정을 아주 느린 속도로 진행한다면 매 순간마다 시스템은 평형 상태를 유지할 수 있을 것이다. 준평형quasi-equilibrium 상태는 과정이 아주 천천히 진행되어 평형 상태로 간주할 수 있는 상태를 말한다.

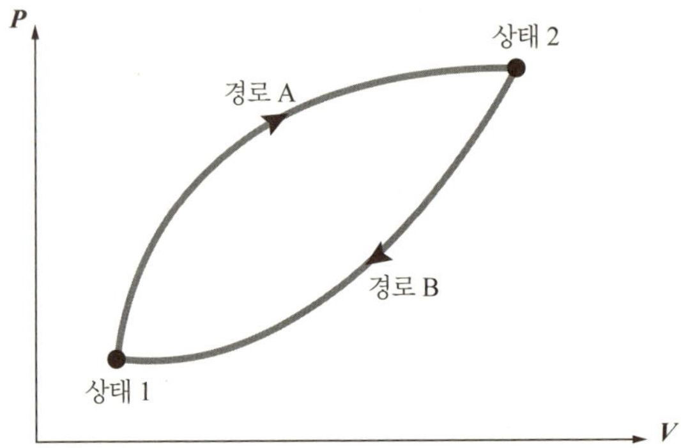

그림 1-12 열역학적 사이클

사이클cycle은 그림 1-12와 같이 시스템이 한 상태에서 시작하여 임의의 상태 변화 또는 과정을 거쳐 처음 상태로 돌아오는 전체 과정을 말하며, 이때 시스템은 한 사이클을 겪었다고 한다.

어느 특정 상태에 있는 시스템의 상태량(압력, 온도 등)은 과정이나 경로에 무관한 값을 갖는다. 이와 같이 경로에 무관한 상태량을 점함수point function라고 한다. 완전한 한 사이클 동안 어떤 상태량의 변화량은 언제나 0이어야 한다. 반면에 열이나 일의 양은 특정한 경로에 따라 값이 달라진다. 이러한 물리량은 상태량이라 말하지 않으며 경로함수path function 성질을 갖는다고 한다. 하나의 사이클에 열과 일의 변화량 적분값은 반드시 0이 되지는 않는다.

8. 압력

우리가 사는 지구상의 대기압atmospheric pressure은 지역과 고도, 기상에 따라서 차이가 있으며 표준 대기압으로는 101.3 kPa(=1 atm)을 사용한다. 기압의 다른 단위로 bar를 사용하기도 한다(1 bar = 0.1 MPa = 100 kPa = 10^5 N/m^2 = 0.1 MPa). 따라서 1 atm은 1.01325 bar를 나타낸다.

압력pressure은 유체분자가 고체표면에 충돌하여 발생시키는 면적당 힘을 말하며 단위로 사용되는 Pa(파스칼)은 1 평방미터당 1 N(뉴톤)의 힘이 작용하는 압력의 크기를 나타낸다. 그러나 파스칼은 크기가 워낙 작아서 kPa이 널리 사용된다. 열역학에서 압력은 완전한 진공에서 압력을 0으로 정한 절대압력(P_{abs})absolute pressure을 사용한다. 따라서 절대압력은 대기압을 0 기압으로 나타내는 계기압력(P_g)gage pressure에 표준 대기압(P_{atm}) 또는 실제 대기압을 더해 주어야 한다.

$$P_{abs} = P_g + P_{atm} = P \quad \text{(식 1-3)}$$

여기서, P_g : 계기압력, Pa

P_{atm} : 표준 대기압, 101.3 kPa

P_{abs} : 절대압력, Pa

비체적(υ)은 단위 질량당 체적을 의미하므로 단위 부피당 질량을 의미하는 밀도(ρ)와 역수의 관계를 갖는다. 표준 대기압 4℃에서 물의 밀도는 1,000 kg/m^3의 값을 갖는다.

$$\upsilon = \frac{V}{m} = \frac{1}{\rho} \quad \text{(식 1-4)}$$

여기서, υ : 기체의 비체적, m^3/kg

V : 기체의 체적, m^3

m : 기체의 질량, kg

예제 1-1

암모니아 용기의 압력을 수은기둥으로 측정하였더니 1,000 mmHg였다. 표준 대기압이 760 mmHg라면 암모니아 기체의 압력은 몇 kPa인가?

풀이

표준 대기압이 101.3 kPa이라는 사실을 이용하자.

$$1{,}000 \text{ mmHg} = 1{,}000 \text{ mmHg} \frac{101.3 \text{ kPa}}{760 \text{ mmHg}} = 133.3 \text{ kPa}$$

▶▶▶ 연습문제

1. 열역학의 정의에 대해서 설명하고 고전적 열역학classical thermodynamics과 통계적 열역학statistical thermodynamics의 차이점에 대해서 설명하시오.

2. 밀폐 시스템과 개방 시스템의 차이점에 대해서 설명하시오.

3. 검사체적control volume의 개념에 대해서 설명하시오.

4. 열역학적 평형이란 무엇을 말하는가?

5. 강도성 상태량과 종량성 상태량의 차이점을 말하고 그 예를 각각 두 개씩 드시오.

6. 순수단순압축성 시스템pure, simple and compressible system에 대해서 설명하시오.

7. 준평형과정의 성립조건에 대해서 설명하시오.

8. 트랙터의 엔진이 100 hp·hr 일을 생산한다. 이를 다음 단위로 환산하시오.

(1) kJ (2) calories (3) Btu (4) kW·hr

9. 절대압력absolute pressure과 계기압력gage pressure에 대해서 설명하시오.

10 기압 측정장치에 사용되는 수은의 밀도는 13.595 g/cm^{3}이다. 수은 기둥의 높이가 760 mm일 때의 기압은 몇 Pa인가?

11. The energy consumption in the world is about 65 GJ per person per year. For a world population of 7.0 billion, what is the total energy consumption in barrels of crude oil equivalent? The energy content of one barrel of crude oil may be taken as 5.8×10^6 Btu.

12. 바이오시스템에서 열역학의 원리를 응용하는 예를 들어보자.

2 온도와 열역학 제0법칙

우리는 흔히 온도를 물체의 차가움 또는 뜨거움을 표시하는 척도로 인식하고 있다. 그러나 우리가 느끼는 차가움과 뜨거움은 감각기관의 상태에 따라 수시로 변하기 때문에 정확하지 않다. 예를 들어 추운 겨울날 밖에 있다가 집에 들어와 찬물로 손을 씻는 경우와 방 안에서 잠을 잔 후 아침에 찬물로 손을 씻는 경우, 같은 찬물에서 느끼는 차가움의 정도는 다르게 느껴진다. 심지어 차가운 물체를 덥게, 더운 물체를 차갑게 느낄 수도 있다. 이처럼 인간의 감각에 의해 느껴지는 정도로 온도를 정의하는 것은 불가능하다.

1. 온도 등가성

온도가 서로 다른 두 물체(또는 시스템)를 접촉시키면 온도가 낮은 것의 온도는 올라가고 높은 것의 온도는 내려가 일정 시간 후 서로 온도가 같아지는 열평형 상태에 도달하게 된다. 80℃의 물을 컵에 담아 방 안의 책상에 놓아 두면 오랜 시간이 흐름에 따라 컵 속의 물의 온도와 컵 주위의 공기 온도는 같아지게 된다. 이와 같이 두 물체(또는 시스템)가 접촉을 할 때 열평형 상태를 결정지어 주는 요인이 온도다. 온도의 등가성equality of temperature 또는 온도의 동일성이란 열평형을 이룬 두 물체(또는 시스템)의 온도는 서로 같다는 것을 의미한다.

서로 접촉하지 않은 두 개의 물체와 수은 온도계를 생각하자. 먼저 한 개의 물체에 수은 높이의 변화가 없을 때(수은 온도계와 물체는 열평형을 이룸)까지 수은 온도계를 접촉시킨 후, 수은 온도계를 다른 물체에 접촉시켰을 때 수은 높이의 변화가 없다면 두 물체는 수은 온도계와 열평형을 이루었다고 말한다.

2. 열역학 제0법칙

열역학 제0법칙the zeroth law of thermodynamics은 두 물체가 제3의 물체와 열평형을 이룬다면 두 물체는 서로 접촉하고 있지 않더라도 온도가 서로 같다는 것을 의미한다. 열역학 제0법칙은 온도측정을 위한 표준척도 설정의 기초가 된다. 여기서 제3의 물체는 온도계를 말한다.

3. 열역학 온도

온도temperature를 나타내는 데 일반적으로 사용되는 섭씨눈금Celsius scale은 물의 빙점ice point과 비등점boiling point or steam point의 두 점을 0℃와 100℃로 하여 온도를 표시한다. 여기서 빙점 온도는 1기압 하에서 포화공기와 평형을 이루고 있는 얼음과 물의 혼합물의 온도로 정의되며, 비등점 온도는 물이 1기압 하에서 수증기와 평형상태에 있을 때 온도로 정의된다. 화씨눈금Fahrenheit scale은 빙점과 비등점을 32°F와 212°F로 하여 온도를 표시하는 것으로 섭씨눈금과는 다음과 같은 관계식으로 표시된다.

$$T_{°F} = \frac{9}{5} T_{℃} + 32 \quad \text{(식 2-1)}$$

온도는 작동물질을 이루는 분자의 열적 에너지를 나타내는 지표의 의미로서 절대온도absolute temperature가 있는데 이를 열역학 온도thermodynamic temperature 또는 캘빈Kelvin 온도라고도 한다. 절대온도 0도는 물질의 분자가 운동하지 않는 가상의 상태를 의미한다. 샤를의 법칙에 의하면 기체의 체적이 일정한 상태에서 온도는 압력을 따라 다음 식과 같이 직선적으로 변한다.

$$T = a + bP \quad \text{(식 2-2)}$$

샤를의 법칙에 의하면 기체의 종류에 관계없이 온도가 −273.15℃에서 압력이 0으로 수렴하게 된다. 이때의 온도를 0으로 하는 온도 눈금계를 절대온도로 정의한 것이다. 영미단위계에서는 절대온도로 °RRankine을 사용한다. 물리학자 Kelvin이 제안한 절대온도는 대문자 K로 표시되며, 단위는 물의 삼중점triple point 온도의 1/273.16을 1K(1Kelvin)으로 한다. 1968년 제10회 국제 도량형총회(GPM)에서 물의 삼중점온도를 273.16K로 정했다. 캘빈온도는 상용하는 섭씨Celsius온도와 273.16℃의 차이를 가지므로 두 가지 온도 간에는 다음과 같은 관계가 있다.

$$T_K = T_{℃} + 273.16 \qquad \text{(식 2-3)}$$

여기서, T_K : 캘빈 온도

$T_{℃}$: 섭씨온도

$$T_{°R} = T_{°F} + 459.67 \qquad \text{(식 2-4)}$$

여기서, $T_{°R}$: 랭킨 온도

$T_{°F}$: 화씨온도

예제 2-1

사람의 체온이 100°F로 측정되었다. 절대온도로 몇 K인가?

풀이

화씨온도는 표준온도는 아니지만 영미국가에서 널리 사용하므로 알아 둘 필요가 있다. 화씨온도는 물의 빙점을 32°F(0℃)로 하고 화씨온도 1도는 섭씨온도 1도의 5/9에 해당된다는 사실을 이용하여 화씨온도를 섭씨온도로 환산하면

$$T_{℃} = \frac{5}{9}(T_{°F}-32) = \frac{5}{9}(100-32) = 37.78℃$$

또한 절대온도로 환산하면 37.78 + 273.16 = 310.94K이다.

▶▶▶ 연습문제

1. 온도 등가성에 대해서 설명하시오.

2. The human body temperature is 98.6°F. What is this temperature in ℃, K and °R?

3. 같은 온도의 두 물체가 손으로 접촉하였을 때 서로 다른 온도로 느껴진다면 물체의 어떤 성질이 다른 것인지 설명하시오.

3 일, 열과 에너지

힘과 일, 에너지 등 물리량은 여러 가지 단위로 표현할 수 있다. 이 책에서는 SI unit을 기준으로 설명한다. 따라서 질량은 킬로그램(kg), 길이는 미터(m), 시간은 초(s), 온도는 캘빈 온도(K)를 기본단위로 사용하며 힘은 뉴톤(N), 일이나 열, 에너지는 주울(J), 일률은 와트(W)나 킬로와트(kW)를 사용한다.

응용분야에 따라서는 국제적 표준단위인 SI 단위를 따르지 않고 아직도 칼로리(cal), 마력(PS), 피에스아이(psi), 바(bar) 등 다양한 단위가 사용되고 있고 이들 단위에 대한 이해 역시 중요하다. 다만 이 책에서도 온도는 섭씨 온도Celsius degree를 캘빈 온도Kevin degree 대신 사용하는 경우가 있다.

1. 일의 정의와 단위

물리학적으로 일work(W)은 물체에 가해진 힘force(F)과 가해진 힘의 방향으로 움직인 물체의 총 변위(S)의 곱으로 식 3-1과 같이 정의된다. 동역학이나 재료역학에서 물체는 고유의 질량을 가지지만 열역학에서 작동물질은 열역학적 시스템의 위치에 따라서 그 양이 변하므로 질량이 일정하다고 가정하여 일을 정의하는 것은 실용적이지 못하다.

또한, 열역학에서 작동물질은 유체이므로 강체와 다른 형태의 일이 일어나기도 한다. 예를 들어 강체는 이동이 없으면 일은 그 크기가 0이 되지만 정지되어 있는 작동물질이 팽창하거나 수축하는 열역학적 시스템은 일은 하거나 받게 된다. 따라서 열역학에서는 단위질량당 일(W)이나 단위시간당 일의 변화율인 일률($\dot{W}$)을 정의하여 사용한다.

$$W = \int F\,dx = F \cdot S \qquad \text{(식 3-1)}$$

여기서, W : 전체 일, J

F : 물체에 가해진 힘, N

S : 힘이 가해진 x 방향으로 움직인 거리, m

열역학 시스템의 일을 작동물질의 질량으로 나눈 단위 질량당 일을 w (J/kg)로 나타내며 단위 질량당 일률($\dot{w}$)은 다음 식 3-2와 같이 단위 시간(t) 당 일의 변화율로 표현된다.

$$\dot{w} = \frac{dw}{dt} \qquad \text{(식 3-2)}$$

그림 3-1은 피스톤이 실린더 내에서 압축하는 과정을 나타낸 것이다. 압축과정에서는 밸브가 모두 닫혀 있으므로 혼합기체의 질량은 일정하나 체적(V)은 압축되어 줄어드는 과정이다. 이때 엔진의 크랭크 로드는 일을 하여 피스톤을 위로 밀어 올리는데, 혼합기체를 시스템이라고 가정하면 시스템은 외부로부터 일을 받았다고 하며 일(W)은 음(−)의 부호를 갖는다. 반대

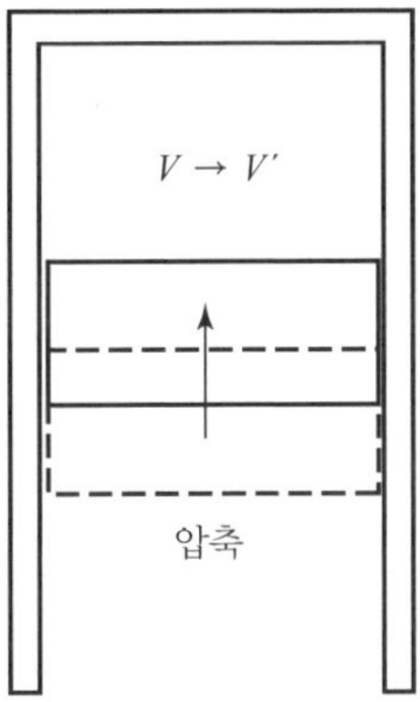

그림 3–1 피스톤의 압축과정

그림 3–2 밀폐 시스템의 팽창과정

로 그림 3–2와 같이 혼합기체가 팽창하면서 경계면 외부로의 일을 하는 경우는 시스템이 일을 했다고 하며 일(W)은 양(+)의 부호를 갖는다.

이때 행해진 일의 양은 임의의 과정 동안의 미소일($\delta W = P \cdot dV$)을 적분하여 다음 식 3–3과 같이 나타낼 수 있다. 일은 경로함수이므로 과정 전후의 열의 차이로 나타낼 수 없다.

$$W_{12} = \int_1^2 \delta W \neq W_2 - W_1 \qquad \text{(식 3–3)}$$

2. P–V 선도와 일

열역학에서 압축과 팽창에 대한 일을 설명하기 위하여 그림 3–3과 같이 피스톤과 실린더로 구성된 공간에 있는 혼합기체를 시스템으로 가정하자. 피스톤 위에 중량물을 설치하면 피스톤은 1 지점에서 2 지점으로 이동하고, 중량물을 제거하면 피스톤은 위로 상승한다.

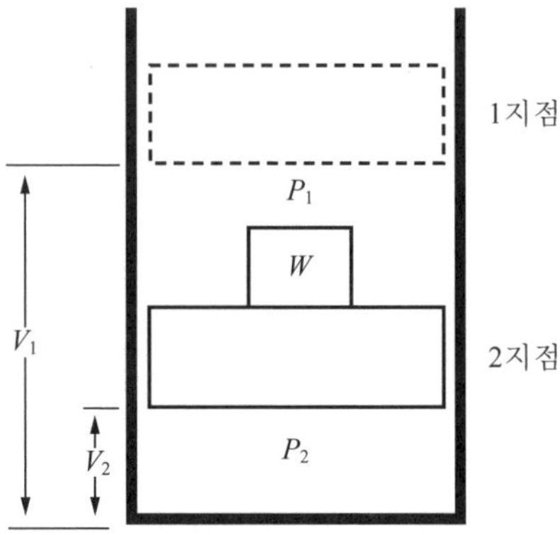

그림 3-3 피스톤과 실린더에 갇힌 시스템

만약 이때 가해지거나 제거되는 중량을 매우 작게 하여 무수한 단계로 압축과 팽창을 한다면 혼합기체는 이상적인 평형ideal equilibrium에 가까운 준평형quasi-equilibrium 과정으로 간주할 수 있다. 실린더 단면적을 A, 실린더 내 유체압력 P, 한 개 중량물에 의한 피스톤 이동거리를 L이라 하면, 한 개 중량물에 의한 미소일(δW)은 식 3-4와 같이 나타낼 수 있다.

$$\delta W = PAdL = PdV \qquad \text{(식 3-4)}$$

여기서, P : 기체압력, Pa, N/m^2

V : 밀폐 시스템(기체) 체적, m^3

A : 피스톤의 단면적, m^2

L : 위치 1과 2 사이의 거리, m

중량물 전체에 의한 전체 일(W)은 식 3-5와 같은 경로함수path function의 정적분으로 표시된다.

$$W_{12} = \int_1^2 \delta W = \int_1^2 PdV \qquad \text{(식 3-5)}$$

열역학적 상태량인 실린더 내 기체 체적 변화량은 점함수point function로 다음 식 3-6과 같이 적분될 수 있으나,

$$\int_1^2 dV = V_2 - V_1 = \Delta V \qquad \text{(식 3-6)}$$

미소일인 δW는 경로함수이므로 적분에 의해 전체 일(W)을 구할 수 없다.

$$\int_1^2 \delta W \neq W_2 - W_1 = \Delta W = W_{12} \text{ or } {}_1W_2$$

압축할 때 시스템에 가해지는 일을 구하기 위해서는 기체의 압력 P와 체적 V 사이의 관계를 알아야 한다. 이상기체는 시스템의 온도가 변하지 않는 조건에서 압력과 체적의 곱이 일정하지만 일반적인 기체에 적용되는 폴리트로픽 과정polytropic process에서는 압력과 체적 간의 관계가 다음 식 3-7과 같이 특별한 관계식으로 정의된다.

$$PV^n = C = \text{일정} \qquad \text{(식 3-7)}$$

즉, 열과 일이 출입하여 기체의 압축과 팽창이 일어나는 과정process에서 $logP$와 $logV$는 선형linear 관계가 있다. 즉 $logP = -nlogV + logC$로 주어지고 n은 실험에 의해서 경험적으로 구한다. 그림 3-4와 같이 n 값이 변함에 따라 여러 가지의 과정을 생각할 수 있다. 그림 3-4는 그림 3-2와 같은 밀폐 시스템 조건에서 혼합기체의 압축과 팽창에 대한 여러 가지 가능한 압력과 부피의 관계식을 그림으로 나타낸 압력-체적 선도P-V diagram이다.

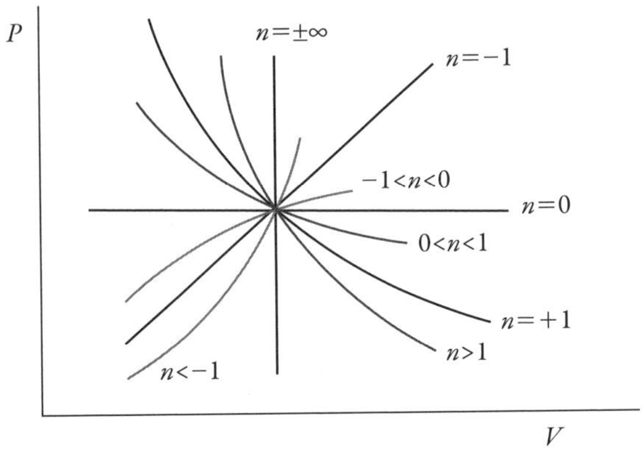

그림 3-4 여러 가지 폴리트로픽 과정을 나타내는 $P-V$ 선도

$n = 0$인 경우는 $P = C$인 등압isobaric과정으로 일은 다음 식 3-8과 같이 구해진다.

$$W = \int_1^2 PdV = P\int_1^2 dV = P(V_2 - V_1) = P\Delta V \qquad \text{(식 3-8)}$$

$n = 1$인 경우는 $PV = C$인 등온isothermal과정으로 일은 식 3-9와 같이 구해진다.

$$W = \int_1^2 PdV = \int_1^2 \frac{C}{V} dV = C ln \frac{V_2}{V_1} = P_1 V_1 ln \frac{V_2}{V_1} \qquad \text{(식 3-9)}$$

$n \neq 1$인 경우는 $PV^n = C$인 경우 일은 식 3-10과 같이 구해진다.

$$W = \int_1^2 PdV = \int_1^2 \frac{C}{V^n} dV = \frac{C}{1-n}\,(V_2^{1-n} - V_1^{1-n}) = \frac{P_2V_2 - P_1V_1}{1-n} \qquad \text{(식 3-10)}$$

우리가 정의한 일은 준평형 상태를 가정하여 구한 것이지만 실제 열역학 시스템에서는 준평형 상태가 보장되지 않으므로 손실이 발생하여 이론적인 일과 실제적인 일 간에는 차이가 있다.

그림 3-4에서 $n=\pm\infty$인 경우는 체적이 일정한 상태에서 압력변화를 나타내는 것으로 정적isometric 과정이라 불린다. 그림 3-4의 압력-체적 선도에서 혼합기체 즉 밀폐 시스템에 필요한 일은 식 3-11과 식 3-12와 같이 적분하거나 $P-V$ 선도에서 곡선 아래 부분의 면적을 구하여 정할 수 있다.

$$\int_1^2 PdV = \frac{P_2V_2-P_1V_1}{1-n}\ (n\neq 1) \qquad \text{(식 3-11)}$$

$$\int_1^2 PdV = P_1V_1\ ln\frac{V_2}{V_1}\ (n=1) \qquad \text{(식 3-12)}$$

예제 3-1

폴리트로픽 과정에서 처음과 최종 상태의 압력 P와 체적 V가 알려지면 지수 n은 어떻게 구하는가?

풀이

폴리트로픽 과정에 대한 식을 변형하여 n에 대하여 정리하자.

$$P_1V_1^n = P_2V_2^n \quad \rightarrow \quad \frac{P_2}{P_1} = \left\{\frac{V_1}{V_2}\right\}^n$$

$$\therefore ln\left(\frac{P_2}{P_1}\right) = nln\left(\frac{V_1}{V_2}\right) \quad \rightarrow \quad n = \frac{ln(P_2/P_1)}{ln(V_1/V_2)}$$

예제 3-2

폴리트로픽 과정에서 $n=\pm\infty$인 경우는 정적과정임을 증명하시오.

풀이

$P_1V_1^n = P_2V_2^n \rightarrow P_2 / P_1 = (V_1 / V_2)^n \rightarrow (V_1 / V_2) = (P_2 / P_1)^{1/n} \cong 1.0$

따라서, V = 일정.

3. 열의 정의와 단위

일상생활에서 우리는 열heat을 온도와 마찬가지로 뜨거움이나 차가움을 나타내는 의미로 사용한다. 자기의 체온 또는 손바닥의 온도보다 높은 것을 만지면 뜨겁다고 말하고 온도가 낮은 것을 만지면 차갑다고 말하며 같은 온도의 것을 만지면 열을 감지하는 감각은 아무것도 느끼지를 못한다.

열역학적 관점에서 열은 온도차가 있는 두 개의 시스템이 열적 평형을 이루기 위해 시스템의 경계를 이동하는 에너지로 정의된다. 따라서 열은 두 시스템의 온도차가 있을 때만 식별이 되며, 열적 평형이 이루어진 뒤에는 온도차가 없기 때문에 경계를 이동하는 열의 이동 즉, 열전달은 나타나지 않는다. 찬물과 더운물을 서로 섞을 경우 온도차에 의해 더운물에서 찬물 쪽으로 열이 이동하고 전달된 열에 의해 찬물의 온도가 상승하여 온도차가 없는 경우 더 이상 열이동은 나타나지 않는다.

이처럼 열은 이동할 때만 나타나는 양이기 때문에 주전자에서 끓고 있는 물이나 빨갛게 달구어진 쇠구슬의 '열이 많다'라는 표현은 잘못된 것이며, 열이동이 일어날 수 있는 잠재적인 열에너지를 많이 갖고 있다고 말할 수 있다.

열의 크기는 일의 단위와 동일하게 Joule로 나타내며 기호는 Q를 사용한다. 열은 시스템의 경계를 통해서 이동하는 에너지이므로, 그림 3-5와 같이 시스템을 통해서 들어가는 열은 양(+)으로, 시스템으로부터 나오는 열은

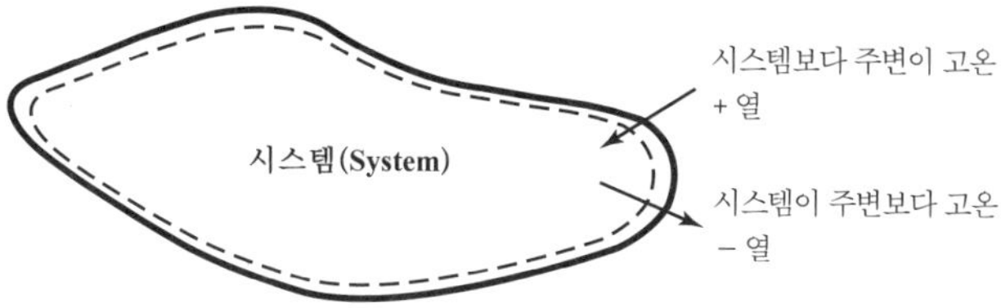

그림 3–5 시스템에서 열의 부호

음(−)으로 표시한다.

임의의 과정을 거쳐 나타나는 열은 과정 중의 미소열(δQ)을 적분하여 다음 식 3−13과 같이 나타낼 수 있지만, 열 역시 일과 동일하게 경로함수이므로 과정 전후의 열의 차이로 나타낼 수 없다.

$$Q_{12} = \int_1^2 \delta Q \neq Q_2 - Q_1 \qquad \text{(식 3−13)}$$

식 3−13에서 δQ는 불완전 미분을 의미한다. 일과 마찬가지로 열역학에서는 식 3−14와 같이 질량에 무관하게 작동물질 단위 질량당 열(q), q와 Q의 단위 시간당 변화율을 표시하는 경우가 많다.

$$q = \frac{Q}{m}, \quad \dot{q} = \frac{\dot{Q}}{m}, \quad \dot{Q} = \frac{\delta Q}{dt} \qquad \text{(식 3−14)}$$

4. 열과 일의 비교

열역학은 열과 일의 관계를 다루는 학문으로 정의 및 특성을 명확하게 이해하는 것이 매우 중요하다. 따라서 열과 일이 갖는 공통점을 요약하면 다음과 같다.

① 열과 일은 모두 과도기적 현상으로 시스템의 경계를 넘어선다. 시스템은 열적 평형에서 결코 일과 열을 보유하지 않는다.
② 열과 일은 경계현상이다. 즉 시스템의 경계에서만 관찰된다. 시스템을 어떻게 잡느냐에 따라 다르다. 만약 전체를 시스템으로 설정하면 열은 없다.
③ 열과 일은 두 가지 모두 경로에 의해 값이 달라지는 경로 함수path function의 성질을 갖는다.

5. 에너지와 내부 에너지

에너지energy는 일을 할 수 있는 능력으로 정의되며, 일반적으로 운동 에너지kinetic energy, 위치 에너지potential energy, 내부 에너지internal energy, 기타 에너지로 구분된다. 에너지의 단위는 일이나 열과 같이 Joule을 사용한다.

내부 에너지internal energy는 시스템 내부에 존재하는 분자가 가지는 모든 형태의 에너지 합을 의미한다. 기계적 에너지가 일정 질량을 갖는 물체의 운동 또는 위치 변화에 따라 나타나는 에너지인 반면, 시스템 내부를 구성하는 유체의 분자 운동에 의해 나타나는 에너지를 내부 에너지라고 한다. 즉 시스템의 내부에서 불규칙random하게 움직이는 개별 분자들의 분자단위 질량 운동과 관련된 미시적microscopic 에너지이기 때문에 평형상태에서 내부 에너지의 절대량을 결정하는 것은 불가능하며, 다만 관찰이 가능한 상태 변화에 따라 내부 에너지의 변화량을 측정하는 것이 가능하다.

예를 들면, 공기가 들어 있는 풍선의 압력은 풍선 내부의 공기 분자들이 가지고 있는 미시적 에너지 형태(운동, 진동 등)의 합이며 풍선의 온도를 높이면 분자들의 운동이 증가하여 내부 에너지가 증가하게 된다.

또 다른 예를 들면, 한 개의 피스톤-실린더 장치에서 연료와 공기가 섞여 연소하는 내부 공간을 시스템이라고 하자. 그 밀폐 시스템closed system에 연료와 공기가 연소하여 열이 공급되면, 피스톤이 움직여 외부에 일을 하게 되며 이때 밀폐 시스템의 내부 에너지도 증가하게 된다. 이는 밀폐 시스템 내부 기체 분자들의 운동이 보다 더 활발해진 결과다.

내부 에너지는 질량에 따라 변하는 열역학적 상태량으로서 단위는 일이나 열의 단위와 동일하게 Joule을 사용한다. 총 내부 에너지 표시 기호는 대문자 U로 하며, 단위 질량당 내부 에너지인 비내부 에너지specific internal energy는 소문자 u로 표시한다.

$$u = \frac{U}{m} \quad \text{(식 3-15)}$$

여기서, u: 단위 질량당 내부 에너지, J/kg

U: 질량 m인 작동물질의 내부 에너지, J

6. 엔탈피

엔탈피enthalpy, H는 열함량heat content을 의미하는 독일어 enthalen에서 유래된 것으로 준평형 등압과정에서 나타나는 열 이동량을 기술하기 위해 정의되었다. 엔탈피는 시스템의 내부 에너지와 시스템이 외부에 행한 일에 해당하는 에너지의 합으로 식 3-16과 같이 U, P, V와 같은 상태량의 식으로 정의되므로 엔탈피도 열열학적 상태량이며 과정의 경로에 무관한 점함수다.

$$H = U + PV \quad \text{(식 3-16)}$$

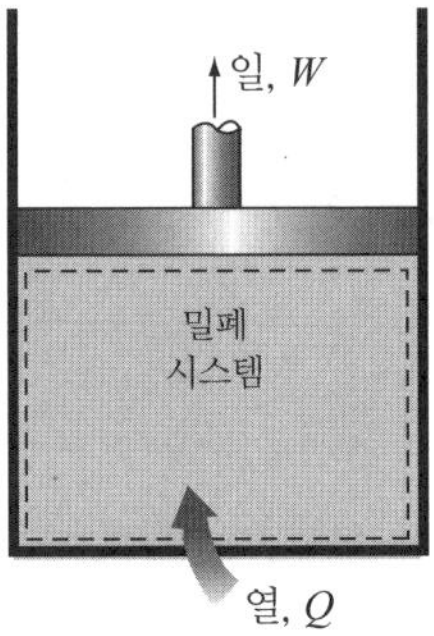

그림 3-6 준평형 등압팽창과정

그림 3-6과 같은 피스톤-실린더 시스템의 준평형 등압과정에서 가해진 열의 변화는 열이 가해지기 전(상태 1)과 열이 가해진 후(상태 2)의 엔탈피를 비교하여 식 3-17과 같이 구할 수 있다.

$$ {}_1Q_2 = H_2 - H_1 = \Delta H \qquad \text{(식 3-17)} $$

식 3-17은 준평형 등압과정인 경우 식 3-18과 같이 정리되어 엔탈피의 변화는 열의 변화량이며 시스템의 내부 에너지와 일 변화량의 합으로 주어짐을 알 수 있다.

$$ {}_1Q_2 = H_2 - H_1 = (U_2 + P_2V_2) - (U_1 + P_1V_1) = U_2 - U_1 + P_2V_2 - P_1V_1 $$
$$ = U_2 - U_1 + P(V_2 - V_1) = \Delta U + \Delta W = \Delta Q \qquad \text{(식 3-18)} $$

식 3-18을 정리하면 열과 일, 내부 에너지 관계식을 얻을 수 있다.

$$\delta Q = dU + \delta W \qquad \text{(식 3-19)}$$

엔탈피의 정의와 식 3-19에 따르면 엔탈피 변화량은 작동물질에 화학적 변화가 없는 경우에 시스템을 출입하는 열과 같다. 엔탈피는 상태변화의 경로와는 무관하므로 임의의 두 상태에서 엔탈피 값의 변화를 구하여 시스템을 출입한 열량을 계산할 수 있다.

엔탈피는 내부 에너지와 마찬가지로 직접 측정할 수 없으므로 엔탈피는 과정 중의 열함량의 변화량을 관찰하는 데에 주 목적이 있다. 질량 m인 작동 물질의 총 엔탈피는 대문자 H로 표시하고, 단위 질량당 엔탈피 즉 비엔탈피specific enthalpy는 소문자 h를 사용하여 표시한다. 단위는 일, 열 및 내부 에너지와 동일한 Joule을 사용한다.

$$h = \frac{H}{m} \qquad \text{(식 3-20)}$$

여기서, h : 단위 질량당 엔탈피 또는 비엔탈피, J/kg.

H : 질량 m인 작동물질의 엔탈피, J.

7. 엔트로피

과정 중의 일의 변화량은 $\delta W=P \cdot dV$로 주어진다. 즉 강도성 상태량인 압력과 종량성 상태량인 체적의 곱으로 표시된다. 일은 경로함수이며 시스템의 상태를 나타내는 상태량이 아니다. 그렇다면 열의 변화량(δQ)도 일의 변화량(δW)과 같이 강도성 상태량과 종량성 상태량의 곱으로 표현될 수 있을까?

Clausius는 1865년에 새로운 열역학적인 상태량을 발견하고, 이 상태량을 엔트로피entropy라고 하였다. 엔트로피는 기호 S로 나타내며 열의 변화량은 엔트로피를 이용하여 식 3-21과 같이 표현할 수 있다.

$$\delta Q = T \cdot \delta S \qquad \text{(식 3-21)}$$

여기서, 엔트로피(S)는 시스템의 종량성 상태량이며 경로에 무관한 점함수이다. 식 3-21을 관찰하면 열의 변화량(δQ)은 강도성 상태량인 절대온도와 종량성 상태량인 엔트로피의 곱으로 표현될 수 있다. 즉, 과정 중의 일의 변화량(δW)처럼 강도성 상태량과 종량성 상태량의 곱으로 표현된다. 단위질량당 엔트로피(s)는 강도성 상태량이며 단위는 kJ/(kg · K)이다.

엔트로피는 사회과학에서 물질이나 집단의 이질성, 혼란도, 복잡성을 나타내는 척도로서 사용된다. 열역학에서도 같은 개념으로 온도가 일정한 어떤 작동물질에 열이 가해지면 가해진 열에 상응해서 엔트로피가 증가하게 된다. 즉 작동물질이 기체라면 기체입자들의 운동이 활발하여 기체의 혼란도와 활동성이 높아지게 된다. 즉 엔트로피가 증가하게 되는 것이다.

8. 엔탈피와 엔트로피

식 3-4와 식 3-19, 식 3-21로부터 일과 내부 에너지, 열의 변화량은 다음과 같이 주어진다.

$$\delta W = P \cdot dV$$

$$dU = \delta Q - \delta W$$

$$\delta Q = T \cdot dS$$

위 식으로부터 온도와 엔탈피 변화량의 곱은 내부 에너지와 일의 변화량을 포함하는 다음 식 3-22와 같이 표시된다.

$$\delta Q = dU + \delta W \text{에서 } T \cdot dS = dU + P \cdot dV \quad \text{(식 3-22)}$$

엔탈피는 $H = U + PV$로서 양변을 미분하면 식 3-23과 같이 표현된다.

$$dH = dU + P \cdot dV + V \cdot dP \quad \text{(식 3-23)}$$

여기에, 식 3-22를 대입하여 정리하면 식 3-24와 같이 정리되며 이 식은 개방 시스템에 흔히 적용된다.

$$T \cdot dS = dH - V \cdot dP \quad \text{(식 3-24)}$$

즉, 엔트로피는 밀폐 시스템에서의 내부 에너지와 개방 시스템에서의 엔탈피를 이용하여 다음 식 3-25와 같이 표현할 수 있다.

$$T \cdot dS = dU + P \cdot dV \quad \text{(식 3-25)}$$
$$T \cdot dS = dH - V \cdot dP$$

여기서 $P \cdot dV$는 실린더 내부에서 움직이는 피스톤에 의해서 갇혀 있는 밀폐 시스템인 압축 공기의 체적이 변할 때의 일moving boundary work이 대표적인 예다. $V \cdot dP$는 개방 시스템인 터빈과 같은 회전축이 있는 경우에 회전축에서 나타나는 일shaft work을 나타낸다.

예제 3-1

압력밥솥에서 일어나는 열, 일, 내부 에너지, 엔탈피, 엔트로피의 변화에 대해서 설명해 보자.

풀이

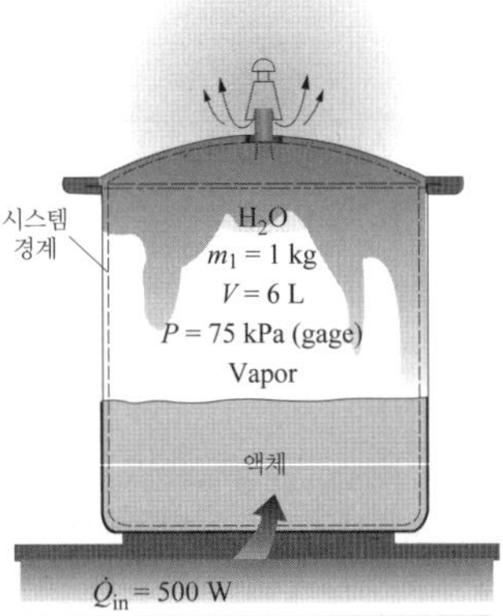

개방 시스템인 옆의 그림과 같은 압력밥솥을 생각하자. 점선으로 나타내진 시스템 내에 쌀과 물이 들어 있다. 열(δQ)을 가하면 미리 설정된 일정압력에서 물이 일정한 온도에서 끓으면서 수증기로 변하여 빠져나오고 쌀은 고체 상태에서 엔트로피가 높은 반액체 상태로 변한다. 시스템 경계는 체적이 일정하므로 외부로 나타나는 일 δW는 없다.

식 3-21에서 $\delta Q = T \cdot dS = dU$가 되어 열이 가해지면 내부 에너지 증가를 가져오면서 엔트로피도 증가하게 된다. 즉 $dS > 0$이다. 식 3-24에서 물이 끓고 있는 동안은 압력도 일정하므로 $\delta Q = T \cdot dS = dH$에서 압력밥솥 내부의 엔탈피도 증가하게 된다.

예제 3-2

스팀오븐 속에 있는 감자가 익어 가는 과정을 열역학적인 에너지 관점에서 설명해 보자.

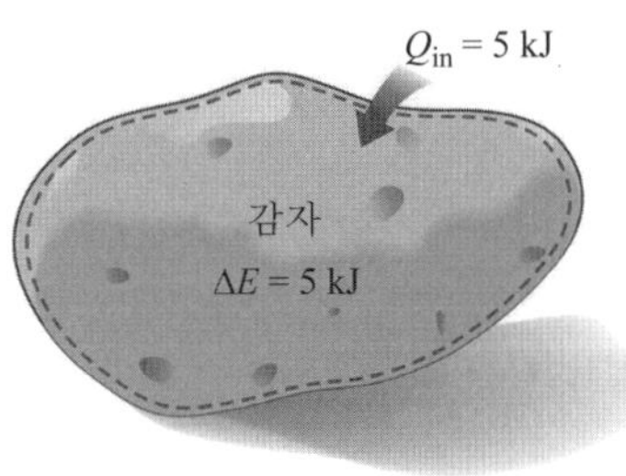

풀이

감자는 오븐에서 열로 데워지는 동안 질량이 감자 껍질 밖으로 이동하지 않는다면 하나의 밀폐 시스템으로 볼 수 있다. 외부로부터 열에너지를 받고 체적 변화가 거의 없으므로 시스템인 감자가 외부로 한 일은 없다. 즉 $W_{12} = 0$이다. 그러므로 $\delta Q = dU + dW$에서 $\delta Q = dU$이다. 즉 가해진 열은 모두 감자 내부의 상태를 변화시키는 에너지로 사용된다.

▶▶▶ 연습문제

1. The pressure, specific volume and internal energy of a fluid at a given state are 100 kPa, 1.8 m^3/kg and 2,500 kJ/kg, respectively. Calculate the enthalpy (in kJ/kg) of the fluid at this state.

2. The pressure, specific volume and enthalpy of a fluid at a certain state are 50 kPa, 3.0 m^3/kg and 1,560 kJ/kg, respectively. Calculate the internal energy (in kJ/kg) of the fluid at this state.

3. Determine the change in specific internal energy and specific enthalpy for air (ideal gas) originally at 27℃ and 100 kPa and finally at 227℃ and 200 kPa. Assume constant specific heats.

4. A closed system undergoes a process 1 → 2 for which the values of W_{12} and Q_{12} are 50 kJ and −20 kJ, respectively. If the system is returned to state 1 and the Q_{21} is 10 kJ, calculate the work W_{21}.

5. 100℃에서 포화된 물이 피스톤-실린더 장치 안에서 외부로부터 열을 받아 포화 수증기로 변한다. 이 과정은 내적 가역 과정으로 압력과 온도는 일정하

게 유지된다고 할 때, 단위 질량당 일과 열의 전달(kJ/kg)은 얼마인가?

6. 1 kg의 공기를 가지고 작동하는 카르노 엔진이 온도가 900K인 고온열저장소로부터 열을 받아 온도가 300K인 저온열저장소로 방출한다. 열을 흡수할 때의 초기압력이 900 kPa이었고, 이 과정 동안 부피는 4배로 변하였다. 전체 사이클 동안 공기가 행한 일을 구하시오.

7. A rigid tank of 0.15 m^3 volume contains H_2O at 50℃. It is heated to 300℃ and 200 kPa.

(1) Draw the $T-V$ diagram, with saturation dome, and show the process.

(2) Determine Q_{12}, ΔU, W_{12}.

8. Water contained in a piston-cylinder assembly undergoes two processes in series from an initial state where the pressure is 10.0 bar and the temperature is 400℃.

Process 1−2 : The water is cooled as it is compressed at constant pressure to the saturated vapor state at 10.0 bar.

Process 2−3 : The water is cooled at constant volume to 150℃.

(1) Locate the states during two processes on $T-V$ diagram.

(2) Locate the states during two processes on $P-V$ diagram.

(3) For 1−3 process, determine the work in kJ/kg.

(4) For 1−3 process, determine the heat transfer in kJ/kg

9. 이상기체의 상태방정식 $PV = mRT$와 폴리트로픽 과정의 관계식 $PV^n = C$, (n=1)의 차이점에 대해서 설명하시오.

10. 어떤 용기 안에 질량 4 kg의 이상 기체가 압력 80 kPa, 온도 60℃(상태 1)에서 정압과정으로 체적이 두 배로 될 때까지(상태 2) 변한다. 이상기체의 R=0.2 kJ/kg·K, k=1.4이고 비열은 일정하다고 가정할 때 W_{12}와 Q_{12}를 구하시오.

11. A piston-cylinder assembly system contains argon gas at 150 kPa, 20℃ and the volume 0.1 m^3. The gas is compressed in a polytropic process to 600 kPa, 200℃. Calculate :

(1) the mass of argon contained.

(2) the final volume (V_2) after compressed.

(3) the polytropic exponent n.

(4) the required work during the process.

(5) the heat transfer during the process.

12. 1 kg의 유체가 피스톤-실린더 밀폐 시스템에서 250 kPa의 일정한 압력으로 준평형과정을 하고 있을 때, 그 유체의 체적이 0.5 m^3에서 0.2 m^3로 변하면서 75 kJ의 열이 방출되었다. 다음에 답하시오.

(1) 이 시스템의 내부 에너지의 변화는 얼마인가?

(2) 이 시스템의 엔탈피의 변화는 얼마인가?

13. Nitrogen at initial state of 30℃, 200 kPa, and 0.4 m^3 is compressed slowly in an isothermal process to a final pressure of 600 kPa. Determine the work done during this process.

4 열역학 작동물질

열역학 작동물질working substance이란 열과 일 사이의 에너지 전달의 매개체 역할을 하는 것이다. 이러한 작동 물질에는 이상기체ideal gas와 순물질pure substance이 있다.

1. 이상기체

1) 정의

기체gas는 물질의 상태를 나타내는 한 형태로 일반적으로 물질은 고체, 액체, 기체로 분류된다. 기체는 고체, 액체와 달리 온도 변화에 따라 쉽게 압축, 팽창이 가능하다. 이러한 공간 확장 특성은 액체와 고체 상태에서는 볼 수 없다.

이상기체ideal gas는 기체 분자가 체적을 갖지 않고, 분자 간의 상호 힘이 전혀 작용하지 않는 이상적인 상태의 기체를 말한다. 현실적으로 이러한 조건을 만족시키는 기체는 존재하지 않는다. 이상기체는 온도, 압력, 체적 같은 열역학적 상태량 사이에 일정한 수학적인 관계식이 주어진다. 온도나 압력 같은 열역학적 상태량이 주어지면 체적과 같은 나머지 상태량을 쉽게 계산할 수 있는 이점이 있으므로 제한된 가정 하에 실제 기체를 이상기체로 취급하기도 한다. 실제 기체는 온도가 높고, 압력은 낮으며, 분자량이 작을수록 이상기체에 가까운 거동을 한다.

2) 보일 및 샤를 법칙

기체의 상태 변화 시 온도, 압력, 체적은 기체가 갖는 팽창, 압축, 공간 확장 성질 때문에 매우 민감하게 영향을 미친다. 따라서 기체 거동 시 나타나는 온도, 압력, 체적 사이의 상관관계를 수식화한 Boyle 및 Charles의 법칙을 이용하면 시스템의 상태량을 결정할 수 있다.

① 보일Boyle 법칙: 온도가 일정하게 유지될 때 이상기체의 압력은 체적에 반비례한다. 이를 식으로 나타내면 식 4-1과 같다.

$$P_1V_1 = P_2V_2 = \text{일정 or } \frac{V_2}{V_1} = \frac{P_1}{P_2} \qquad \text{(식 4-1)}$$

② 샤를Charles 법칙

㉠ 압력이 일정하게 유지될 때 이상기체의 체적은 절대온도에 비례하여 변화한다. 이를 식으로 나타내면 식 4-2와 같다.

$$\frac{T_1}{V_1} = \frac{T_2}{V_2} \text{ or } \frac{T}{V} = \text{일정 } (P \text{ 일정}) \qquad \text{(식 4-2)}$$

㉡ 특정량의 이상기체에서 체적이 일정하게 유지되면 압력은 절대온도에 비례하여 변한다. 이를 식으로 나타내면 식 4-3과 같다.

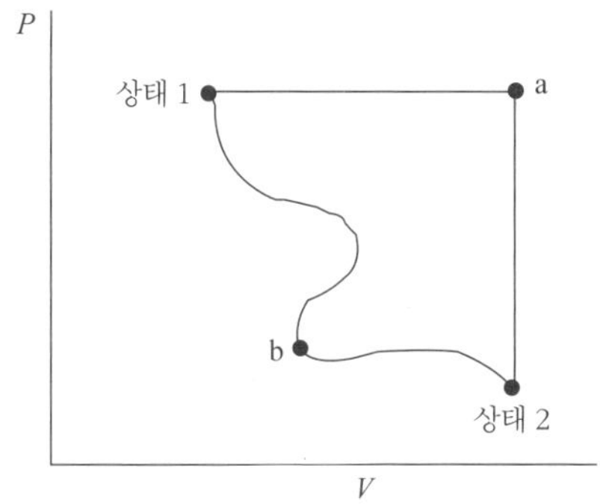

그림 4-1 상태 1에서 상태 2로 변하는 두 개의 경로

$$\frac{T_1}{P_1} = \frac{T_2}{P_2} \text{ or } \frac{T}{P} = C \ (P \text{ 일정}) \qquad \text{(식 4-3)}$$

3) 이상기체의 상태방정식

이상기체는 보일 및 샤를 법칙을 따른다는 사실을 이용하여 압력, 온도, 체적 변화에 따른 이상기체의 상태량을 결정할 수 있는 상태방정식state of equation을 유도하면 다음과 같다.

단위 중량의 이상기체가 그림 4-1의 경로 1-b-2를 따른다고 하고, 이를 정압과정 1-a와 정적과정 a-2로 나누어 생각하면,

① 정압과정 1-a에서 $\frac{T}{V} = C$이므로 $\frac{T_1}{V_1} = \frac{T_a}{V_a}$로 표현할 수 있다.
따라서 온도 T_a에 대해서 정리하면 다음 식 4-4와 같이 정리할 수 있다.

$$T_a = T_1\left(\frac{V_a}{V_1}\right) = T_1\left(\frac{V_2}{V_1}\right) \qquad \text{(식 4-4)}$$

② 정적과정 a-2에서 $\frac{T}{P} = C$이므로 $\frac{T_a}{P_a} = \frac{T_2}{P_2}$로 표현할 수 있다.
따라서 온도 T_a에 대해서 정리하면 식 4-5와 같이 정리할 수 있다.

$$T_a = T_2\left(\frac{P_a}{P_2}\right) = T_2\left(\frac{P_1}{P_2}\right) \quad \text{(식 4-5)}$$

식 4-4와 식 4-5에서 체적 V 대신 비체적 v를 사용하여 온도 T_a에 대해서 정리하면, $T_1\left(\frac{v_2}{v_1}\right) = T_2\left(\frac{P_1}{P_2}\right)$과 같다. 여기에서 기체상수 R에 대한 식 4-6을 얻을 수 있다.

$$\frac{P_1 v_1}{T_1} = \frac{P_2 v_2}{T_2} = \text{상수} = R\left[\frac{N \cdot m}{kg \cdot K}\right] \quad \text{(식 4-6)}$$

이것을 일반화 식으로 표현하면 다음 식 4-7과 같은 기체 상태방정식이 얻어진다.

$$Pv = RT \quad \text{(식 4-7)}$$

위 식 4-7로부터 기체상수(R)는 표준상태(0℃, 1기압)에서 해당 기체의 비체적을 알면 다음 식 4-8과 같이 구할 수 있다.

$$R = \frac{Pv}{T} \quad \text{(식 4-8)}$$

일반기체상수universal gas constant($\bar{R}$)는 기체의 분자량과 기체상수 R을 이용하여 다음 식 4-9와 같이 구할 수 있다.

$$R = \frac{\bar{R}}{M} \quad \text{(식 4-9)}$$

아보가드로Avogadro 법칙에 의하면 “모든 기체는 기체의 종류에 관계없이 동일한 온도와 압력에서 동일 체적 내에 같은 수의 분자를 갖는다.”라고 정의된다. 따라서 표준상태 1 mole에 존재하는 분자수 $N = 6.02 \times 10^{23}$. 어떤 이상기체의 분자량 M, 비체적 v, 질량 m일 때, 기체의 종류에 상관없이 이상기체 상태방정식으로부터 Mv 값은 다음과 같이 일정한 값을 갖게 된다.

$$v = \frac{V}{m},\ n = \frac{m}{M};\ (\text{분자수}) \rightarrow Mv = \frac{V}{m} = \bar{v}$$

$$PV = n\bar{R}T \rightarrow Mv = \frac{V}{n} = \frac{\bar{R}T}{P} = \frac{MRT}{P} = \text{일정} = 22.41\left[\frac{\text{m}^3}{\text{kmol}}\right]$$

이상기체 상태방정식을 나타내는 식 4-7인 $Pv = RT$으로부터 양변에 기체 분자량 M을 곱하여 $PMv = MRT$을 얻을 수 있다. 여기에서 일반기체상수 $\bar{R}$을 식 4-10과 같이 구할 수 있다.

$$\bar{R} = MR = \frac{PMv}{T} = \frac{10^5 \times 22.41}{273} = 8.3144\left[\frac{\text{kJ}}{\text{kmol}\cdot\text{K}}\right] \qquad (\text{식 } 4\text{-}10)$$

몰mole 기준으로 이상기체 상태방정식을 표현하면 다음 식 4-11과 같다.

$$P\bar{v} = \bar{R}T \qquad (\text{식 } 4\text{-}11)$$

식 4-10에서 동일한 압력 P와 온도 T에서 모든 기체의 Mv 값이 같으므로 MR 값도 동일하다. 위 식 4-11을 전체 체적 V에 대하여 정리하면 다음 식 4-12와 같이 표현된다.

$$PV = n\bar{R}T = \frac{m}{M}MRT = mRT \qquad (\text{식 } 4\text{-}12)$$

예제 4-1

분자량이 32 kg/kmol인 산소(O_2)의 비체적(v)이 표준상태에서 1/1.4277 m^3/kg일 때, Mv 값은 얼마인가?

풀이

Mv = 32(1/1.4277) = 22.41 m^3/kmol

예제 4-2

체적이 0.5 m^3인 탱크에 분자량이 24 kg/kmol인 이상기체 10 kg이 채워져 있다. 이 기체의 온도가 25℃일 때 압력은 얼마인가?

풀이

$$PV = mRT,\ \ R = \frac{\overline{R}}{M} = \frac{8.3144}{24} = 0.34643\ \ \text{kJ / kgK},\ \ P = \frac{mRT}{V} = 2066\ \ \text{kPa}$$

예제 4-3

분자량이 32 kg/kmol인 기체의 기체상수를 구하시오.

풀이

식 4-9에 의하여

$$R = \frac{R_o}{M_{mole}} = \frac{8.314}{32} = 0.260\ \ \text{kJ / kg / K}$$

예제 4-4

압력이 200 kPa이고 온도가 50℃인 상태에서 이산화탄소의 단위 질량당 부피 즉 비체적을 구하시오.

풀이

이산화탄소의 분자량 = 12 +2(16) =44 이므로,

$$T = 50 + 273 = 323 \text{ K}, \ R = \frac{R_o}{M} = \frac{8.314}{44} = 0.189 \text{ J / kg / K}$$

200 kPa에서 이산화탄소가 완전기체방정식을 따른다고 가정하면

$$\upsilon = \frac{V}{M} = \frac{RT}{P} = \frac{0.189 \times 323}{2 \times 10^5} = 0.203 \text{ m}^3 \text{ / kg}$$

4) 압축성 계수

모든 기체나 수증기는 밀도가 아주 작을 경우 이상기체와 같은 거동을 나타내지만 밀도가 높은 경우에는 이상기체 상태방정식의 관계를 벗어난다. 이때 압축성 계수compressibility factor Z를 다음 식 4-13과 같이 정의하여 그 값에 따라 기체 거동이 이상기체와 비교하여 얼마나 차이를 보이는지의 척도로 사용한다. 기체는 임계점critical point에서 이상기체의 거동과 가장 큰 차이를 나타낸다.

$$Z = \frac{P\upsilon}{RT} = \frac{\bar{P}\upsilon}{\bar{R}T} \qquad (식\ 4\text{-}13)$$

임계점 온도(T_C)와 압력(P_C)을 기준으로 환산된 환산온도reduced temperature와 환산압력reduced pressure은 식 4-14와 같이 나타낸다.

$$T_R = \frac{T}{T_C}, \quad P_R = \frac{P}{P_C} \qquad \text{(식 4-14)}$$

이상기체와 압축성 계수 관계에 대해서 정리하면 다음과 같다.

① $P \to 0$, $Z \to 1$, 즉 $P_R \ll 1$이면 온도에 관계없이 이상기체의 성질에 가깝다. 또한 $T_R > 2$ 그리고 $P < 10\ P_R$이면 그 기체는 이상기체에 가깝다.

② $Z < 1$: 실제 기체의 밀도가 이상기체 거동에 의해 예상되는 것보다 크다(실제 기체의 비체적이 이상기체 경우보다 작다). 분자 간에 인력이 작

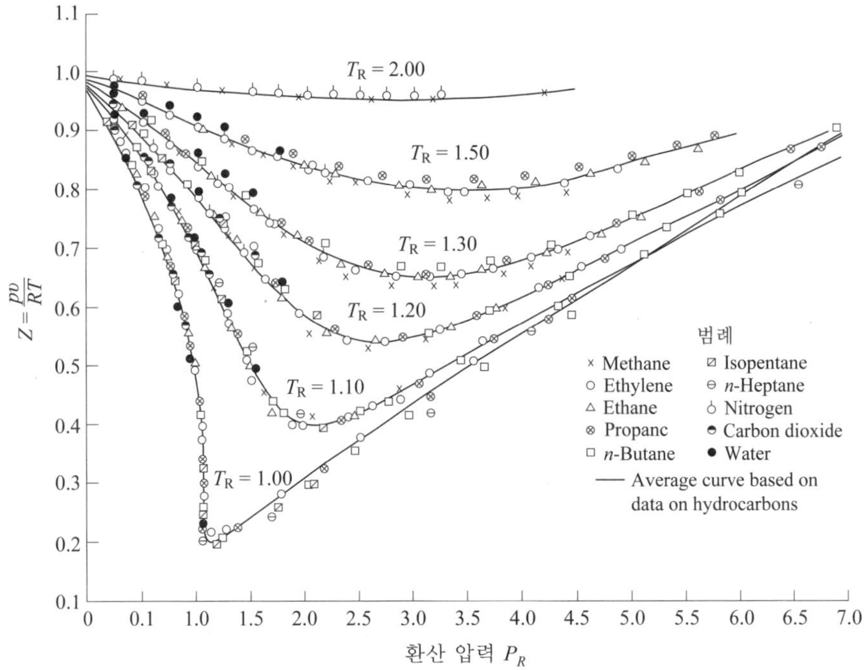

Source: Gour-Jen Su. 1946. "Modified law of corresponding states," *Ind. Eng. Chem.*

그림 4-2 여러 기체의 압축성 계수 Z

용한 결과로 나타나는 현상이다.

③ $Z > 1$: 이상적인 경우에 비해 실제 기체의 비체적이 더 크다. 압력이 높아 분자 간에 척력이 작용한다.

5) 상태방정식의 수정

이상기체와 달리 실제 기체는 분자의 체적과 분자 간의 힘이 작용되어 이상기체 상태방정식이 수정되어야 한다. 실제 기체에 가장 많이 적용되는 수정된 상태방정식은 식 4-15로 주어지는 반 데 바알스Van der Waals 상태방정식이다.

$$P = \frac{RT}{(\upsilon - b)} - \frac{a}{\upsilon^2} \qquad \text{(식 4-15)}$$

여기서, b = 분자가 차지하는 체적에 대한 수정

a/υ^2 = 분자 간의 인력에 대한 수정

$$a = \frac{27}{64}\frac{R^2T_C^2}{P_C}$$

$$b = \frac{RT_C}{8P_C}$$

임계점에서 압축성 계수, $Z_C = \dfrac{P_C\upsilon_C}{RT_C} = \dfrac{3}{8}$

위 식 4-15 이외에도 Berthelot equation, Redlich-Kwong equation, Beattie-Bridgeman, equation, Benedict-Webb-Rubin equation, Viral equation 등의 다른 형태의 식이 제안되었다.

예제 4-5

압력 1 MPa, 온도 50℃인 냉매 R-134a의 비체적을 (a) 이상기체 방정식, (b) 일반 압축성 계수를 나타내는 그림 4-2를 사용하여 각각 구하시오. 비

체적의 실제값은 0.02171 m^3/kg이다.

풀이

(a) $\upsilon = RT/P = 0.02632\ m^3/kg$

(b) $PR = 0.246,\ TR = 0.863 \rightarrow Z = 0.84$

따라서 $\upsilon = Z\,RT/P = Z \cdot \upsilon_{ideal} = (0.84)(0.02632\ m^3/kg) = 0.02211\ m^3/kg$

2. 순물질

1) 정의

열역학에서 순물질pure substance은 균질하고 안정된 화학적 조성을 갖는 물질로 상phase 변화에 따라 화학적 성분이 변하지 않는 물질을 의미한다. 물, 얼음과 물, 물과 수증기의 혼합물은 화학적 조성이 같기 때문에 순물질이다. 그러나 질소, 산소, 수소로 구성된 상온상태의 공기, 액화공기와 기체 상태 공기의 혼합물은 각 상에 따른 화학적 조성이 다르기 때문에 순물질이 될 수 없다.

순물질은 하나의 상태방정식으로 표시가 불가능하며 열역학적 상태표에 고체, 액체, 기체 상태에서의 주어진 특성을 표로 만들어 이를 이용한다. 예를 들면 수증기water vapor는 불완전기체 즉 순수물질이다.

2) 상변화: 증기상, 액체상, 고체상

상phase이란 전체적으로 균일한 물질의 상태를 의미하며, 물질을 이루는 물리적 구조와 화학적 조성이 균일한 물질을 균일물질이라 한다. 증기상이란 쉽게 액체가 될 수 있는 기체, 즉 비등점 이상의 온도에 존재하는 기체

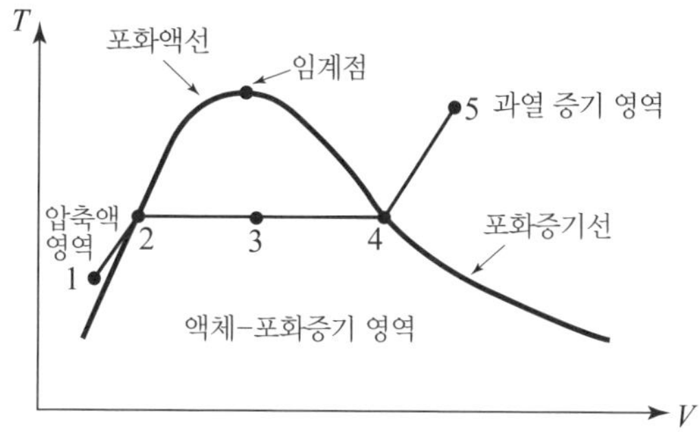

그림 4-3 물의 상태 변화과정

상을 의미한다. 포화상태saturated state는 두 개의 상이 공존하며 두 상의 압력과 온도가 같을 때(열역학적 평형을 이룰 때)를 말하며, 압력이 일정할 때 열을 가해도 온도가 상승하지 않으면서 순물질의 상의 비율만 변하는 상태를 말한다.

평형상태도는 물질의 상변화가 진행되는 동안 평형 압력 P, 온도 T, 비체적 v의 값을 나타낸 것으로, 그림 4-3은 상태 1의 물이 열을 받아 일정한 압력으로 상태 5까지 변하는 과정을 온도와 비체적 간의 관계 그림으로 나타낸 평형상태도다.

평형상태도를 구성하는 주요 용어를 정리하면 다음과 같다.

ⓐ 포화영역saturated region: 물이 끓고 있는 지역(그림 4-3에서 2-3-4)에서 수증기와 물은 평형을 이룬다. 즉 수증기와 물의 온도와 압력이 같다. 열을 가해도 온도는 더 이상 올라가지 않고 포화상태에서 수증기량이 늘어난다.

ⓑ 포화압력saturation pressure: 열을 가해도 더 이상 온도가 오르지 않으며 주어진 온도에서 증발vaporization이 일어날 때의 압력을 말한다.

ⓒ 수증기압vapor pressure: 수증기가 차지하는 압력, P_v을 말한다.

ⓓ 상평형phase equilibrium: 수증기 압력이 물의 포화압력과 같아 더 이상 상의 변화가 없을 때를 말한다. $P_v = P_{sat\,@\,T}$ 즉 그때의 수증기 압력은 그 온도에서의 포화압력과 같다.

ⓔ 포화온도saturation temperature: 주어진 압력에서 증발이 일어날 때의 온도를 말한다.

ⓕ 증기압곡선vapor-pressure curve: 포화압력과 포화온도 사이에 일정한 관계를 가지는 순물질의 변화를 나타내는 곡선을 말한다.

ⓖ 포화액saturated liquid: 포화온도와 포화압력에서 액체로 존재하는 물질을 말한다.

ⓗ 압축액compressed liquid: 주어진 온도에서 포화압력보다 높은 압력에 있는 순물질(액체)을 말한다.

ⓘ 과냉액subcooled liquid: 액체가 주어진 압력에서의 포화온도보다 낮은 온도에 있는 액체상태의 순물질을 말한다..

ⓙ 건도quality: 포화상태 전체 질량 m_t 중에 포함된 수증기 질량 m_v을 의미하며, 질량에 따라 값이 변하는 강도성 상태량으로 식 4-16과 같이 표시하며 % 단위로 사용하기도 한다.

$$x = \frac{m_v}{m_t} = \frac{m_v}{m_f + m_v};\ 1 - x = \frac{m_f}{m_t} \qquad \text{(식 4-16)}$$

ⓚ 포화증기saturated vapor: 포화온도와 포화압력에서 존재하는 증기를 말한다. 건도가 100%인 증기를 건조포화증기dry saturated vapor라고 한다.

ⓛ 과열증기superheated vapor: 포화온도보다 높은 온도를 갖는 증기를 말한다.

ⓜ 임계점critical point: 포화액체상태와 포화증기상태가 동일한 점을 말한다. 등온증발과정이 일어나지 않는다. 물의 경우 임계온도는 374.14℃, 임

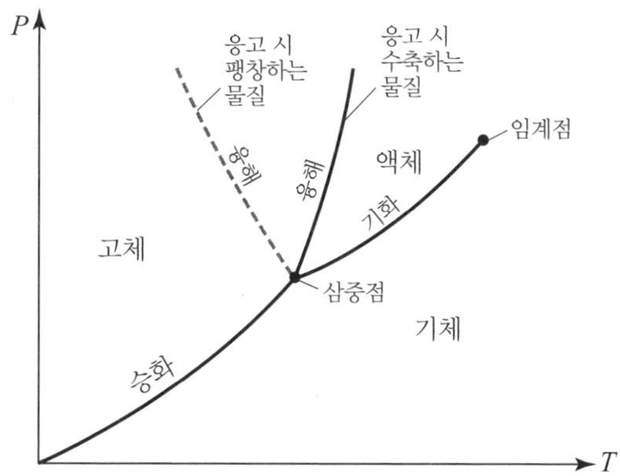

그림 4-4 순물질의 삼중점

계압력은 22.09 MPa, 임계비체적은 0.003155 m^3/kg이다.

ⓝ 포화액선saturated-liquid line: 온도-비체적 평형상태도에서 임계점을 기준으로 왼쪽 영역의 곡선을 말한다.

ⓞ 포화증기선saturated-vapor line: 온도-비체적 평형상태도에서 임계점을 기준으로 오른쪽 영역의 곡선을 말한다.

ⓟ 포화고체saturated solid: 얼음이 용해melting하는 동안의 얼음 상태를 말한다.

ⓠ 삼중점triple point: 그림 4-4와 같이 삼중점에서는 3상이 모두 존재하며 서로 평형을 이룬다. 순물질은 여러 개의 삼중점을 가질 수 있으나 오직 한 개의 고체-액체-기체 삼중점solid-liquid-vapor triple point이 존재한다. 예를 들면 물의 삼중점의 온도와 압력은 0.01℃, 0.613 kPa이다.

ⓡ 증발evaporation: 액체에서 증기로의 상변화가 일어나는 것을 말한다.

ⓢ 승화sublimation: 액화과정 없이 고체에서 증기로 직접 상이 변하는 것을 말한다. 예를 들면, 냉장 저장에 사용되는 드라이 아이스dry ice나 화장실에서 주로 사용되는 paradichlorobenzene (좀약)이 있다.

ⓣ 현열sensible heat과 잠열latent heat: 순물질의 상은 변하지 않고 온도만 변하는 경우의 엔탈피 변화를 현열sensible heat이라 하고 이에 비하여 온도는 변하지 않고 물체의 상이 변하는 경우의 엔탈피 변화를 잠열latent heat이라 하는데, 물체의 상이 변할 때는 비교적 많은 열의 변화가 일어난다.

3) 순물질의 독립 상태량

어떤 시스템이 주어진 과정을 거치면서 외부에 어떤 효과(일 또는 열)를 나타낼 때, 과정 중 특정 상태에서 작동물질의 상태량을 알 수 있다면 작동물질의 상태와 그 효과를 정량적으로 환산하는 데 매우 유용하다. 단순압축성 순물질의 상태는 두 개의 독립된 상태량independent properties에 의해서 정해지기 때문에 순물질의 독립 상태량은 중요한 의미를 갖는다.

예를 들어 포화상태의 순물질의 포화액과 증기는 동일한 압력과 온도를 갖지만 동일한 상이 아니기 때문에 포화상태에서 온도와 압력은 독립 상태량이 아니다. 그러나 과열증기의 경우 온도와 압력은 서로 독립적인 상태량이다. 수증기표의 건도quality가 중요한 의미를 갖는 이유도 물은 일상생활에서 가장 많이 쓰이는 순물질이기 때문이다.

4) 열역학 특성표

대부분 순물질은 이상기체와 같이 상태방정식과 같은 간단한 식으로 열역학적인 상태량들 간의 관계를 나타낼 수 없기 때문에 각각의 순물질에 맞는 열역학적 상태량이 실험적인 결과에 의해서 제시된 열역학 특성표thermodynamic property table를 이용한다. 여기서는 수증기표water thermodynamic table를 기준으로 이용방법을 소개한다.

먼저 수증기표에 제시된 기호 중 f는 액체, g는 증기를 나타내며, 아래

첨자로 사용된 경우 v_f는 포화액체의 비체적, v_g는 포화증기의 비체적, $v_{fg} = v_g - v_f$는 포화액체에서 포화증기로 상태가 변화할 때의 비체적 증가량을 각각 의미한다.

건도 x, 질량 m인 경우 비체적을 구하는 순서를 예를 들면 다음과 같다. 먼저 전 체적은 액체와 증기 체적의 합과 같으므로,

$$V = V_f + V_g$$

$$mv = m_f v_f + m_g v_g$$

양변을 전체 질량 m으로 나누어서 건도의 정의를 이용하여 정리하면, 비체적은 식 4-17로 구해진다.

$$\begin{aligned} v &= (1 - x) \cdot v_f + x \cdot v_g \\ &= v_f + x \cdot v_{fg} \\ &= v_g - (1 - x) \cdot v_{fg} \end{aligned} \quad \text{(식 4-17)}$$

열 함량을 나타내는 총 엔탈피 및 단위 질량당 엔탈피는 식 4-18을 이용하여 계산된다.

$$H = U + PV \rightarrow h = u + Pv \quad \text{(식 4-18)}$$

특히 h_{fg}는 $h_g - h_f$ 값을 나타내며 액체에서 증기로 상변화가 일어날 때 소요되는 에너지를 의미한다.

예제 4-6

200℃, 건도 70%인 포화증기의 비체적을 구하시오.

풀이

부록 Table B-2에 있는 포화증기특성표를 참고하면, 200℃에서

$v_f = 0.001157$, $v_g = 0.1272$

$v = 0.3(0.001157) + 0.7(0.1272) = 0.0894\ m^3/kg$

예제 4-7

체적이 0.4 m^3인 용기 내에 2.0 kg의 물과 수증기 혼합물이 압력 600 kPa에서 평형을 이루고 있을 때, 1) 물의 체적과 질량, 2) 증기의 체적과 질량을 구하시오.

풀이

비체적, $v = \dfrac{0.4}{0.2} = 0.20\ m^3/kg$

$v_{fg} = v_g - v_f = 0.3145$, $0.2 = 0.0011006 + x \cdot 0.3145$

따라서, Quality $x = 0.6324$

물의 질량 $= m \cdot (1-x) = (2.0)(1-0.6324)$

증기의 질량 $= m \cdot x = (2.0)(0.6324)$

물의 체적 $= m_f \cdot v_f = (0.736)(0.0011006) = 0.008\ m^3$

증기의 체적 $= m_g \cdot v_g = (1.264)(0.3156) = 0.3989\ m^3$

예제 4-8

아래와 같은 조건에 있는 물의 상태를 기술하시오.

1) $P = 150$ kPa, $v = 2\ m^3/kg$

2) $T = 50$ ℃, $P = 7$ kPa

3) $P = 500$ kPa, $v = 0.6\ m^3/kg$

4) T = 160 ℃, P = 700 kPa

예제 4-9

온도 80℃, 압력 5 MPa에서 압축 상태인 물의 내부 에너지를 (a) 압축액 표를 사용하여 (b) 포화액 자료를 사용하여 각각 구하시오. 포화액 자료를 사용한 경우의 에러는 얼마인가?

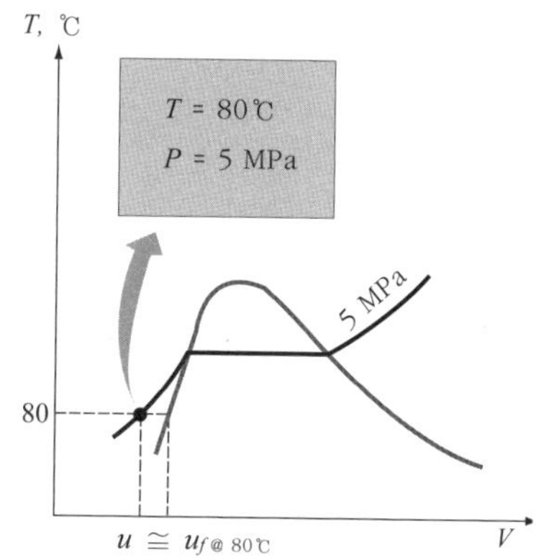

풀이

80℃에서 물의 포화압력은 47.42 kPa이므로 물은 압축액 상태다.

(a) 압축액 Table B-1에서

u = 333.82 kJ/kg

(b) 포화액 Table B-2에서

$u = u_{f@80℃}$ = 335.02 kJ/kg

에러는 (335.02−333.82)/333.82 = 0.0036, 3.6%

예제 4-10

P = 100 kPa, T = 520℃인 1 kg의 H_2O의 체적, 내부 에너지, 엔탈피를 구하시오.

풀이

P = 100 kPa에서 포화온도는 99.61℃. 따라서 과열증기 상태다.

Table B-4를 이용하여, 직선보간법으로 구한다.

v = 3.566 m^3/kg, u = 3132.2 kJ/kg, h = 3488.7 kJ/kg, at T = 500℃

v = 4.028 m^3/kg, u = 3302.8 kJ/kg, h = 3705.6 kJ/kg, at T = 600℃

따라서,

$$v = v_1 + (v_2 - v_1)\left(\frac{T - T_2}{T_2 - T_1}\right)$$

$$= 3.566 + (4.028 - 3.566)\left(\frac{520 - 500}{600 - 500}\right) = 3.658\ \text{m}^3/\text{kg}$$

내부 에너지와 엔탈피에 대해서 같은 방법으로 구할 수 있다.

예제 4-11

P = 0.5 MPa, h = 2,890 kJ/kg 상태인 물의 온도를 결정하시오.

풀이

0.5 MPa 압력에서 포화 상태 물의 비엔탈피는 2748.1 kJ/kg이다.

$h > h_g$ = 2748.1 kJ/kg이므로, 과열증기 상태에 있다. 수증기표 Table B-4에서 압력이 0.5 MPa일 때 주어진 엔탈피는 온도가 200℃와 250℃ 사이에 존재한다. 따라서 직선 보간법을 이용하여 그때의 온도를 구한다.

3. 기체 혼합물과 반응

1) 혼합물의 일반 성질

혼합물mixture은 서로 다른 순물질이 섞여 있는 작동물질이다. 서로 다른 순수물질이 기체상으로 섞여 있으며 화학반응이 일어나는 혼합과 화학반응이 일어나지 않는 혼합으로 구분된다. 또한 동일한 순물질이 두 가지의 상이한 상을 가지고 섞여 있는 혼합물도 있다. 혼합물의 특성은 각각의 성분의 특성에 기초하여 예측될 수 있다.

2) 화학반응이 없는 기체 혼합물

(1) 이상기체 혼합물

먼저 화학반응이 일어나지 않는 이상기체들의 혼합물을 생각하자. 혼합물의 전체 몰mole 수가 n이고 혼합물을 구성하는 임의의 이상기체 i의 몰수가 n_i인 경우 그 기체의 몰비율mole fraction은 $y_i = \frac{n_i}{n}$로 표현된다. 전체 기체 혼합물의 질량이 m이고 임의의 이상기체 i의 질량이 m_i인 경우 이상기체 i의 질량비율mass fraction은 $mf_i = \frac{m_i}{m}$로 주어진다. 혼합물을 구성하는 각 성분 기체의 부분압력partial pressure과 부분체적partial volume은 다음과 같은 두 가지 방법으로 구할 수 있다.

혼합물의 각 성분이 전체 체적 V를 차지한다고 가정하여 각 성분의 부분 압력을 하는 방법으로 이를 달턴 모델Dalton model 접근법이라고 한다. 혼합물 전체 몰 수는 n이고 기체 A와 기체 B의 몰 수를 각각 n_A와 n_B라 하면, 두 기체 A, B의 부분압력 P_A와 P_B는 다음 식 4-19와 같이 주어진다.

$$n = n_A + n_B$$
$$P = P_A + P_B$$

이상기체 상태방정식을 각각 적용하여

$$P_A = \frac{n_A \overline{R}T}{V}$$
$$P_B = \frac{n_B \overline{R}T}{V} \qquad \text{(식 4-19)}$$

혼합물의 각 성분이 전체 압력 P를 차지한다고 가정하여 각 성분의 부분

체적을 구하는 방법으로 이를 아마가 모델Amagat model 접근법이라고 한다. 두 기체의 부분체적 V_A와 V_B는 식 4-20과 같이 주어진다.

$$V = V_A + V_B$$
$$n = n_A + n_B$$

이상기체 상태방정식을 각각 적용하여,

$$V_A = \frac{n_A \overline{R}T}{P}$$
$$V_B = \frac{n_B \overline{R}T}{P} \qquad \text{(식 4-20)}$$

(2) 기체 혼합물의 상태량

이상기체ideal gas들 간의 혼합물이나 이상기체와 실제기체real gas의 혼합물들의 열역학적인 특성 즉 상태량(예: 내부 에너지, 엔탈피 등)은 식 4-21과 같이 혼합기체들의 개별 성분의 전체 혼합물에 대한 기여도의 합으로 나타낼 수 있다.

$$U = n\overline{u} = U_A + U_B = n_A\overline{u}_A + n_B\overline{u}_B \qquad \text{(식 4-21)}$$
$$H = n\overline{h} = H_A + H_B = n_A\overline{h}_A + n_B\overline{h}_B$$
$$S = n\overline{s} = S_A + S_B = n_A\overline{s}_A + n_B\overline{s}_B$$

(3) 기체와 증기의 혼합물

기체와 증기 혼합물의 대표적인 예는 공기와 수증기water vapor의 혼합물을 들 수 있다. 보통 대기는 질소와 산소 그리고 소량의 다른 기체들과 수증기의 혼합물이다. 반면 수증기를 포함하고 있지 않은 공기를 건공기라고 한다.

50℃에서 물의 포화압력은 12.3 kPa이다. 이보다 낮은 압력에서 수증기는 포화증기일지라도 무시할 만한 오차를 가진 이상기체로 취급할 수 있다. 그러므로 공기 중 수증기는 단독으로 존재하듯이 거동하여 이상기체 상태 방정식을 적용할 수 있다. 따라서 대기는 이상기체 혼합물로 취급할 수 있고, 대기의 압력은 건공기의 부분 압력 P_a와 수증기의 부분 압력 P_v의 합이 된다.

$$P = P_a + P_v$$

수증기의 부분 압력은 보통 증기압vapor pressure이라고 부른다. 이것은 수증기가 대기의 온도와 부피에서 단독으로 존재할 때 갖는 압력이다. 수증기가 혼합된 공기는 다음과 같은 몇 가지 특성을 갖는다.

① 노점dew point: 일정 압력 하에서 공기가 그림 4-5와 같이 1에서 2로 냉각될 때 수증기가 응축하기 시작하는 온도로서 이슬점온도(T_{dp})라고 한다. 또 다른 표현은 증기압력에서의 물의 포화온도다.

$$T_{dp} = T_{sat@P_v}$$

공기가 일정 압력에서 냉각되면 수증기압은 일정하게 유지하면서 공기 중의 증기가 포화증기선에 도달할 때까지 정압냉각과정을 이행한다. 이 점에서의 온도가 이슬점온도이며 만일 온도가 더욱 하강하면 수증기 일부가 응축되어 나온다. 결과적으로 공기 중 증기의 양은 감소하게 되어 증기압은 감소한다. 응축과정 중인 공기는 포화상태이므로 100% 상대습도선의 경로를 따른다. 포화공기의 일반적인 온도와 이슬점온도는 동일하다.

② 상대습도relative humidity: 주어진 혼합물에 섞여 있는 수증기가 주어진 온

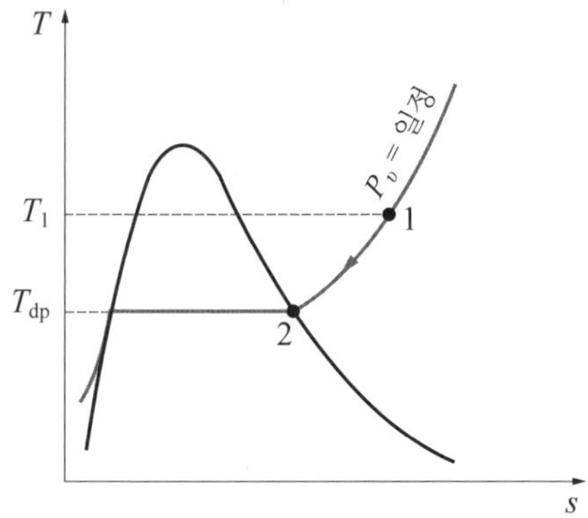

그림 4-5 물의 *T-S* 선도에서 습공기의 정압 냉각과 이슬점온도

도와 압력에서 포화상태에 있을 때 이 혼합물을 포화혼합물saturated mixture이라고 한다. 어떤 온도에서 공기가 가질 수 있는 최대 수분의 양(m_g)과 동일 온도에서 공기가 가지고 있는 수분의 양(m_v)의 비를 상대습도라고도 한다. 상대습도는 다음 식 4-22와 같이 주어진다.

$$\phi = \frac{P_v}{P_g} = \frac{\text{혼합물 중의 수증기의 몰분}}{\text{동일온도, 동일압력하의 포화혼합물 중의 수증기의 몰분}}$$

$$= \frac{m_v}{m_g} = \frac{P_vV/R_vT}{P_gV/R_gT} \qquad \text{(식 4-22)}$$

여기서, $P_g = P_{sat@T}$이다.

③ 비습도specific humidity, humidity ratio: 비습도는 습도비라고도 하며 다음 식 4-23과 같이 계산할 수 있다. 건조한 공기 1 kg당 포함된 수증기의 질량(kg)을 절대습도absolute humidity라고 한다.

$$\omega = \frac{m_v}{m_a} = \frac{\text{수증기의 질량}}{\text{건공기의 질량}} \qquad \text{(식 4-23)}$$

공기와 수증기의 혼합물을 이상기체로 가정하면, 다음 식 4-24와 같다.

$$\omega = \frac{m_v}{m_a} = \frac{P_v V/R_v T}{P_a V/R_a T} = \frac{R_a P_v}{R_v P_a} = \frac{(\bar{R}/M_a)P_v}{(\bar{R}/M_v)P_a} = \frac{M_v P_v}{M_a P_a} = 0.622\frac{P_v}{P_a} \qquad \text{(식 4-24)}$$

상대습도를 습도비를 포함하는 식으로 표현하면 식 4-25와 같다.

$$\phi = \frac{P_v}{P_g} \quad \omega = 0.622\frac{P_v}{P_a} = 0.622\frac{\phi P_g}{P_a} \quad \therefore \phi = \frac{\omega P_a}{0.622 P_g} \qquad \text{(식 4-25)}$$

④ 포화도degree of saturation: 포화도는 주어진 혼합물moist air의 실제 습도비actual humidity ratio와 같은 온도와 같은 전압total pressure에서의 포화혼합물saturated moist air의 습도비와의 비율을 말한다. 포화도는 다음 식 4-26과 같이 표현된다.

$$\mu = \frac{\omega}{\omega_g} = \frac{\text{혼합물의 습도비}}{\text{포화혼합물의 습도비}} = \phi \cdot \frac{(P-P_g)}{(P-P_v)}(\%) \qquad \text{(식 4-26)}$$

대기는 건공기와 수증기의 혼합물이다. 또한 공기의 엔탈피는 건공기의 엔탈피와 수증기의 엔탈피로 표시된다. 대부분의 실제 응용에서 공기-수증기 혼합물의 건공기의 양은 일정하나 수증기의 양은 변화한다. 따라서 대기의 엔탈피는 공기-수증기의 혼합물의 단위 질량 기준 대신 건공기 단위 질량을 기준으로 식 4-27과 같이 표시할 수 있다.

대기의 총 엔탈피는 건공기의 엔탈피와 수증기의 엔탈피 합이다.

$$H = H_a + H_v = m_a h_a + m_v h_v$$

양변을 m_a로 나누면, $h = \frac{H}{m_a} = h_a + \frac{H}{m_a}h_v = h_a + \omega h_v$

또는 $h = h_a + \omega h_g$ (kJ/kg dry air) (식 4-27)

왜냐하면 $h_v \cong h_g$이기 때문이다. 또한 일반적인 대기의 온도는 대부분 건구온도로 불린다.

예제 4-12

5 m×5 m×3 m 방에 25℃, 100 kPa, 상대습도 75%인 공기가 있다. (a) 건공기의 분압, (b) 공기의 습도비, (c) 건공기 단위 질량당 엔탈피, (d) 실내의 건공기와 수분의 질량을 구하시오. 실내의 건공기와 수분은 이상기체로 취급한다.

풀이

(a) $P_a = P - P_v$

여기서, Table B-2에 의하면 $P_v = \phi P_g = \phi P_{sat@25℃} = (0.75)(3.1698\ \text{kPa}) = 2.38\ \text{kPa}$

따라서 $P_a = (100-2.38)\ \text{kPa} = 97.62\ \text{kPa}$

(b) $\omega = \dfrac{0.622P_v}{P-P_v} = \dfrac{(0.622)(2.38\ \text{kPa})}{(100-2.38)\ \text{kPa}} = 0.0152\ \text{kg H}_2\text{O/kg dry air}$

(c) $h = h_a + \omega h_g \cong c_pT + \omega h_g$

$= (1.005\ \text{kJ/kg}\cdot℃)(25℃) + (0.0152)(2546.5\ \text{kJ/kg})$

$= 63.8\ \text{kJ/kg dry air}$

(d) 건공기와 수분의 질량은 각 기체에 이상기체 관계를 적용하여 구한다.

$$m_a = \frac{P_aV_a}{R_aT} = \frac{(97.62\ \text{kg})(75\text{m}^3)}{(0.287\ \text{kPa}\cdot\text{m}^3/\text{kg}\cdot\text{K})(298\ \text{K})} = 85.61\ \text{kg}$$

$$m_v = \frac{P_vV_v}{R_vT} = \frac{(2.38\ \text{kg})(75\text{m}^3)}{(0.4615\ \text{kPa}\cdot\text{m}^3/\text{kg}\cdot\text{K})(298\ \text{K})} = 1.30\ \text{kg}$$

⑤ 습공기선도

습공기선도Psychrometric chart는 그림 4-6과 같이 대기 중의 수증기의 속성을 나타내는 그래픽 도표로 보통 압력이 1기압(101.352 kPa)에서 습공기선도를 많이 사용한다. 습공기선도를 이용하기 위해서는 보통 건구 공기온도와 습구온도 또는 상대습도를 알아야 한다. 기본적으로 이 값들이 주어지면, 노점온도, 습도비, 엔탈피, 수증기분압뿐만 아니라 건조 공기의 1kg당 부피인 비체적을 구할 수 있다.

습공기선도에서, 건구온도 즉 주위를 둘러싼 온도는 도표의 맨 밑 부분에 있다. 습구온도는 도표의 왼쪽 위에서 오른쪽 아래로 경사진 점선으로 표시되어 있다. 상대습도는 왼쪽 아래에서 오른쪽 위로 곡선 모양의 실선으로 표시되어 있다. 엔탈피는 습구온도선과 거의 평행한 실선으로 표시되었다. 왼쪽 위에서 오른쪽 아래로 가파르게 경사진 실선은 건조공기의 비체적을 나타내며 건구온도 축과 평행한 수평선은 혼합비율 또는 습도비를 나타낸다.

일반적으로 건습도온도계를 사용하여 습공기의 습구온도와 건구온도를 측정한 다음, 이 값들로부터 나머지 성질을 구하는 경우가 대부분이다. 습공기선도를 읽는 방법은 그림 4-6과 같으며, 그림 4-7에 주어진 습공기선도에서 16℃ 습구온도와 28℃ 건구온도의 교차점인 상태점으로부터 습공기의 여러 성질을 구한 결과는 다음과 같다.

1) 상대습도 ϕ = 27.5%,

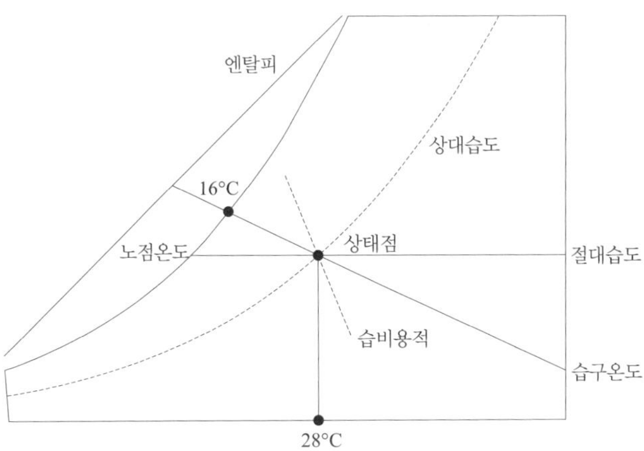

그림 4-6 습공기선도의 예

2) 노점온도 T_{dp}= 7.5℃,

3) 절대습도 ω = 6.5 g/kg dry air

4) 엔탈피 h = 10.8 kcal/kg = 45 kJ/kg dry air,

5) 수증기분압 P_v = 8 mmHg,

6) 비체적 v = 0.862 m^3/kg dry air

예제 4-13

초기 상대습도가 40%, 27℃인 공기가 20℃로 냉각되었을 때의 상대습도를 습공기선도를 이용하여 계산하라.

풀이

습공기선도의 수평축에서 건구온도 27℃ 지점을 찾은 후 상대습도 40%선과 만날 때까지 수직으로 올라간다. 공기가 식어도 공기 속의 수증기량에 따른 수증기압은 변하지 않으므로 또는 습도비도 변하지 않는다. 따라서 낮은 건구온도 쪽으로 20℃ 수직선과 만날 때까지 수평으로 따라가면 상대습도 60% 선의 바로 위 지점에서 만나게 되어 약 61% 상대습도를 갖게 된다.

예제 4-14

건구온도가 25℃이고 상대습도가 30%인 공기가 식으면 몇 도에서 이슬점에 도달하는가?

풀이

25℃와 상대습도 30%가 만나는 지점에서 온도가 낮아지는 왼쪽으로 따라가면, 12℃의 수직선 바로 오른쪽에서 상대습도 100%선과 만나게 된다. 따라서 이슬점은 약 12.2℃임을 알 수 있다.

엔탈피와 엔탈피변화는 그림 4-7과 같은 습공기선도를 이용해 쉽게 구할 수 있다. 습공기선도의 값들은 여러 가지 컴퓨터 프로그램으로부터도 계산된다. 따라서 도표의 값들이 직접 손으로 계산한 값과 약간의 오차가 있을 수 있지만 공학적 목적의 계산에서 그 차이는 무시해도 좋다.

3) 화학반응이 있는 기체 혼합물

기체 간의 반응으로 혼합물의 성분변화가 일어난다. 차량의 동력을 발생시키는 탄화수소계열 연료의 연소과정을 대표적인 예로 들 수 있다.

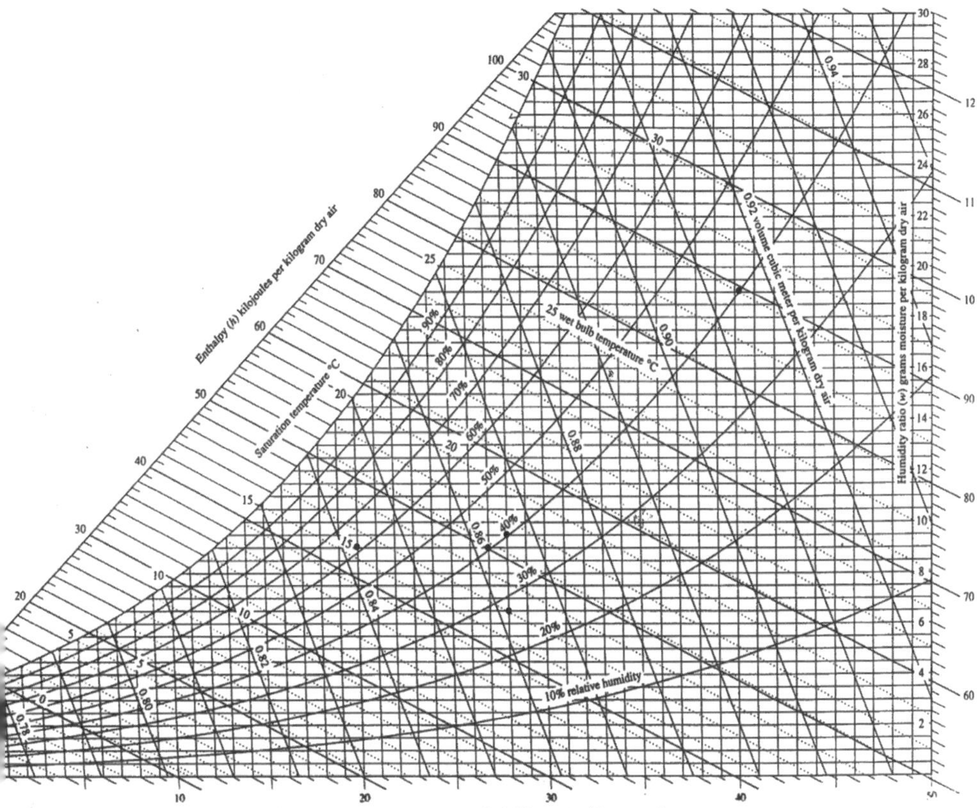

그림 4-7 습공기선도($P=1$기압인 경우)

(1) 연료

대표적인 탄화수소계 연료hydrocarbons fuels는 다음과 같다.

① 석탄류coals: 지질시대 퇴적한 식물의 유해가 고온고압의 작용을 받아 생성된 것을 말한다.

② 액체 탄화수소류liquid hydrocarbons 또는 기체 탄화수소류gaseous hydrocarbons: 휘발유gasoline, 등유kerosene, 중유diesel fuel, 경유heavy oil, 프로판기체 등이 이에 속한다. 단일결합single bond으로만 연결된 경우를 포화saturated 탄화수소계열로, 2중 또는 3중 결합을 포함한 경우는 불포화unsaturated 계열로 분류한다.

③ 알코올류alcohols: 메탄올과 에탄올이 대표적이다. 메탄올은 메탄으로부터 만들어진다. CH_4(메탄) → CH_3OH(메탄올)

(2) 연소과정

연소는 물질이 공기 중의 산소와 결합하여 빛과 열을 발산하며 급속히 산화하는 화학적 반응을 말하며 화학적 에너지가 열에너지로 바뀌는 과정이라 할 수 있다. 이때 연소 생성물이 만들어지며 이를 분석하여 연료의 성분원소를 알아낼 수 있다. 식물, 동물과 같은 바이오시스템 내부에서 호흡으로 일어나는 느린 속도의 산화 반응과는 구분된다.

연소과정combustion process 중 각 원소의 질량은 질량 보존의 법칙에 의거하여 변하지 않는다. 숯의 연소과정은 다음과 같다.

$$C + O_2 \rightarrow CO_2$$

반응물 생성물

1 mole 12 g + 32 g → 44 g 이산화탄소

연소과정에서 필요한 산소는 대부분 공기 중의 산소를 이용한다. 공기의 조성은 체적을 기준으로 산소 21%, 질소 78%, 아르곤 1%로 구성되어 있다. 메탄 천연가스의 연소과정은 다음과 같이 표현된다, 여기서, 산소 1 몰당 약 79.0/21.0 = 3.7 mole의 공기 중의 질소가 연소할 때마다 소모된다. 질소는 상온에서 안정하여 반응성이 적으나 고온에서는 반응한다.

$$CH_4 + 2O_2 \rightarrow CO_2 + 2H_2O$$

$$CH_4 + 2O_2 + 2(3.7)N_2 \rightarrow CO_2 + 2H_2O + 7.4N_2 \qquad \text{(식 4-28)}$$

완전연소를 위한 최소 공기량을 이론공기량theoretical air이라 한다. 실제연소는 이론공기량보다 많은 공기를 공급해야 완전연소가 일어난다.

$$CH_4 + 2(1.5)O_2 + 2(3.7)(1.5)N_2 \rightarrow CO_2 + 2H_2O + O_2 + 11.1N_2 \qquad \text{(식 4-29)}$$

이 반응에서 약 150%의 이론공기량이 소모되었다. 즉 50%의 초과공기excess air가 소모되었다고 한다. 연소 생성물 중의 CO_2는 지구온난화의 주범으로 알려져 있다.

공기-연료비air-fuel ratio, AF는 연료와 연소과정에서 소모되는 공기의 비율을 AF로 표시하기도 한다. 비율은 질량을 기준으로 하거나 몰 수를 기준으로 하여 식 4-30을 이용하여 계산한다.

$$\text{Theoretical AF} = \frac{\text{mass (or moles) of theoretical air}}{\text{mass (or moles) of fuel}} \qquad \text{(식 4-30)}$$

연소 생성물을 분석하여 화학반응 및 연료의 조성을 구하는 요령은 다음과 같다.

1) 질량보존의 법칙을 이용한다.

2) 공기의 조성이 일정함을 이용한다.

3) 연료의 C와 H 비율이 알려진 경우는 C와 H의 비율이 일정함을 이용한다.

4) 건식기준dry basis(수증기 성분을 제외)과 습식기준(생성물 분석에 수증기 포함)을 사용한다.

(3) 생성 엔탈피

화학반응 시의 생성물의 엔탈피를 기준상태reference state(0.1 MPa, 25℃)를 기준으로 하여 계산한 것을 각 생성화합물의 생성 엔탈피라고 한다.

$$C + O_2 \rightarrow CO_2 + 393{,}552 \text{ kJ/kmol} \tag{식 4-31}$$

$Q_{CV} + H_R = H_P + W_{CV}$에서 $W_{CV} = 0$이므로, $Q_{CV} + H_R = H_P$로 주어진다.

즉, $$Q_{CV} + \sum_R n_i \cdot \overline{h_i} = \sum_P n_e \cdot \overline{h_e} \tag{식 4-32}$$

모든 원소가 기준상태에서 0의 엔탈피를 갖는다면 반응물의 엔탈피는 0이 되고 생성물인 CO_2의 엔탈피는 $Q_{CV} = H_P = -393{,}552$ kJ/kmol이 된다.

대부분의 화학반응의 경우에 반응물과 생성물은 기준상태에 있지 않다. 따라서 임의의 압력, 온도에서의 생성물의 엔탈피는 다음과 같이 구해진다.

$$\overline{h}_{T,P} = \overline{h}_f^o + \Delta\overline{h} \tag{식 4-33}$$

여기서, $\Delta\overline{h}$는 기준상태의 엔탈피와의 차이를 의미한다.

▶▶▶ 연습문제

1. Steam enters a turbine at 20 MPa, 600℃ with negligible velocity and exhausts at 10 kPa with a velocity of 180 m/s. The flow rate is 5.1 kg/s and the turbine power output is 1,500 kW. The flow is steady and adiabatic. Determine the quality (if saturated) or temperature (if superheated) of the exhaust steam.

2. A cylinder with a capacity of 2.0 m^3 contained oxygen gas at a pressure of 500 kPa and 25℃ initially. Then a leak developed and was not discovered until the pressure dropped to 300 kPa while the temperature stayed the same. Assuming ideal-gas behavior, determine how much oxygen had leaked out of the cylinder by the leak was discovered. The molecular weight of the oxygen is 31.999.

3. 체적이 200 L인 철판으로 된 탱크에 8 MPa, 20℃(상태 1)에서 에틸렌 가스가 들어 있다. 탱크는 단열이 되지 않으며, 출구 쪽 밸브로 조금씩 누설되어 며칠 후에는 압력이 5 MPa(상태 2)로 줄어들었다. 이때 주위의 온도는 20℃이고 탱크 속의 온도는 20℃로 항상 같았다. 다음 물음에 답하시오.
   (1) 각 상태에서 환산reduced 상태량 P_R, T_R들의 값을 구하시오.
   (2) 각 상태의 압축성 계수를 구하시오.
   (3) 각 상태에서 이상기체로 볼 수 있는가에 대해서 설명하시오.

4. 체적이 0.15 m^3인 탱크에 온도 20℃에서 12 kg의 산소가 들어 있다, 산소를 이상기체로 보고 그때의 압력을 구하시오.

5. 건구온도가 30℃(상태 1)이고 습구온도가 20℃(상태 2), 압력이 100 kPa인 공기-수증기 혼합물이 있다. 습구온도가 측정되는 과정은 단열포화과정 즉 상대습도 100%이다. 다음 물음에 답하시오.

(1) 상태 2에서의 수증기 부분압(P_v)과 공기 부분압(P_a)는?

(2) 상태 2에서의 습도비humidity ratio 즉 specific humidity는?

(3) 상태 1에서의 수증기분압 P_v을 구하시오.

(4) 습공기선도를 이용하여 상태 1 즉 공기-수증기 혼합물의 상대습도와 습도비를 찾으시오.

6. Moist-Air enters an air-conditioning unit with a dry bulb temperature of 34℃, a relative humidity of 70%, and a total pressure of 101.3 kPa at a rate of 0.6 m^3/s. Determine the followings of the moist-air.

(1) the humidity ratio

(2) the dew-point temperature

(3) the wet bulb temperature

(4) the mass flow rate

7. 메탄(CH_4)이 대기 중에서 연소되어 나오는 생성물의 건식기준dry basis 분석은 다음과 같이 주어진다. CO_2 = 10%, O_2 = 2.37%, CO = 0.53, N_2 = 87.10%.

(1) 반응 화학식을 구하시오.

(2) Air−Fuel ratio를 질량기준으로 구하시오.

(3) 이론 연료비는 얼마인가 ?

(4) 얼마(%)의 과잉공기가 실제로 소모되었는가 ?

8. 화학 반응이 일어나는 여러 가지의 기체가 혼합되어 있을 때, 어느 시점에서 화학 반응이 멈추는가를 판별하는 방법을 열역학 법칙과 엔트로피, 자유 에너지, 자유 엔탈피의 개념을 이용하여 설명하시오.

9. Butane (C_4H_{10}) is burned with air and a volumetric analysis of the combustion products on a dry basis consists of CO_2 = 7.8%, CO = 1.1%, O_2 = 8.2% and N_2 = 82.9%. The butane and air initially at 298K and 101 kPa. The combustion gases exit at 400K and 101 kPa.

(1) Get the balanced chemical equation for the reaction.

(2) Get the balanced chemical equation for stoichiometric combustion.

(3) Determine the percent of theoretical air.

(4) Calculate the heat transfer per unit mass of butane. Assume steady flow of ideal gases.

5 열역학 제1법칙

열역학 제0법칙은 온도에 관한 정리로 우리가 일상생활에서 이미 알고 있는 경험을 정리한 것이다. 열역학은 열과 일의 상호 관계를 구명하는 학문으로 우리는 앞에서 에너지의 형태인 일, 열, 내부 에너지, 기계적 에너지(위치 에너지, 운동 에너지) 등과 그 에너지를 함유하는 작동물질에 대해서 알아보았다. 이 단원에서는 경험적인 사실에 근거하여 각각의 에너지들이 어떤 관계를 가지는지 알아보기로 하자.

1. 정의

1) 실험에 의한 증명

그림 5-1과 같이 기체로 채워진 용기를 열역학 시스템으로 생각하자. 추와 연결된 회전날개에 의해 시스템에 일정량의 일을 가하면(a) 공기의 온도가 상승하는데 오랫동안 방치하면 열이 빠져나가 원래의 초기상태(b)로 되돌아가서 한 사이클cycle을 완성한다. 이때 시스템에 가해진 일과 시스템으

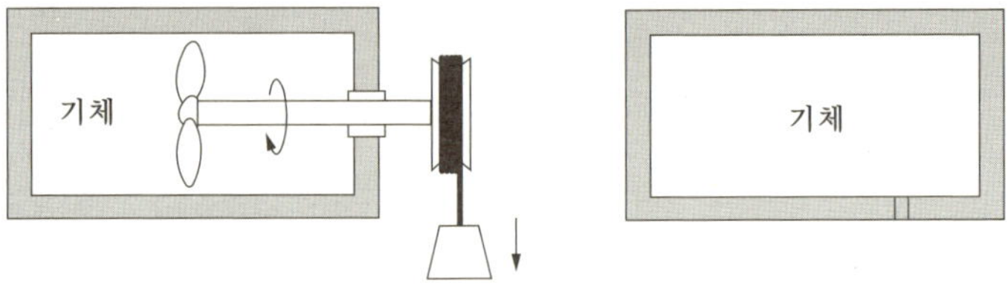

(a) 회전 날개로 일하는 경우　　(b) 열을 방출한 초기상태

그림 5-1 기체로 채워진 용기에서의 일과 열

로부터 방출된 열은 그 양이 같다는 사실이 실험적으로 밝혀졌다. 이를 수식으로 표시하면 다음과 같다.

$$J\oint \delta Q = \oint \delta W$$

사이클 중 총 열 전달량 = 사이클 중 총 일의 양

여기서 J는 일Joule과 열calorie의 단위환산을 위한 비례상수다. 에너지의 국제표준 단위는 모두 Joule을 사용하기 때문에 표준단위를 사용하는 경우에는 비례상수 없이 다음 식 5-1과 같이 표시된다.

$$\oint \delta Q = \oint \delta W \text{(열역학 제1법칙의 기본형)} \qquad \text{(식 5-1)}$$

2) 과정 중 열과 일

그림 5-2에서처럼 어떤 시스템이 1의 상태에서 경로 A를 따라 2의 상태가 되고, 경로 B와 경로 C를 따라 1의 상태로 돌아오는 과정으로 사이클을 이루는 경우를 생각하자. 이때 각 과정에서 열역학 제1법칙을 적용하면 다음과 같이 된다.

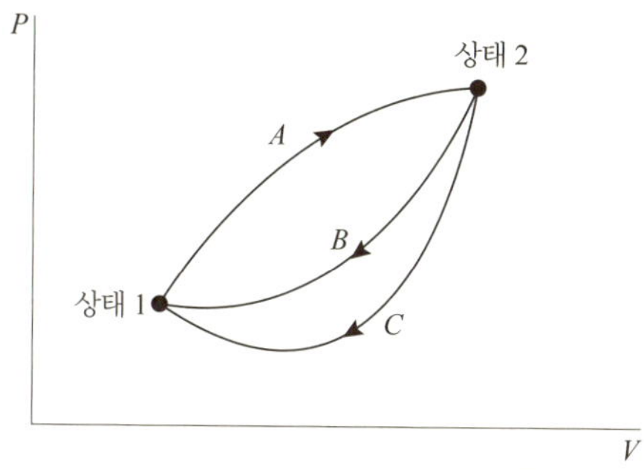

그림 5-2 상태 1과 상태 2 사이의 과정

ⓐ 사이클: 과정 A → 과정 B

$$\int_1^2 \delta Q_A + \int_2^1 \delta Q_B = \int_1^2 \delta W_A + \int_2^1 \delta W_B$$

ⓑ 사이클: 과정 A → 과정 C

$$\int_1^2 \delta Q_A + \int_2^1 \delta Q_C = \int_1^2 \delta W_A + \int_2^1 \delta W_C$$

ⓐ사이클에 대한 식에서 ⓑ사이클에 대한 식을 빼면 식 5-2와 같다.

$$\int_2^1 \delta Q_B - \int_2^1 \delta Q_C = \int_2^1 \delta W_B - \int_2^1 \delta W_C \qquad \text{(식 5-2)}$$

식 5-2를 다시 정리하면, 식 5-3과 같이 표현할 수 있다.

$$\int_2^1 (\delta Q - \delta W)_B = \int_2^1 (\delta Q - \delta W)_C \qquad \text{(식 5-3)}$$

경로 B와 C는 상태 1과 2 사이의 임의의 과정이므로 $\delta Q - \delta W$는 상태 1

과 2의 모든 과정에서 동일하다. $\delta Q - \delta W$는 시스템의 최초와 최후 상태에만 좌우되며 경로와는 무관하다. 따라서 점함수point function이고 시스템의 상태량의 미분이라고 할 수 있다.

③ 사이클cycle의 열과 일

열역학 제1법칙을 나타내는 식 5-1을 다시 쓰면 다음과 같다.

$$\oint \delta Q = \oint \delta W$$

여기서, 상태변화과정 중에 나타나는 $\delta Q - \delta W$를 에너지를 의미하는 기호 E로 나타내면 식 5-4와 같다.

$$\delta Q - \delta W = dE \qquad \text{(식 5-4)}$$

즉, 과정 중에는 dE가 존재하며 경로에는 무관한 점함수다. 위 식 5-4를 열을 기준으로 하여 정리하면 식 5-5와 같이 에너지와 일의 합으로 표시된다.

$$\delta Q = dE + \delta W \qquad \text{(식 5-5)}$$

식 5-5를 하나의 완결된 사이클에 대해서 적분하면 $\oint \delta Q = \oint dE + \oint \delta W$과 같이 표현되며 점함수 특성에 의하여 $\oint dE = 0$이 되므로 다음과 같이 열역학 제1법칙에 관한 식 5-1과 같이 표현된다.

$$\oint \delta Q = \oint \delta W$$

위 식 5-1을 상태 1에서 상태 2까지의 적분하면,

$$Q_{12} = \int_1^2 \delta Q = E_2 - E_1 + W_{12} \qquad \text{(식 5-6)}$$

여기서, E_1, E_2는 상태 1, 2에서 시스템이 갖고 있는 에너지(내부 에너지, 운동 에너지, 위치 에너지, 기타 에너지)의 총량을 나타내며, 열역학에서는 내부 에너지, 운동 에너지, 위치 에너지만을 고려한다.

$$\begin{aligned} E &= \text{내부 에너지} + \text{운동 에너지} + \text{위치 에너지} \\ &= U + KE + PE \end{aligned}$$

에너지 E의 변화량을 표시하면 $dE = dU + d(KE) + d(PE)$로 표현된다. 따라서 시스템의 상태 변화에 대한 열역학 제1법칙은 열역학적 상태량인 에너지를 사용하여 식 5-7과 같이 표시된다.

$$\delta Q = dU + d(KE) + d(PE) + \delta W \qquad \text{(식 5-7)}$$

에너지는 열 또는 일로서 시스템의 경계를 넘어설 수 있으며, 그 각각은 (+) 또는 (−)일 수 있다. 시스템의 전체 에너지의 변화는 경계를 통과한 에너지의 총합과 같다.

밀폐계의 질량 m을 생각할 때, 질량은 변할 수 없으므로 시스템의 에너지는 다음과 같이 되고, 시스템이 상태변화과정 동안 정지되어 있다면 $dV = dZ = 0$이 되어 $dE = dU$이다.

$$dE = dU + m\vec{V}d\vec{V} + mgdZ$$

상태 1에서 상태 2로 변할 때 적분을 하면 식 5-8과 같다.

$$E_2 - E_1 = U_2 - U_1 + \frac{m\vec{V}_2^2}{2} - \frac{m\vec{V}_1^2}{2} + mgZ_2 - mgZ_1 \qquad \text{(식 5-8)}$$

이를 열역학 제1법칙 식에 대입하여 정리하면 식 5-9와 같이 된다.

$$\delta Q = dE + \delta W = dU + \frac{d}{2}(m\vec{V}^2) + d(mgZ) + \delta W \qquad \text{(식 5-9)}$$

따라서 상태 1과 2의 과정에서 총 열의 양은 식 5-10과 같이 표현된다. 만약 시스템이 상태 1에서 상태 2로 진행되는 과정에서 처음 위치에 움직이지 않고 정지되어 있다면, $\vec{V}_1 = \vec{V}_2$, $Z_1 = Z_2$이므로 $\Delta KE = \Delta PE = 0$이 된다.

$$Q_{12} = U_2 - U_1 + \frac{m}{2}(\vec{V}_2^2 - \vec{V}_1^2) + mg(Z_2 - Z_1) + W_{12} \qquad \text{(식 5-10)}$$

2. 에너지 보존

열역학에서 에너지는 열 또는 일의 두 가지 형태로 시스템의 경계를 통해 이동할 수 있다. 이때 시스템의 에너지는 경계를 넘나드는 에너지의 총합과 똑같은 양만큼 변한다. 즉 열역학 시스템의 에너지는 보존conservation of energy 된다.

$$dE = \delta Q - \delta W$$

이처럼 열역학 시스템의 에너지는 열 또는 일의 형태로 시스템의 경계를 넘나들거나 시스템 자체가 가지는 내부 에너지, 운동 에너지와 위치 에너지로 구성된다. 일정한 상태에서 시스템의 에너지 변화량은 식 5-11과 같이 열과 일, 운동 에너지, 위치 에너지의 변화량으로부터 얻을 수 있다.

$$dE = dU + d(KE) + d(PE) = \delta Q - \delta W \quad \text{(식 5-11)}$$
$$dU = \delta Q - \delta W - \frac{d}{2}(m\vec{V}^2) - d(mgZ)$$

총 내부 에너지(U)는 종량성 상태량이며, 단위 질량당 내부 에너지(u)는 질량에 따라 변하는 종량성 상태량으로 순물질의 상태를 나타내는 독립 상태량의 하나다. 특히, 포화액체와 증기로 이루어진 수증기의 내부 에너지는 식 5-12와 같이 나타낸다.

$$U = U_f + U_g$$
$$mu = m_f u_f + m_g u_g$$
$$u = (1 - x)u_f + xu_g = u_f + xu_{fg} \quad \text{(식 5-12)}$$

3. 질량 보존

열역학에서는 작동물질의 상태변화에 따라 열과 일의 에너지 변환이 일어나게 된다. 만약 시스템이 에너지를 상호 변환하고 유출입하는 과정에서 시스템의 질량 자체가 에너지 변환에 기여한다면 열역학적 시스템의 의미를 잃게 된다. 과연 밀폐 시스템closed system의 질량은 시스템의 에너지가 변할 때 질량 자체가 에너지로 변하는가를 예제 5-1을 통해 알아보자.

질량과 에너지 관계는 상대성 이론에 의해 다음 식 5-13과 같이 표현된다.

$$E = mc^2 \qquad (식\ 5\text{-}13)$$

여기서, c : 광속 = 2.9979×10^8 m/sec

예제 5-1

탄화수소연료(가솔린)와 공기의 혼합물 1 kg이 있는 강성 용기를 시스템system으로 생각하자. 연소 후 최초상태cycle로 돌아가기 위해 약 2,900 kJ의 열heat을 방출해야 한다. 이 과정 동안의 질량 감소량은?

풀이

열역학 제1법칙 식에서

$Q_{12} = U_2 - U_1 + W_{12}$

$\therefore Q_{12} = -2{,}900\text{kJ} = \Delta U$: 내부 에너지의 감소

$2{,}900\ \text{kJ} = m(\text{kg}) \times (3 \times 10^8\ \text{m/sec})^2$

$\therefore m \fallingdotseq 3.22 \times 10^{-11}\text{kg}$: 측정 불가능함.

따라서 시스템의 에너지가 변화해도 밀폐 시스템의 질량변화는 무시된다. 질량이 시스템 경계를 출입하는 개방 시스템open system에서의 질량보존conversion of mass 법칙은 다음과 같다.

$$m_{in} - m_{out} = \Delta m_{CV} \qquad (식\ 5\text{-}14)$$

4. 밀폐 시스템에 적용

밀폐 시스템에서는 경계를 통한 질량의 출입은 없다. 즉 과정이 진행되는 동안 작동물질의 질량은 변하지 않는다.

예제 5-2

유체가 담긴 용기 내에 패들paddle이 회전하고 있다. 패들에 의해 5,090 kJ의 일이 용기 내로 들어오고, 용기로부터 1,500 kJ의 열이 빠져 나간다. 용기와 유체를 시스템으로 간주할 때, 시스템의 내부 에너지를 결정하시오.

풀이

$Q_{12} = U_2 - U_1 + \Delta KE + \Delta PE + W_{12}$

$\Delta KE = \Delta PE = 0$

$-1{,}500 = U_2 - U_1 - 5{,}090 \rightarrow U_2 - U_1 = 3{,}590\ \mathrm{kJ}$

열역학적 문제 해석 방법

열역학에서 다루는 문제는 대부분 시스템과 관련이 있으며, 시스템의 상태가 변하는 과정에서 발생되는 일과 열의 유출입에 관련된 여러 요인들을 구명하는 데 있다. 따라서 열역학 문제를 다루는 데는 어느 정도 일정한 순서가 있으며, 그 과정 및 방법을 요약하면 다음과 같다.

① 개방 시스템인가 또는 밀폐 시스템인가?(전체 그림을 그린다)
작동물질의 시스템system의 출입 여부(작동물질의 경계 밖으로의 이동 유무 판단)

② 최초 상태에서의 상태량은 무엇인가?

③ 최종 상태에서의 상태량은 무엇인가?

④ 과정Process 중에서 상태량 변화는 무엇인가? 정온, 정압, 정적 등 엔트로피 과정을 파악한다.

⑤ 해당되는 $P-V$ 또는 $T-V$ 선도를 그린다.

⑥ 작동물질이 이상기체로 취급되는가? 또는 순물질로서 열역학 상태표를 이용해야 하는가? 그리고 어떤 표를 이용해야 하는가를 파악한다.

⑦ 어떤 법칙을 적용할 것인가?

예제 5-3

물이 포화액체 0.05 m^3와 포화증기 4.95 m^3로 구성되어 0.1 MPa의 압력하에 들어 있는 체적 5 m^3의 강체 용기가 있다. 용기 내가 모두 포화증기로 채워질 때까지 열이 용기로 전달된다면 이 과정에서의 열 전달량을 구하시오.

풀이

① 밀폐 시스템, 작동물질: 물

② 상태 1: 혼합물

③ 상태 2: 포화증기

④ 과정: 정적과정

⑤ $P-V$ 선도

⑥ 작동물질 상태: 순물질

⑦ 열역학 제1법칙 적용

$m = m_{f1} + m_{g1}$,

$v_f = 0.001043\ m^3/kg$, $v_g = 1.6940\ m^3/kg$

$$m_{f1} = \frac{V_{f1}}{v_f} = 47.94\ kg,\ m_{g1} = \frac{V_{g1}}{v_g} = 2.92\ kg$$

$m = 50.86\ kg$

$$v_2 = \frac{V}{m} = 0.09831\ \frac{m^3}{kg} = v_g \rightarrow P = 2.03\ MPa$$

$$u_2 = 2600.5\ \frac{kJ}{kg}$$

$U_2 = mu_2 = 132{,}261 \text{ kJ}$

$Q_{12} = U_2 - U_1 = 104{,}935 \text{ kJ}$

5. 개방 시스템에 적용

개방 시스템에서는 그림 5-3과 같이 에너지와 질량이 동시에 점선으로 표시된 시스템(개방 시스템에서는 검사체적이라고도 한다)의 경계를 출입한다. 즉 시간에 따라 검사체적 내부의 질량이 변하게 되며, 작동물질이 갖는 열역학적 성질들이 검사체적 전체에 걸쳐 불균일하게 나타날 수 있다. 특히 체적변화에 따라 작동물질 유출에 상응하는 다른 일이 발생될 수도 있다. 따라서 개방 시스템에서는 위에 언급된 내용을 고려하여 열역학 제1법칙을 적용하여야 한다.

먼저 시간에 대한 질량 변화율은 식 5-15와 같은 연속방정식으로 나타낼 수 있다. 연속방정식은 레이놀드Reynolds 수송정리에 질량 보존 법칙을 적용

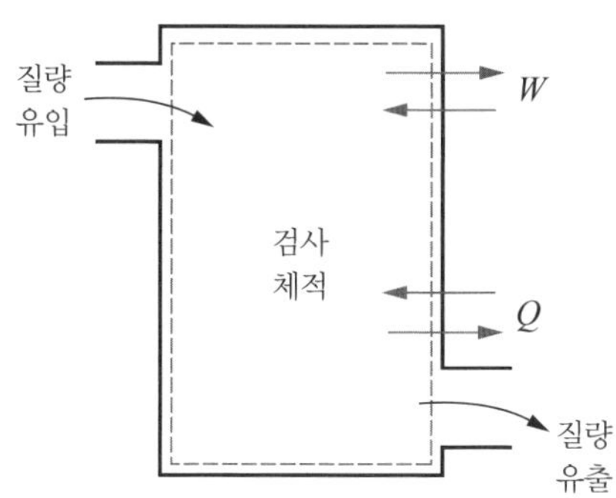

그림 5-3 개방 시스템과 검사체적

하여 정리된 것으로, 검사체적의 시간에 대한 질량 변화율은 검사체적을 유출입한 질량과 같다는 것을 의미한다.

$$\underbrace{\frac{dm_{CV}}{dt}}_{\text{검사체적의 질량 변화율}} = \overbrace{\sum \dot{m}_i}^{\text{들어오는 질량유량}} - \underbrace{\sum \dot{m}_e}_{\text{나가는 질량유량}} \qquad \text{(식 5–15)}$$

다음으로 작동물질 유출입에 따라 검사체적의 경계를 지나는 측정 가능한 열역학적 성질들은 검사체적의 공간적 차이에 따라 변하지 않는 균일상태 유동으로 간주하며, 작동물질은 시스템의 경계면에 수직으로 유출입하는 것으로 본다.

개방 시스템에서는 그림 5–4와 같이 질량 유동에 따른 유동 에너지가 발생되며, 유동 에너지는 검사체적의 경계를 출입 또는 이동할 때만 에너지량으로 표시된다. 유동 에너지는 식 5–16으로 표시된다.

$$W_f = F \cdot L = P \cdot A \cdot L = P \cdot V \qquad \text{(식 5–16)}$$

이상 내용을 고려하여 개방 시스템에 적용되는 열역학 제1법칙 식은 식

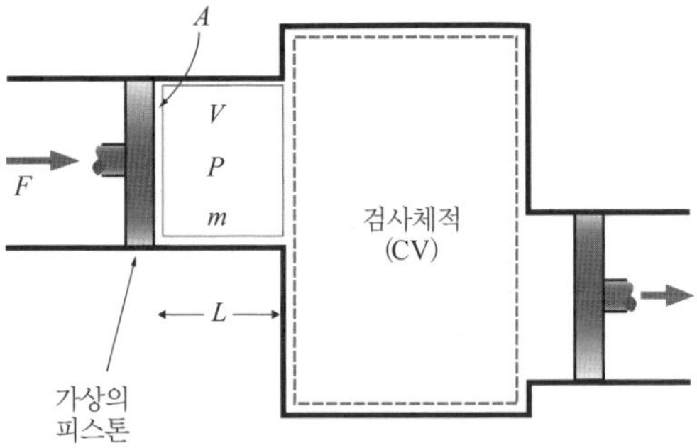

그림 5–4 개방 시스템에서의 유동 에너지

5-17과 같이 정리된다.

검사체적으로 들어가는 전 에너지 = 검사체적을 떠나는 전 에너지 + 검사체적의 전 에너지의 변화

$$\delta Q + dm_i(u_i + P_i v_i + \frac{\vec{V}_i^2}{2} + gZ_i)$$

$$= \delta W + dm_e(u_e + P_e v_e + \frac{\vec{V}_e^2}{2} + gZ_e) + d(u + \frac{m\vec{V}_e^2}{2} + mgZ)$$

$$\dot{Q} + \sum \dot{m}_i \left(h_i + \frac{\vec{V}_i^2}{2} + gZ_i \right)$$

$$= \dot{W} + \sum \dot{m}_e \left(h_e + \frac{\vec{V}_e^2}{2} + gZ_e \right) + \frac{dE_o}{dt} \quad \text{(식 5-17)}$$

여기서, 운동 에너지와 위치 에너지를 무시하면 식 5-18과 같이 표현된다.

$$Q_{CV} + \sum m_i h_i = W_{CV} + \sum m_e h_e + (m_2 u_2 - m_1 u_1)_{CV} \quad \text{(식 5-18)}$$

1) 정상상태-정상유동 과정

정상상태에서는 시간에 따라 다루는 물리적인 양이 일정하다. 정상유동에서는 다루는 물리적인 양의 시간에 대한 변화가 없다. 이 두 가지 조건이 동시에 만족하는 과정이 정상상태-정상유동steady state-steady flow, SSSF 과정이다. 대표적인 예로는 터빈, 압축기, 노즐 등이 있다.

SSSF 과정에서는 다음과 같은 가정 하에서 열역학 제1법칙 식을 적용한다.

① 시간에 대한 상태량의 변화는 없다.

② 질량과 에너지양은 일정하다.

③ 작동물질의 출입구에서 상태량은 시간의 변화에 관계없이 일정하다.

④ 모든 과정은 연속적이다.

따라서 정상상태, 정상유동 과정에서 시간에 대한 질량의 변화율은 식 5-19와 같이 정리된다.

$$\frac{dm_i}{dt} = \frac{dm_e}{dt} = \frac{dm}{dt} \qquad \text{(식 5-19)}$$

즉, 검사체적에 들어가는 질량유량mass flow rate은 시간에 따라 변하지 않으며 검사체적을 떠나는 질량유량과 같다. 검사체적의 내부에 있는 질량은 변하지 않으며, 따라서 질량 변화로 일어나는 에너지도 변하지 않는다. 또한 검사체적 내 유체의 각 점에서의 상태, 속도, 위치가 시간에 따라 변하지 않는다.

이상의 내용을 고려하여 열역학 제1법칙을 정리하면 식 5-20과 같다.

$$\dot{Q} + \sum \dot{m}\left(h_i + \frac{\vec{V}_i^2}{2} + gZ_i\right) = \dot{W} + \sum \dot{m}\left(h_e + \frac{\vec{V}_e^2}{2} + gZ_e\right) \qquad \text{(식 5-20)}$$

여기서, 양변을 전체질량으로 나누면 식 5-21과 같이 정리된다.

$$q + h_i + \frac{\vec{V}_i^2}{2} + gZ_i = w + h_e + \frac{\vec{V}_e^2}{2} + gZ_e \qquad \text{(식 5-21)}$$

운동 에너지와 위치 에너지를 무시하면 식 5-22와 같이 정리된다.

$$q + h_i = w + h_e \qquad \text{(식 5-22)}$$

예제 5-4

1.5 kg/s으로 증기가 투입되면서 외부로 8.5 kW의 열을 방출하는 증기터빈에서, 유출입하는 증기의 상태량이 표와 같을 때 터빈의 출력을 구하시오.

풀이

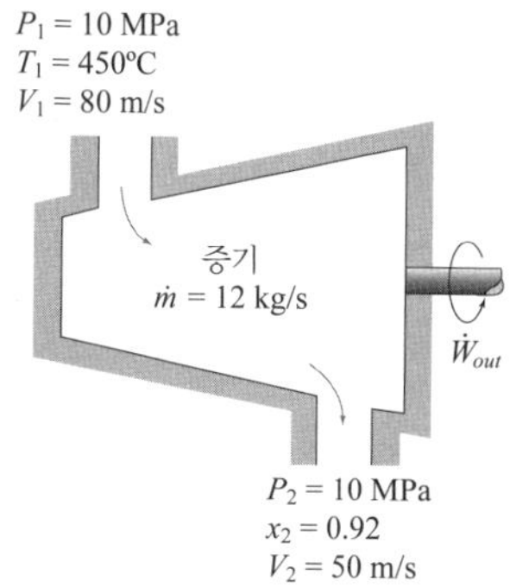

	입구 조건	출구 조건
압력	20 MPa	0.1 MPa
온도	350℃	
건도		100%
속도	50 m/s	200 m/s
기준면에 대한 높이	6 m	3 m

$$h_i = 3{,}136.6 \text{ kJ/kg}$$

$$\frac{\vec{V}_i^2}{2} = \frac{50 \cdot 50}{(2 \cdot 1000)} = 1.25 \text{ kJ/kg}$$

$$gZ_i = \frac{9.8 \cdot 6}{1000} = 0.059 \text{ kJ/kg}$$

$$\dot{Q} + \sum \dot{m}\left(h_i + \frac{\vec{V}_i^2}{2} + gZ_i\right) = W + \sum \dot{m}\left(h_e + \frac{\vec{V}_e^2}{2} + gZ_e\right)$$

$$h_e = 2675.1 \text{ kJ/kg}, \ \frac{\vec{V}_e^2}{2} = 20.0 \text{ kJ/kg}, \ gZ_e = 0.029 \text{ kJ/kg}$$

따라서 출력 $\frac{\delta W}{dt} = -8.5 + 4706.9 - 4.42.7 = 655.7 \text{ kW}$

2) 균일상태–균일유동 과정

균일상태–균일유동uniform state-uniform flow, USUF이란 정상상태–정상유동으로 해결할 수 없는 열역학적 문제를 보다 효과적으로 기술하기 위한 것으로 공간적 변화에 따른 특성치의 변화를 무시하여 열역학 제1법칙을 근사적으로 정리한다. 그림 5–5와 같은 균일상태–균일유동을 가진 개방 시스템의 기본적 가정은 다음과 같다.

① 시스템 내에서 질량의 상태는 시간에 따라 변할 수 있으나 임의의 순간에는 그 상태가 전 개방 시스템을 통하여 균일하다. 어느 한 순간 t에서 균일하다는 뜻이다.

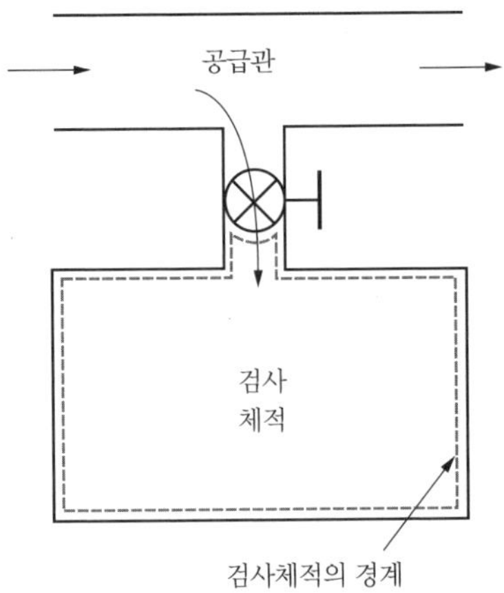

그림 5-5 USUF 개방 시스템

② 질량유량mass flow rate은 시간에 따라 변화할 수 있지만 개방 시스템의 유동면적을 지나는 상태는 시간에 따라 변하지 않는다. (예: 체적이 고정된 강체 탱크 내부 채움, 타이어나 열기구의 팽창 등).

③ 일정 시간(Δt) 동안의 과정을 고려한다.

상태 1에서의 시간을 t_1, 상태 2에서의 시간을 t_2라 하면 과정 중의 시간, 질량 및 에너지 변화량은 각각 다음과 같이 쓸 수 있다.

$$\Delta t = t_2 - t_1$$

$$\Delta m = m_2 - m_1 = \sum m_i - \sum m_e$$

$$\Delta E_{os} = m_2\left(u_2 + \frac{\vec{V}_2^2}{2} + gZ_2\right) - m_1\left(u_2 + \frac{\vec{V}_1^2}{2} + gZ_1\right)$$

여기서 과정 동안 시스템이 정지되어 있었다면 운동 에너지와 위치 에너지가 무시되어, 열역학 제1법칙 식은 식 5-23과 같이 정리된다.

$$Q_{CV} + \sum m_i h_i = W_{CV} + \sum m_e h_e + (m_2 u_2 - m_1 u_1)_{CV} \qquad \text{(식 5-23)}$$

예제 5-5

체적이 0.3m^{3}인 강체 탱크가 온도 200℃인 포화액(물)으로 채워져 있다. 탱크 하부의 밸브를 열어 물을 배출시킬 때 물의 온도가 탱크 내부의 온도와 동일하게 유지되면서 열이 물로 전달된다. 이때 전체 양의 반이 배출될 때까지 전달된 열의 양을 구하시오.

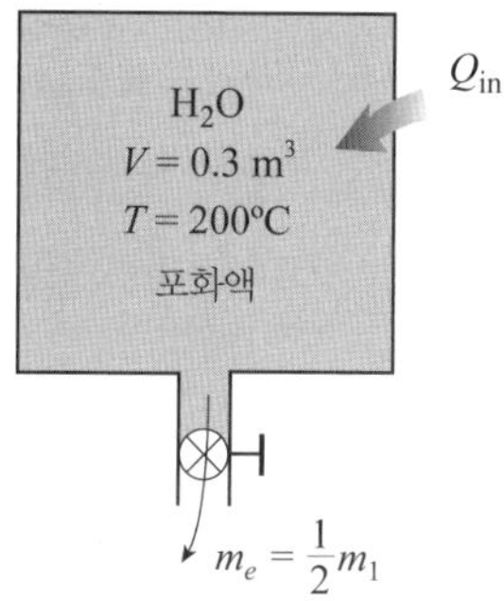

풀이

$Q_{CV} = m_e h_e + m_2 u_2 - m_1 u_1,$

$m_i h_i = 0,\ W_{CV} = 0$

$T_1 = 200℃,\ \upsilon_1 = \upsilon_f = 0.001157\ m^3/kg$

$m_e = m_1 - m_2$

$$m_1 = \frac{0.3}{0.001157} = 259.3\ kg$$

$m_2 = 0.5m_1 = 129.65\ kg$

$$\upsilon_2 = \frac{0.3}{129.65} = 0.002314\ m^3/kg$$

$\upsilon_2 = \upsilon_f + x \cdot \upsilon_{fg}$에서 $x = 0.00917$

$u_2 = u_f + x \cdot u_{fg} = 866.65\ kJ/kg$

  $at\ T_2 = 200℃,\ x_2 = 0.00917$

따라서,

$Q_{CV} = (129.65)(852.45)+(129.65)(866.65)-(259.3)(850.65) = 2{,}308\ kJ/kg$

예제 5-6

내부가 비어 있는 단열처리된 강체 탱크가 공급 밸브를 통해 공급 라인에 있는 압력 1 MPa, 온도 300℃인 증기와 연결되어 있다. 밸브를 열어 공급 라인의 증기가 탱크 내부로 공급하다가 탱크 내부 압력이 1 MPa에 이르렀을 때 밸브를 잠근다. 이때 탱크 내 증기의 최종 온도를 구하시오.

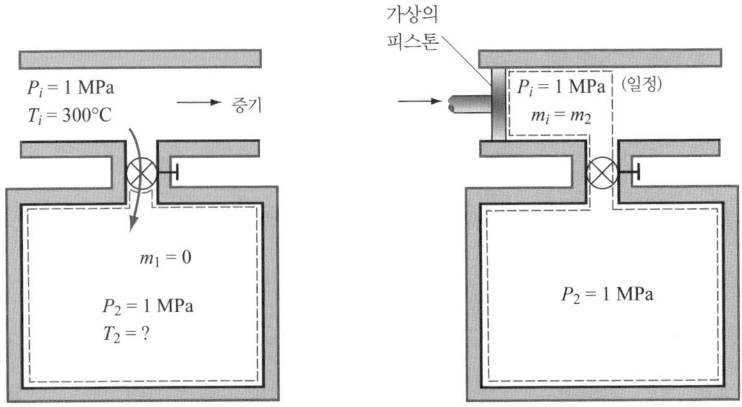

(a) 비워진 탱크로 증기 유입 흐름

(b) 등가의 밀폐 시스템

풀이

균일유동. The system is stationary. $\Delta KE \cong \Delta PE \cong 0$. 운동 에너지와 위치 에너지는 무시. 단열처리로 탱크에서의 열 이동 없음.

$\Delta m = m_2 - m_1 = \sum m_i - \sum m_e$에서

$m_1 = 0$ kg, $\sum m_e = 0$

따라서, $Q_{cv} + \sum m_i h_i = W_{cv} + \sum m_e h_e + (m_2 u_2 - m_1 u_1)_{CV}$ 식에서

$m_i h_i = m_2 u_2$가 되고 질량 변화를 고려하면 $h_i = u_2$ 된다.

Table B-4에서 P_i = 1 MPa, T_i = 300℃에서 h_i = 3051.6 kJ/kg = u_2.

따라서 P_2 = 1 MPa에서 u_2를 같은 표에서 찾으면 T_2 = 456.1℃.

6. 기체-증기 혼합물에 적용

기체gas와 증기vapor 혼합물이 건공기dry air와 수증기water vapor로 구성되는 경우에 이를 이상기체ideal gas로 취급하기도 한다. 전체 압력을 P라 하면 건공기의 압력은 P_a와 수증기의 압력 P_v의 합으로 표현된다. 즉, $P = P_a + P_v$.

Gas 성분은 이상기체의 상태방정식을 적용하고 수증기 성분은 열역학 상

태표table of thermodynamic properties를 이용한다. 즉, 공기의 엔탈피enthalpy는 이상기체의 상태방정식을 이용하여 계산하고, 수증기의 엔탈피는 수증기 열역학표를 이용하여 구한다.

단열포화과정adiabatic saturation process은 공기와 수증기 혼합물(humidity <100%)이 절연된 관로 내에서 물과 접촉하여 냉각되어 습도가 100%로 포화되는 과정을 말한다.

외부로 행해진 일이 없고 시스템이 정지되어 있다면 식 5-9와 5-11에서 운동 에너지와 위치 에너지 변화가 무시되어 식 5-24와 식 5-25와 같이 표현된다.

$$\dot{Q}+\sum\dot{m}(h_i)=\sum\dot{m}(h_e) \qquad \text{(식 5-24)}$$

$$\dot{m}_{a1}=\dot{m}_{a2}$$

$$\dot{m}_{v1}=\dot{m}_{v2}+\dot{m}_{l2}$$

$$\dot{Q}_{CV}+\sum\dot{m}_ih_i=\sum\dot{m}_eh_e$$

$$\dot{Q}_{CV}+\dot{m}_ah_{a1}+\dot{m}_{v1}h_{v1}=\dot{m}_ah_{a2}+\dot{m}_{v2}h_{v2}+\dot{m}_{l2}h_{l2}$$

$$\frac{\dot{Q}_{CV}}{m_a}+h_{a1}+\omega_1h_{v1}=h_{a2}+\omega_2h_{v2}+(\omega_1-\omega_2)h_{i2} \qquad \text{(식 5-25)}$$

if adiabatic saturation, then $\dot{Q}_{CV}=0$

카이의 법칙Kay's rule은 실제 혼합기체의 $P-v-T$ 변화 양상을 알아보기 위해서 실제 기체혼합물의 임계점에서의 압력 및 온도를 구하는 모델이다.

$$(P_C)_{mix}=\sum_i y_iP_{Ci}, \qquad (T_C)_{mix}=\sum_i y_iT_{Ci} \qquad \text{(식 5-26)}$$

여기서, $y_i=\frac{V_i}{V}$, $\frac{P_i}{P}$, 또는 $\frac{n_i}{n}$

7. 교축과정과 주울–톰슨 계수

교축과정throttling process은 그림 5–6과 같이 유체가 단면적이 급격하게 감소되는 곳을 정상상태–정상유동SSSF으로 지나는 과정으로, 유체역학적으로 단면적이 감소하면 유체의 유속 상승으로 인해 압력이 낮아지는 현상이 발생한다. 이러한 현상은 급속하게 협소해지는 공간에서 발생되므로 열이동이 일어날 수 없기 때문에 단열과정으로 간주된다.

교축과정을 일으키는 예는 유량조절 밸브, 관의 중간에 다공질 플러그를 통과하는 경우, 흐름 중간에 갑자기 관이 가늘어지는 모세관을 통과하는 경우를 들 수 있다.

단열교축과정에 열역학 제1법칙을 적용하기 위해 SSSF 개방 시스템의 열역학 제1법칙을 시간 변화율로 나타낸 식 5–20을 살펴보자.

$$\dot{Q} + \sum \dot{m}\left(h_i + \frac{\vec{V}_i^2}{2} + gZ_i\right) = \dot{W} + \sum \dot{m}\left(h_e + \frac{\vec{V}_e^2}{2} + gZ_e\right)$$

여기에서 교축과정에서의 가정을 적용하면, $W = Q = 0$, $\vec{V}_i \approx \vec{V}_e$, $\Delta KE \cong \Delta PE \cong 0$이므로 식 5–20은 식 5–27과 같이 정리된다.

$$\dot{m}_i h_i \cong \dot{m}_e h_e \qquad \text{(식 5–27)}$$

정상유동이기 때문에 $m_i = m_e$이다. 따라서 $h_i \cong h_e$가 된다. 즉, 교축과정은

(a) 유량조절 밸브 (b) 다공질 플러그 (c) 모세관

그림 5–6 교축과정 사례

엔탈피의 변화량이 거의 없는 과정을 의미한다.

주울-톰슨 계수Joule-Thomson coefficient는 엔탈피가 일정한 과정에서 온도와 압력의 비를 나타낸 것으로 식 5-28과 같이 정의한다.

$$\mu_J = \left(\frac{\partial T}{\partial P} \right)_h \quad \text{(식 5-28)}$$

만약 $\mu_J > 0$이면 교축과정 동안 온도가 감소하는 것을 의미하며, $\mu_J < 0$이면 교축과정에서 온도가 상승하는 것을 의미한다.

예제 5-7

압력 800 kPa, 온도 300℃인 수증기가 그림과 같이 200 kPa로 교축되었다. 이때 최종온도 및 주울-톰슨 계수를 구하시오. 단, 개방 시스템 자체의 운동 에너지와 위치 에너지의 변화량은 무시한다. 즉 정지되어 있다고 본다.

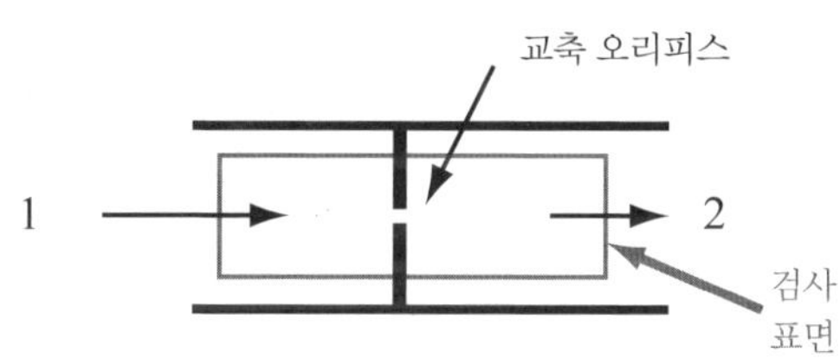

풀이

$\delta W = 0$, $\delta Q \approx 0$, $\dot{m}_i = \dot{m}_e$, $h_i \approx h_e$

입구: 과열증기 상태 $h_i = 3056.5$ kJ/kg$\approx h_e$.

출구: 과열증기 상태 $h_e > h_g = 2{,}706.7$ kJ/kg

따라서, $T_e = 292.4$℃, $u_J = \dfrac{-7.6}{-600} = 0.0127$ K/kPa

▶▶▶ 연습문제

1. (10점) 단순압축성 순물질a simple compressed pure substance인 물이 다음에 주어진 각 상태로 주어져 있다. 열역학 표Thermodynamic property table들을 이용하여, 과열증기, 포화증기, 포화증기+포화액체, 포화액체, 압축액체 중 어느 상태에 있는가를 설명하시오.

   (1) T = 120℃, P = 150 MPa

   (2) T = 160℃, υ = 0.4961 m^3/kg

   (3) P = 0.35 MPa, υ = 0.5243 m^3/kg

   (4) P = 5 kPa, T = 10℃

   (5) T = 300℃, υ = 0.01215 m^3/kg

2. A vessel with a volume of 0.35 m^3 contains 2 kg of liquid water and water vapor mixture in equilibrium at a pressure of 450 kPa. Determine the quality of water vapor. Use the steam table.

3. 체적이 200 L인 철판으로 된 탱크에 8 MPa, 20℃(상태 1)에서 에틸렌 가스가 들어 있다. 탱크는 단열이 되지 않으며, 출구 쪽 밸브로 조금씩 누설되어 며칠 후에는 압력이 5 MPa(상태 2)로 감소되었다. 이때 주위의 온도는 20℃이고 탱크 속의 온도는 20℃로 항상 같았다. 이 과정 동안 탱크로부터 새어나간 질량은 얼마인가?

4. 상대습도 50%, 온도 30℃, 압력 100 kPa인 공기-수증기 혼합물(상태1)이 에어컨으로 질량유량 1 kg/s로 들어간다. 에어컨 내부온도는 10℃이고, 나가는 공기-수증기 혼합물은 온도 10℃, 압력 105 kPa, 상대습도 100%(상태2)이다.

(1) 상태 1과 2에서의 수증기 부분압(P_v)과 공기 부분압(P_a)는 얼마인가?

(2) 상태 1과 2에서의 습도비 즉 절대습도는 얼마인가?

(3) 1분 동안 가동했을 때, 응축되는 수증기량은 얼마인가?

(4) 이 과정 동안의 열전달은 얼마인가?

5. 피스톤-실린더계에 이상기체로 취급되는 공기가 들어 있다. 다음 과정이 열역학적으로 가능한지 불가능한지를 열역학 제1법칙을 써서 설명하시오.

(1) 피스톤을 밀어 공기를 압축하여 열을 방출시키고 공기의 온도를 높이고자 한다.

(2) 피스톤을 밀어 공기를 압축시키면서 열이 계 주위로 나가는 것을 차단하여 공기의 온도를 처음 온도로 일정하게 유지하고 싶다.

(3) 열을 가해 피스톤이 밀려나며 공기가 팽창할 때 공기의 온도가 내려가게 하고 싶다.

6. Air enters a compressor operating at steady state at pressure of 100 kPa, a temperature of 20℃ and a velocity of 6 m/s through an inlet with an area of 0.1 m^2. At the exit, the pressure is 700 kPa, the temperature is 120℃, and the velocity is 2 m/s. Heat transfer from the compressor to its surroundings occurs at a rate of 180 kJ/min. Assume the air is an ideal gas.

(1) Calculate the mass flow rate of air.

(2) Determine the power input to the compressure in kW.

7. A vessel having a volume of 0.85 m^3 initially contains water as a two-phase liquid-vapor mixture at 260℃ and a quality of 0.7. Saturated water vapor at 260℃ is slowly withdrawn through a pressure-regulating valve at the top of the tank as heat energy is transferred to maintain the process constant in the tank. This continues until the tank is filled with saturated vapor at 260℃. Neglect the kinetic and potential energy effects.

(1) Draw the *T*-*V* diagram for the process.

(2) Determine the amounts of mass at initial and final states.

(3) Determine the amount of heat transfer in kJ.

8. Water steam (6 MPa, 400℃) enters a turbine operating at steady state with a mass flow rate of 5,400 kg/h and velocity of 10 m/s. At the exit the pressure of the steam is 10 kPa and the quality is 0.8 with velocity of 40 m/s. The power output of the turbine is 1,100 kW. Answer the questions:

(1) plot the *T*-*V* diagram and mark the states.

(2) calculate the heat transfer rate between turbine and surroundings in kJ/s.

9. 체적이 500 L인 저장용기 안에 질량 100 kg의 포화액화질소가 액체와 기체의 혼합상태로 포화온도 90K에서 존재한다.

(1) 액화질소의 건도는 얼마인가?

(2) 액화질소의 체적은 얼마인가?

10. 피스톤-실린더계에 이상기체로 취급되는 공기가 들어 있다. 다음 과정이 열역학적으로 가능한지 불가능한지를 열역학 제1법칙을 써서 설명하시오.

(1) 피스톤을 밀어 공기를 압축하여 열을 방출시키고 공기의 온도를 높이고자 한다.

(2) 피스톤을 밀어 공기를 압축시키면서 열이 계 주위로 나가는 것을 차단하여 공기의 온도를 처음 온도로 일정하게 유지하고 싶다.

(3) 열을 가해 피스톤이 밀려나며 공기가 팽창할 때 공기의 온도가 내려가게 하고 싶다.

11. 체적이 $0.1 m^3$인 피스톤-실린더 밀폐계 내에 비열이 일정한 이상기체가 처음 상태인 압력 150 kPa, 온도 25℃에서 압축을 받아 압력이 1 MPa, 온도가 150℃로 변하였다. 압축과정에서 소요되는 일은 20 kJ이다. 사용된 이상기체의 R = 0.3 kJ(kg · K)이고 k = 1.4이다.

(1) 이상기체의 질량은 얼마인가?

(2) 계의 내부 에너지 변화량은 얼마인가?

(3) 과정 동안의 열전달은 얼마인가?

12. Refrigerant R-134a is throttled from 20℃, 0.5 MPa to 0.2 MPa. What is the exit temperature of the throttling device? Make necessary assumptions.

6 엔탈피

에너지를 열과 일의 형태로 운반하는 작동물질은 밀폐 시스템에서는 시스템 내부에 갇혀 있지만 개방 시스템에서는 시스템의 경계를 넘나들어 유동하게 된다. 이때 우리는 또 다른 형태의 에너지인 유동 에너지를 생각해야 한다. 밀폐 시스템에서도 작동물질은 시스템의 경계가 늘어나거나 줄어들어 부피의 변화가 있게 되면 시스템의 경계와 같이 유동하게 된다.

1. 정의

엔탈피는 내부 에너지와 유동 에너지의 합으로 정의되며, 준평형 정압과정에서 열의 이동량을 기술하기 위해 도입되었다. 엔탈피는 열역학적 상태량으로 경로에 따라 변하지 않은 점함수이며, 질량에 따라 변하는 종량성질을 갖는다.

엔탈피(H)와 강도성질인 단위 질량당 엔탈피specific enthalpy h를 수식으로 표현하면 다음과 같다.

$$H = U + PV$$

$$h = u + Pv$$

단위 질량당 엔탈피 h는 강도성질intensive property을 나타내며, h를 사용하면 열역학 제1법칙 식을 간단하게 표현할 수 있는데, 특히 정압과정, 밀폐시스템에서 엔탈피는 열함량과 같다. 이를 수식으로 정리하면 다음 식 6-1과 같다.

$$\begin{aligned} Q_{12} &= U_2 - U_1 + W_{12} \\ &= U_2 - U_1 + P_2V_2 - P_1V_1 \\ &= H_2 - H_1 \\ Q_{12} &= m\,(h_2 - h_1) \end{aligned} \qquad \text{(식 6-1)}$$

2. 비열

비열specific heat은 순물질의 온도를 1℃ 높이는 데 필요한 열량을 의미한다. 많은 열역학 문제에서 비열을 구하기 위해서는 과정 중 발생된 열량을 온도변화량으로 나누면 된다. 예를 들어, 단순압축성 물질의 준평형과정에서 열역학 제1법칙 식은 식 6-2와 같이 된다.

$$\delta Q = dU + \delta W = dU + PdV = dH \qquad \text{(식 6-2)}$$

만약, 위 과정이 체적변화가 없는 정적과정이라 한다면, 일의 항(PdV)은 0이 되므로, 비열은 다음과 같이 정리된다.

$$C_v = \frac{1}{m}(\frac{\delta Q}{dT})_v = \frac{1}{m}(\frac{dU}{dT})_v = (\frac{du}{dT})_v \rightarrow u = f(T,v)$$

여기서 단위 질량당 내부 에너지 u는 절대온도와 비체적의 함수로 주어진다. 유도된 비열 C_v는 체적이 일정한 상태에서의 비열을 의미하는 것으로 정적비열constant-volume specific heat이라 한다.

다음으로 위 과정이 압력변화가 없는 정압과정이라 한다면, 비열은 다음과 같이 정리된다.

$$C_p = \frac{1}{m}(\frac{\delta Q}{dT})_p = \frac{1}{m}(\frac{dH}{dT})_p = (\frac{dh}{dT})_p \rightarrow h = f(P,T)$$

여기서 단위 질량당 엔탈피 h는 압력과 온도의 함수로 표현된다. 유도된 비열 C_p는 압력이 일정한 상태에서의 비열을 의미하는 것으로 정압비열 constant-pressure specific heat이라 한다.

3. 이상기체의 정적비열과 정압비열

이상기체의 내부 에너지는 온도만의 함수다. 이는 1843년 줄James Joule에 의해 실험적으로 증명되었다. 그림 6-1과 같이 A에는 22 기압의 공기로 채워져 있고 B에는 진공상태인 용기를 수조에 담그고 밸브를 열어 A와 B의 압력이 같도록 하였을 때 A에 있는 공기의 압력과 체적이 변하는 동안 수조 내 물의 온도는 변화가 없었다. 즉 전달된 열과 일이 없고 공기의 내부 에너지 변화도 없으므로 내부 에너지는 압력과 체적의 함수가 아니라는 것을 알 수 있다.

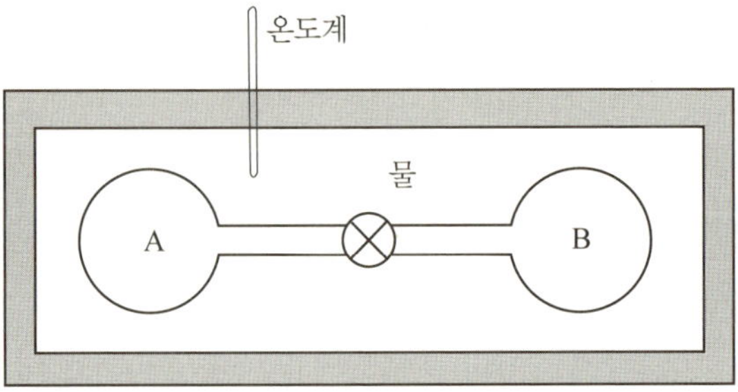

그림 6–1 줄[Joule]이 이상기체의 내부 에너지는 온도만의 함수라고 밝힌 실험 장치

이를 수식으로 정리하면 다음과 같다. 일반적으로 내부 에너지는 절대온도와 체적의 함수로 주어진다. 즉, $u = f(T, v)$와 같다. 위 이상기체의 실험 결과에서, u는 v와 P과 무관하기 때문에, 내부 에너지는 온도만의 함수인 $u = f(T)$로 표시할 수 있다.

이는 내부 에너지가 온도에 의해서만 변한다는 것을 의미하기 때문에, 정적비열을 나타내는 식으로부터 이상기체의 내부 에너지를 완전미분의 형태로 다음 식 6–3과 같이 표시할 수 있다. 여기서 C_{Po}와 C_{vo}에서 아래첨자 'o'는 이상기체임을 의미한다.

$$C_v = \left(\frac{du}{dT}\right)_v \text{에서}$$
$$du = C_{vo} dT \qquad \text{(식 6–3)}$$

이상기체의 내부 에너지가 온도만의 함수이므로, 이상기체의 엔탈피 역시 다음과 같이 온도만의 함수로 나타난다.

$$h = u + Pv = u + RT = f(T)$$

정압비열을 나타내는 식으로부터 이상기체의 엔탈피를 식 6-4와 같이 표시할 수 있다.

$$C_p = \left(\frac{dh}{dT}\right)_p \text{에서}$$

$$dh = C_{po}dT \qquad \text{(식 6-4)}$$

이상 정리된 이상기체의 정압비열과 정적비열의 식으로부터 다음과 같은 관계식을 얻을 수 있다.

$$dh = du + RdT \qquad \text{(식 6-5)}$$

$$C_{po}dT = C_{vo}dT + RdT \rightarrow C_{po} - C_{vo} = R$$

$$k = \frac{C_{po}}{C_{vo}},\ C_{po} = \frac{kR}{k-1} = \frac{5}{2}R,\ C_{vo} = \frac{R}{k-1} = \frac{3}{2}R$$

몰mole 기준으로 표시하면, 다음과 같다.

$$\overline{R} = MR,\ MC_{p_o} - MC_{v_o} = MR,\ \overline{C}_{p_o} - \overline{C}_{v_o} = \overline{R}$$

4. 이상기체의 내부 에너지와 엔탈피

위에서 이상기체의 내부 에너지와 엔탈피가 온도에만 의존한다는 사실로부터 정적비열과 정압비열을 표시하였다. 따라서 과정 중 내부 에너지와 엔탈피 변화량은 각각 다음과 같이 정리된다.

내부 에너지는 다음과 같이 계산된다.

$$du = C_{vo}dT \text{ 에서}$$

$$u_2 - u_1 = \int_1^2 C_v dT \qquad \text{(식 6-6)}$$

상태 1에서 상태 2로 변화는 과정에서 엔탈피 변화량은 식 6-7과 같이 구할 수 있다.

$$dh = C_{po}dT \text{ 에서}$$

$$h_2 - h_1 = \int_1^2 C_p dT \qquad \text{(식 6-7)}$$

위 식 6-7에서 우변의 적분항은 물질의 비열과 온도와의 관계가 구명되어야만 구할 수 있다. 따라서 비열 조건에 따른 내부 에너지와 엔탈피는 다음과 같이 세 가지 방법으로 구해진다.

① 비열이 온도에 관계없이 일정한 이상기체(예: 아르곤, 헬륨, 네온 등 단원자 분자 기체)는 식 6-8을 사용한다.

$$u_2 - u_1 = C_v(T_2 - T_1) \qquad \text{(식 6-8)}$$

$$h_2 - h_1 = C_p(T_2 - T_1)$$

② 비열이 온도에 선형으로 변하는 이상기체(예: 공기, 수소, 산소, 수증기 등) 경우로 ΔT가 200K 이하의 작은 온도차인 경우에는 ΔT 구간에서 그림 6-2와 같이 $C_p = a + bT$라고 식을 세워 엔탈피 변화량을 식 6-9와 같이 계산한다.

$$h_2 - h_1 = \int_{T_1}^{T_2} (a + bT)dT = a(T_2 - T_1) + \frac{b}{2}(T_2^2 - T_1^2) \qquad \text{(식 6-9)}$$

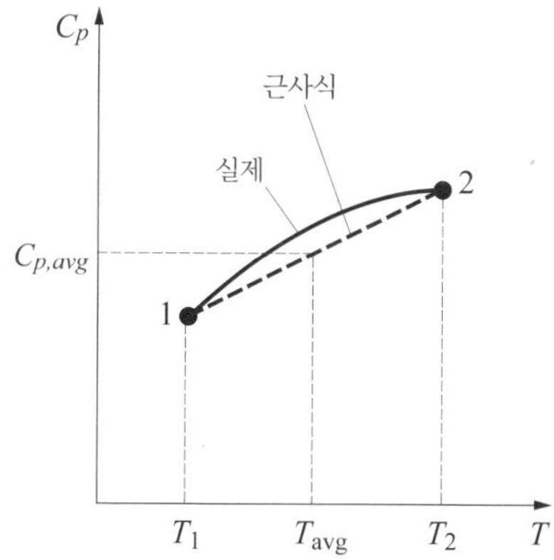

그림 6-2 온도변화가 작은 경우의 평균 비열

$$= \left[a + b\left(\frac{T_2 + T_1}{2} \right) \right] (T_2 - T_1) = C_{p,avg}(T_2 - T_1)$$

같은 방법으로, 내부 에너지는 $u_2 - u_1 = C_{v,avg}(T_2 - T_1)$로 표현된다.

③ 온도 함수로 주어인 비열 식(실험적으로 구한 근사식)을 이용하면 가장 정확한 계산을 할 수 있다. 이상기체의 비열은 다음과 같은 온도의 함수로 주어진다.

$$\overline{C}_{po} = a + bT + cT^2 + dT^3 \qquad \text{(식 6-10)}$$

여기서 T는 절대온도이며 $\overline{C}_{po}$의 단위는 kJ/(kmol · K)이다. 주요 이상기체의 a, b, c, d의 값은 표 6-1과 같다.

a) 식 6-10과 표 6-1에 주어진 계수를 사용하여 T_1에서 T_2까지 적분하여 구한다. 이때, $\overline{R} = MR$, $\overline{C}_{po} = MC_{po}$, $\overline{C}_{vo} = MC_{vo}$ 관계식을 이용한다.

b) 온도 함수로 주어진 적분값을 정리한 표를 이용하여 기준온도에서 적분한 값과 특정온도에서 계산된 값을 비교하여 계산한다. $T = 0\text{K}$에

표 6-1 온도 함수로 주어진 비열식의 계수 값

이상기체	화학식	a	$b(\times 10^{-2})$	$c(\times 10^{-5})$	$d(\times 10^{-9})$
공기	–	28.11	0.1967	0.4802	−1.9660
질소	N_2	28.90	−0.1571	0.8081	−2.8730
산소	O_2	25.48	1.5200	−0.7155	1.3120
수소	H_2	29.11	−0.1916	0.4003	−0.8704
이산화탄소	CO_2	22.26	5.9810	−3.5010	7.4690
수증기	H_2O	32.24	0.1923	1.0550	−3.5950

서 $h=u=0$을 기준으로 하며 25℃를 기준으로 하기도 한다. 기준 온도 T_o에서 온도 T까지의 엔탈피 변화량을 $h_T = \int_{T_o}^{T} C_{po} dT$로 설정하고, T_o가 기준온도일 때, 상태 1과 상태 2까지의 h 변화량은 식 6-11과 같이 주어진다.

$$h_2 - h_1 = \int_{T_o}^{T_2} C_{po} dT - \int_{T_o}^{T_1} C_{po} dT = h_{T_2} - h_{T_1} \qquad \text{(식 6-11)}$$

식 6-11에서 보는 바와 같이 기준온도에서의 h값은 결국에 상쇄되므로 기준 온도를 T = 0K 또는 T = 25℃로 하여도 결과는 같게 된다.

예제 6-1

압력 101 kPa인 이산화탄소가 온도 300K에서 800K로 가열된다. 이때 이산화탄소의 내부 에너지와 엔탈피 변화량을 온도의 함수로 주어진 몰 기준 정압비열 $\overline{C_p}$에 관한 식을 이용하여 구하시오.

풀이

임계점(압력 7.39 MPa, 임계온도 304.2K)과 비교할 때 상대적으로 낮은 압력과 고온 과정을 거치는 이산화탄소는 이상기체처럼 작동한다고 할 수 있다.

표 6-1에서, $\bar{C}_{po}(T) = a + bT + cT^2 + dT^3$에 필요한 a, b, c, d 값을 이용하여 적분하여 다음과 같이 구한다.

$$h_2 - h_1 = \frac{1}{M}\int_1^2 \bar{C}_{po}(T)dT = 516.9 \text{ kJ/kg}$$

5. 비압축성 물질의 내부 에너지와 엔탈피

고체나 대부분의 액체는 압력변화에 따른 체적의 변화가 아주 작거나 변하지 않는다. 이처럼 압력변화에 따른 체적변화가 무시되는 물질을 비압축성 물질이라 한다. 비압축성 물질의 비체적은 상수로 간주한다. 따라서 비압축성 물질의 내부 에너지 및 엔탈피는 다음과 같이 나타낼 수 있다.

내부 에너지는 비체적변화를 무시할 수 있으므로, 다음과 같은 온도만의 함수가 된다.

$$u = f(T, v) \rightarrow u = f(T)$$

$$du = C_v dT$$

비압축성 물질, 특히 고체의 경우 정압비열과 정적비열은 동일하므로, 비압축성 물질의 내부 에너지 및 엔탈피는 식 6-12와 같이 표현된다.

$$C_p = C_v = C \qquad \text{(식 6-12)}$$

$$dh = du \approx CdT \text{ (고체의 경우)}$$

$$u = C_{avg}(T_2 - T_1)$$

압축액체compressed liquid의 내부 에너지는 동일온도에서의 포화액과 같기 때문에, 내부 에너지 및 엔탈피는 식 6-13과 같이 나타낼 수 있다.

$$u \cong u_{f@T},\ v = v_{f@T},\ h_f \neq h_{f@T} \quad \text{(식 6-13)}$$

$$dh = du + Pdv + vdP = C_v dT + vdP$$

$$h_2 - h_1 = u_2 - u_1 + v(P_2 - P_1)$$

정압과정에서 $dP = 0$이므로 식 6-13에서 압축액체의 내부 에너지와 엔탈피는 식 6-14와 같이 정리된다.

$$dh = du \approx CdT \quad \text{(식 6-14)}$$

등온과정에서 $dT = 0$이므로 식 6-13에서 압축액체의 내부 에너지와 엔탈피는 식 6-15와 같이 정리된다.

$$dh = vdP \quad \text{(식 6-15)}$$

예제 6-2

온도 100℃, 압력 15 MPa인 물의 엔탈피를 (a) 압축액체 표, (b) 포화액체로 가정, (c) 압력효과를 고려한 수정식을 이용한 방법으로 각각 구하시오.

풀이

(a) 압축액체 표 Table B-1으로부터, $h = 430.39$ kJ/kg

(b) 포화액 표 Table B-2를 이용하여 온도 100℃일 때,

$h = h_{f@100℃} = 419.17$ kJ/kg이다.

(c) 온도 100℃, 압력 15 MPa일 때,

$h_{P,T} = h_{f@100℃} + v_{f@100℃}(15{,}000 - P_{sat}) = 434.71$ kJ/kg

P_{sat}는 온도가 100℃일 때의 포화압력인 101.33 kPa이다.

예제 6-3

온도 20℃, 압력 300 kPa인 수증기가 단열조 내에서 유량 90 kg/s로 공급되는 온도 250℃, 압력 300 kPa의 증기와 혼합되고 혼합된 증기는 압력 300 kPa에서 포화증기 상태로 단열조를 빠져 나간다. 이때 단열조로 들어오는 수증기의 질량유량과 단열조를 빠져 나가는 포화증기의 질량유량을 구하시오.

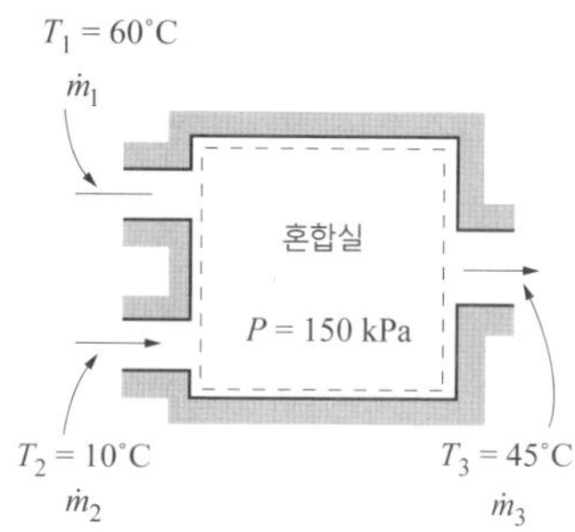

풀이

작동물질: 물(H_2O)

$\dot{Q} = \dot{W} = 0,\ \Delta KE = \Delta PE = 0$

$\dot{m}_1 + \dot{m}_2 = \dot{m}_e$

$\dot{m}_1 h_1 + \dot{m}_2 h_2 = \dot{m}_e h_e$

$\dot{m}_1 = \dot{m}_2 \dfrac{h_e - h_2}{h_1 - h_e}$

$h_1 \approx h_{f@20℃} + (P_1 - P_{sat})v_f = 84.1$ kJ/kg

$h_2 = 2{,}967.1$ kJ/kg

$h_e = h_{g@300\,kPa} = 2{,}725.3$ kJ/kg

h_2는 h_g보다 크므로, 상태 2는 과열증기 상태에 있다. 이들 엔탈피 값들을 이용하여 각각의 질량유량을 계산하면 , $\dot{m}_1 = 8.24$ kg/s, $\dot{m}_e = 98.24$ kg/s을 얻는다.

예제 6-4

체적이 1.0 m^3인 압력용기에 처음에 온도 260℃, 건도 $x = 0.8$인 물과 증기의 혼합 상태로 채워져 있다. 온도 260℃의 포화 상태의 물과 증기 혼합물의 온도는 용기 내부 압력을 일정하게 유지하기 위해 상부에 설치된 압력 조절 밸브를 통해 증기를 통해 열이 외부로 전달됨에 따라 점차적으로 내려간다. 이 과정은 용기 내부의 온도 260℃에서 포화증기 상태가 될 때까지 계속된다. 이 과정 동안의 열전달량을 구하시오. 단, 운동 및 위치 에너지 효과는 무시한다.

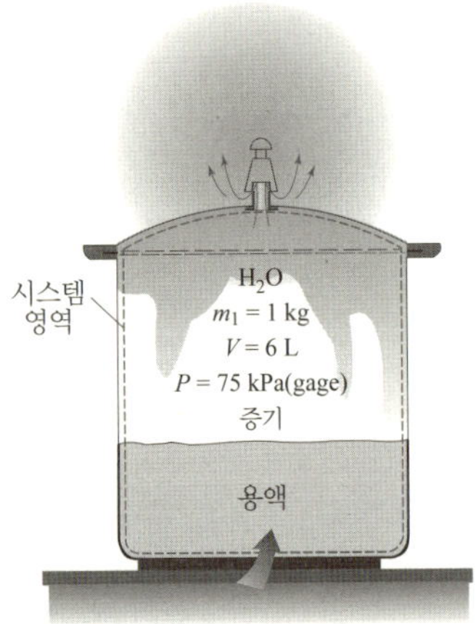

풀이

과정 동안 체적 변화는 없으므로 $\dot{W} = 0$,

$\dot{m}_1 - \dot{m}_2 = \dot{m}_e$

열역학 제1법칙 식 $\delta Q_{cv} = h_e dm_{CV} + dE_{CV}$에서

$Q_{CV} = h_e(m_1 - m_2) + (m_2u_2 - m_1u_1)$

초기 상태 1은 포화영역에 존재하며, $x = 0.7$, 포화온도 $T = 260$℃

최종 상태 2는 포화증기 곡선 위에 존재한다.

$x = 1.0$,

$V = 1.0\ m^3$,

초기 상태 1에서,

$u_1 = u_f + xu_{fg} = 1128.8 + (0.8)(1469.6) = 2{,}3045.5$ kJ/kg,

$v_1 = v_f + xv_{fg} = (0.2)(0.001276) + (0.8)(0.04218) = 0.0340\ \text{m}^3/\text{kg}$

$$m_1 = \frac{V}{v_1} = 29.4 \text{ kg}$$

최종 상태 2에서,

$u_2 = u_{g@260℃} = 2{,}599.0$ kJ/kg, $v_2 = v_{g@260℃} = 0.04221\ \text{m}^3/\text{kg}$

$$m_2 = \frac{V}{v_2} = 23.7 \text{ kg}$$

$h_e = h_{g@260℃} = 2{,}796.6$ kJ/kg

$$\therefore Q_{CV} = (2796.6)(29.4 - 23.7) + (23.7)(2599.0) - (29.4)(2304.5)$$
$$= 9{,}784.6 \text{ kJ}$$

▶▶▶ 연습문제

1. 실린더 속의 공기(m = 1 kg, P = 500 kPa, T = 1,000K)가 가역 단열 과정으로 압력이 100 kPa 될 때까지 팽창한다. 그때의 최종 온도와 과정 동안 행해진 일을 다음 두 경우에 각각 구하시오.
   (1) 정압 또는 정적 비열이 일정한 경우
   (2) 표 6-1에 있는 공기의 비열에 대한 정보를 사용한 경우

2. 어떤 용기 안에 있는 기체가 700℃에서 1,200℃로 변할 때 내부 에너지와 엔탈피의 변화량을 구하시오. 기체는 이상기체라 가정하고 R =2 kJ/kg · K, k = 1.4이고 비열은 일정하다.

3. Butane (C_4H_{10}) is burned with air and a volumetric analysis of the combustion products on a dry basis consists of CO_2 =7.8%, CO =1.1%, O_2 = 8.2% and N_2 =82.9%. The butane and air initially at 298K and 101 kPa. The combustion gases exit at 400K and 101 kPa.
   (1) Get the balanced chemical equation for the reaction.
   (2) Get the balanced chemical equation for stoichiometric combustion.
   (3) Determine the percent of theoretical air.
   (4) Calculate the heat transfer per unit mass of butane. Assume steady flow of ideal gases.

4. Helium gas of 1 kg is contained in a tank at 300K and 100 kPa. The work supplied into the tank is 400 kJ. The heat transfer to the atmosphere is 200 kJ. What is the change in the temperature of the helium gas?

5. 체적이 0.1 m^3인 피스톤-실린더 장치에 질소가 처음 상태인 압력 150 kPa, 온도가 25℃에서 압축을 받아 압력이 1 MPa, 온도가 150℃로 변했다. 압축 과정에서 소요된 일은 20 kJ이다. 이 과정 동안 비열은 일정하다. 300K에서 질소기체의 정압, 정적비열은 각각 1.0416 kJ/kgK, 0.7448 kJ/kgK이다.
(1) 밀폐 시스템 내의 질소 질량은 얼마인가?
(2) 시스템의 내부 에너지의 변화량은 얼마인가?
(3) 시스템을 통해 전달된 열은 얼마인가 ?

6. 온도가 200℃인 포화수증기가 체적이 25 L인 피스톤-실린더 (밀폐) 시스템 내에 들어 있다. 수증기가 준평형등온과정을 거쳐 압력이 200 kPa일 때까지 팽창한다.
(1) 수증기의 전체 질량은 얼마인가?
(2) 이 과정 중의 체적변화는 얼마인가?
(3) $P-V$ 선도를 그리고 행해진 일을 표시하고 일의 양을 계산하는 방법을 설명하시오.
(라) 만약 수증기를 이상기체로 보고 일을 계산한다면 (가)의 경우와 비교하여 오차는 얼마인가?

7. 압력 4 MPa, 온도 300℃, 체적이 1 m^3인 공기가 피스톤-실린더 안에서 가

역 등온과정으로 압력이 0.1 MPa가 될 때까지 팽창하였다.

(1) 과정 중의 열전달은 얼마인가?

(2) 이때 공기의 엔트로피의 변화는 얼마인가?

8. The compressor of a large turbine receives air from the ambient at 90 kPa, 20℃, with a low velocity. At the compressor discharge, air exits at 1.5 MPa, 400℃, with velocity of 90 m/s. The power input to the compressor is 500 kW. There is no heat transfer during the process. Determine the mass flow rate of the air through the turbine. Assume the specific heats of the air are constant.

9. Initially empty rigid bottle, $V = 0.25\ \text{m}^3$, is filled with water from a line at 0.8 MPa, 350℃. Assume no heat transfer and that the bottle is closed when the pressure reaches line pressure. Find the final temperature and mass in the bottle.

10. A 4-L pressure cooker has an operating pressure of 200 kPa. Initially, one-half of the volume is filled with liquid and the other half with vapor. It is desired that the pressure cooker not run out of liquid water for 1 hour (i.e., the cooker contains only saturated vapor at the final state). Determine the rate of heat transfer allowed for 1 hour.

11. An insulated rigid tank is initially evacuated. A valve is opened, and atmospheric air at 95 kPa and 17℃ enters the tank until the pressure in the tank reaches 95 kPa, at which point the valve is closed. Determine the final temperature of the air in the tank. Assume constant specific heats.

7 열역학 제2법칙

열역학 제0법칙은 온도에 관한 법칙으로 온도 측정의 기초가 되며, 열역학 제1법칙은 에너지 간의 상호 관계를 나타내며 에너지는 보존된다는 사실을 기술한다. 에너지는 높은 곳에서 낮은 곳으로 이동하는 자연적인 특성이 있다. 물이 높은 곳에서 낮은 곳으로 흐르는 이치와 같다. 에너지가 낮은 곳의 물을 높은 위치로 이동하기 위해서는 기계적인 펌프나 사람이 퍼서 날라야 하는 것과 같이 추가적인 에너지의 공급이 필요하다. 여기서는 이러한 에너지의 이동에 관한 여러 가지 현상에 대하여 살펴본다.

1. 열저장소

열저장소thermal reservoir는 열용량이 무한히 커서 온도의 변화를 일으키지 않고 주위와 열을 주고받을 수 있는 물체로서 열-에너지 저장소thermal-energy reservoir라고도 한다. 따라서 열저장소는 끝없는 열교환에도 항상 일정한 온도를 유지한다. 열저장소를 언급하는 이유는 열역학 제2법칙이 열 흐름의 방향성과 관련이 있기 때문이다.

해양, 대기, 호수, 강 등은 열저장소의 정의에 따르는 대표적인 열저장소이며, 크기가 아주 작은 고온의 쇠구슬이 큰 용량의 수조에 잠겨 있을 때, 수조의 물 역시 열저장소가 된다. 열저장소는 열을 공급하는 고온의 열저장소high-temperature reservoir 또는 발열원heat sources과 열을 전달받는 저온의 열저장소low-temperature reservoir 또는 흡열원heat sinks으로 분류된다.

2. 열기관과 열펌프

1) 열기관

열기관heat engine은 양(+)방향의 열전달과 양(+)방향의 일을 하는 사이클로 작동하는 시스템을 말한다. 즉, 작동유체가 열역학적 사이클로 작동하면서 고온체로부터 열을 받아 저온체로 전달하면서 양(+)의 일을 하는 장치를 의미하며, 내연기관internal combustion engine, 기체터빈gas turbine 등이 대표적인 열기관에 해당된다.

열기관에서 효율은 공급된 열에 대한 일의 비로 다음 식과 같이 표시된다.

$$\eta = \frac{W}{Q_H} = \frac{Q_H - Q_L}{Q_H} \qquad \text{(식 7-1)}$$

2) 열펌프

열펌프heat pump는 저온구역에서 열을 받아서 고온구역으로 열을 전달하는 사이클로 작동하는 시스템을 말한다. 열은 저온에서 고온으로 움직일 수 없으므로 열펌프에서는 열 이동을 위한 일의 공급이 필요하다. 대표적인 열펌프인 냉장고와 난방기의 에너지 흐름을 그림 7-1과 그림 7-2에 나타내었다.

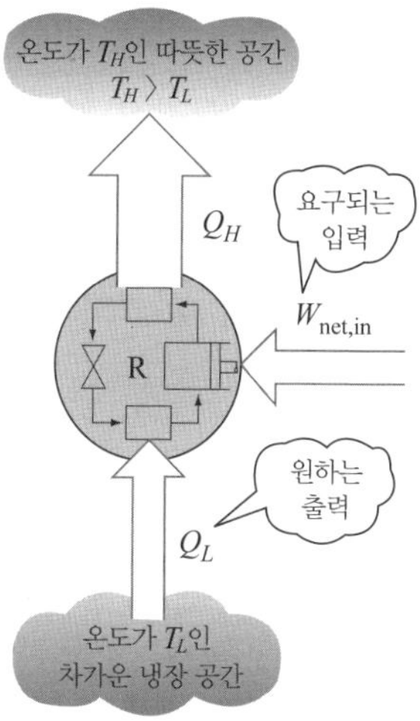

그림 7-1 차가운 공간에서 Q_L을 따뜻한 공간으로 이동시키는 냉장고

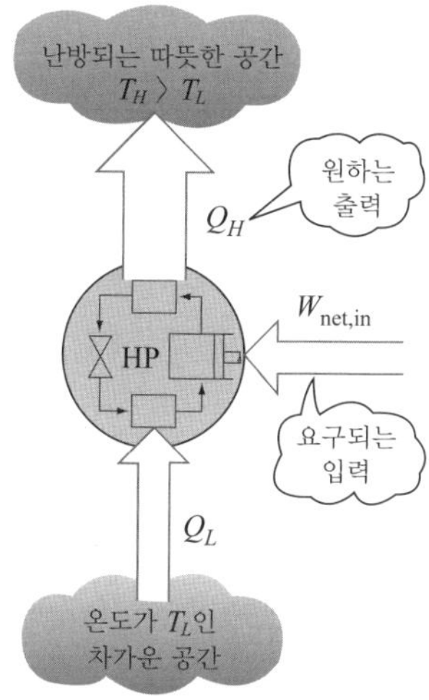

그림 7-2 따뜻한 공간에 Q_H를 공급하는 난방기

열펌프에서 효율은 성능계수coefficient of performance로 나타내며, 공급된 에너지(공급된 일)에 대한 흡수 에너지 비로 다음 식과 같이 표시된다.

$$냉장고\ 성능계수: \beta_R = \frac{Q_L}{W} = \frac{Q_L}{Q_H - Q_L} \quad (식\ 7-2)$$

$$난방기\ 성능계수: \beta_H = \frac{Q_H}{W} = \frac{Q_H}{Q_H - Q_L} \quad (식\ 7-3)$$

3. 열역학 제2법칙에 관한 표현

컵 속의 더운물을 공기 중에 방치하면 주위에 열을 전달하여 냉각된다. 하지만 주위로 방출된 열이 다시 컵 속의 물로 역류하지 않는다. 즉 열은 고온에서 저온으로 이동하지만 역으로는 스스로 이동하지 않는다. 이러한 사실은 경험적인 토대 위에서 이룩된 법칙이며 여러 가지 실험 및 경험들로 증명된다.

열역학 제1법칙이 어떤 과정을 거치는 동안 시스템이 나타내는 열과 일의 관계를 정량적으로 나타내는 데 있다면, 열역학 제2법칙은 열과 일의 에너지 흐름 방향성을 나타내는 데 있다고 할 수 있다.

열역학 제2법칙을 기술하는 고전적인 표현을 소개하면 다음과 같다.

1) 켈빈-프랭크Kelvin-Plank의 진술: 고온체로부터 받은 열량을 전부 일로 변환시키는 열기관을 만들 수 없고 그 일부는 반드시 저온체로 전달되어야 한다. 단일 열저장소와 열교환을 하는 사이클에서 일을 얻는 것은 불가능하다.

2) 클라우지우스Clausius의 진술: 일을 소비하지 않는 열펌프는 만들 수 없고, 따라서 성능계수가 무한대일 수는 없다. 일을 소비하지 않고 열을 저온체에서 고온체로 이동시키는 것은 불가능하다.

3) 어떤 시스템이 켈빈-프랭크의 진술에 위배되면 클라우지우스의 진술에도 위배가 되며, 역으로 어떤 시스템이 클라우지우스의 진술에 위배되면 켈빈-프랭크의 진술에도 위배가 된다.

예를 들어 어떤 열기관의 100% 열효율을 갖는다고 가정하면 이것은 켈빈-프랭크의 진술에 맞지 않는다. 그 열기관에서 생산되는 일을 냉장시스템을 작동하는 입력으로 사용한다면 저온체에서 열 Q_L을 가지고 와서 고온체로 $Q_H + Q_L$만큼 이동하는 셈이다. 그런데 고온체는 이 과정 동안 열량의 변화가 없고 냉장고는 저온체의 열 Q_L을 외부로부터 일을 공급받지 않고 고온체로 이동하는 경우가 되어 클라우지우스의 진술에 위반된다.

4. 가역과정과 비가역과정

1) 가역과정

가역과정reversible process은 한 번 일어났던 과정이 역의 과정을 거쳐 원래의 평형상태로 되돌아갈 수 있고 이때 시스템의 내부와 주위에 아무런 변화를 일으키지 않는 과정을 말한다. 특히 내적 및 외적으로 가역적인 과정을 완전가역과정totally reversible process이라고 한다.

가역과정은 역학적 평형을 이루면서 천천히 이루어지는 과정으로 준평형과정quasi-equilibrium은 가역과정이다. 미소 온도차 ΔT에 의하여 주위와 매우 느리게 일어나는 열전달은 완전 가역과정이며, 마찬가지로 미소 질량의 변화에 의하여 매우 서서히 압축하거나 팽창하는 과정 역시 완전 가역과정이다.

따라서 가역과정은 외부와 등온일 때 가능하며, 온도변화가 없을 정도로 열용량이 큰 열원을 가져야 한다. 또한 단열일 때는 마찰이 없어야 한다. 가역과정을 충족시키기 위한 조건을 수식으로 표현하면 다음과 같다.

$$\oint \delta Q = 0 \text{ 그리고 } \oint \delta W = 0 \qquad \text{(식 7-4)}$$

$$\oint \delta Q = \oint \delta W \text{ (제1법칙)} \qquad \text{(식 7-5)}$$

2) 비가역과정

비가역과정irreversible process은 마찰이나 유체 저항 등에 의해서 본래의 평형 상태로 돌아갈 수 없는 과정을 말한다. 온도차가 있는 과정의 경우 고온에서 저온으로 열이동은 자연적으로 발생하지만 저온에서 고온으로의 열이동을 위해서는 일이 필요하기 때문에 비가역과정이 된다. 또 압력차가 있는 급격한 팽창의 경우 급격한 팽창에 의한 열손실로 인하여 원래 상태로 가기 위해서는 일이 필요하기 때문에 역시 비가역과정이 된다. 피스톤-실린더

기구, 진자운동, 기체의 혼합 또는 확산 등은 모두 비가역적인 과정이다.

5. 카르노 사이클

프랑스 물리학자 카르노Nicolas Carnot가 두 개의 일정한 온도를 가진 열저장소를 이용하여 최대 열효율을 내는 열기관으로 생각했던 사이클이다. 카르노 사이클은 두 개의 등온과정과 두 개의 단열과정으로 이루어지며, 모든 과정 및 사이클은 가역적이며, 작동물질은 단순 압축성 물질이고, 열기관 부속품들은 완전한 절연체라고 가정한다.

1) a–b: 가역 등온 팽창

기체는 실린더 헤드가 고온체로부터 열 Q_H을 받아서 팽창하는데 T_1과 작동물질인 기체의 온도는 같다(온도 변화 없이 열교환).

2) b–c: 가역 단열 팽창

고온체인 T_1을 제거하고 절연체 I를 실린더 헤드에 접촉시킨 후 c'까지 팽창하고, 열의 출입은 없다($Q = 0$). 작동물질인 기체는 내부 에너지를 소모하면서 팽창하고 온도는 T_1에서 T_2로 하강한다.

3) c–d: 가역 등온 압축

절연체 I를 제거하고 T_2를 접촉시킨 후 c'점에서 d'까지 압축시키면 열량 Q_L을 저온체 T_2로 방출하면서 저온체와 기체의 온도는 T_2로 동일해진다.

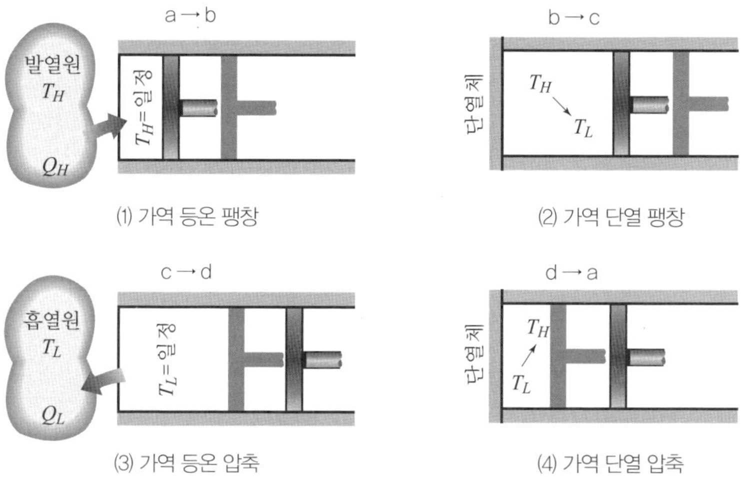

그림 7-3 밀폐 시스템 가정에서의 카르노 사이클의 실행

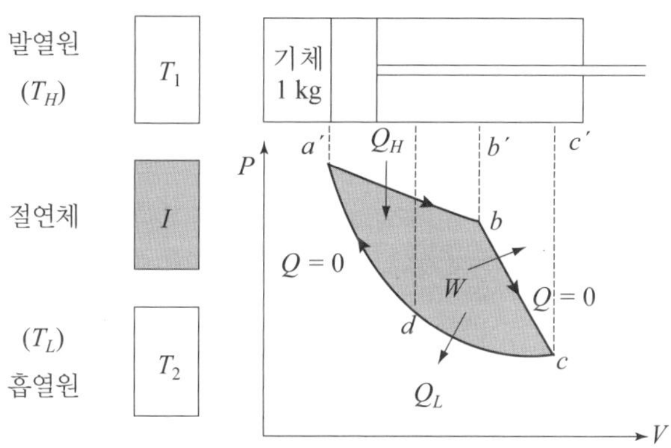

그림 7-4 카르노 사이클

4) d-a: 가역 단열 압축

d'점에서 T_2를 제거하고 다시 절연체 I를 부착시킨 후 원상태 a'까지 압축하여 사이클이 완성된다. 과정 중 압축을 위한 일은 내부 에너지 증가로 전환되며 기체의 온도는 T_2에서 T_1으로 상승한다.

6. 열효율과 열역학적 온도

열역학적 온도눈금은 어떤 특정물체의 성질에 의존하지 않는 온도로 절대온도absolute temperature, 또는 열역학 온도thermodynamic temperature라고도 한다. 카르노 사이클의 효율은 앞서 살펴본 바와 같이 작동물질에는 관계없이 단지 온도에만 의해 결정된다는 것을 알 수 있다. 따라서 3개의 열원과 카르노 사이클로 구성된 시스템을 이용하여 열역학적 온도를 표시할 수 있다.

카르노 사이클에서 열효율은 식 7-6과 같다.

$$\eta = \frac{W}{Q_H} = \frac{Q_H - Q_L}{Q_H} = 1 - \frac{Q_L}{Q_H} \qquad \text{(식 7-6)}$$

각 과정에 열역학 제1법칙 식을 적용하여 정리하면 다음과 같다.

① a → b 과정에서 Q_H는 등온 팽창과정 동안 공급되는 열량이다. 따라서 내부 에너지 $du = 0$과 $\delta q = du + P\,dv$을 이용하여 단위 질량당 공급되는 열량 $q_H = Q_H/m$을 구하면,

$$q_H = P_a v_a \ln\frac{v_b}{v_a} = RT_a \ln\frac{v_b}{v_a} = RT_H \ln\frac{v_b}{v_a} \qquad \text{(식 7-7)}$$

② c → d 과정에서 Q_L은 등온 압축과정 동안 방출되는 열량이다. 따라서 내부 에너지 $du = 0$과 $\delta q = du + P\,dv$을 이용하여 단위 질량당 공급되는 열량 $q_L = Q_L/m$을 구하면,

$$q_L = P_c v_c \ln\frac{v_d}{v_c} = RT_c \ln\frac{v_d}{v_c} = RT_L \ln\frac{v_d}{v_c} \qquad \text{(식 7-8)}$$

③ b → c 과정은 가역 단열 팽창 과정으로 열의 출입은 없다. 따라서 열역

학 제1법칙에서 $dq = 0 = du + \delta w$이므로 $\delta w = -du = -C_v dT = P\,dv = RT\frac{dv}{v}$로 표현된다. 여기에서 $-C_v\frac{dT}{T} = R\frac{dv}{v}$와 같은 관계식을 얻을 수 있다. 이 식을 상태점 b, c에서의 온도와 비체적을 이용하여 변형하면 다음 식 7−9와 같다.

$$ln\frac{T_c}{T_b} = ln\frac{T_L}{T_H} = -\frac{R}{C_v}\,ln\,\frac{v_c}{v_b} \qquad \text{(식 7−9)}$$

④ d → a 과정은 가역 단열 압축으로 역시 열의 출입은 없다. 따라서 열역학 제1법칙에서 $dq = 0 = du + \delta w$이므로 $\delta w = -du = -C_v dT = P\,dv = RT\frac{dv}{v}$로 표현된다. 여기에서 $-C_v\frac{dT}{T} = R\frac{dv}{v}$와 같은 관계식을 얻을 수 있다. 이 식을 상태점 d, a에서의 온도와 비체적을 이용하여 변형하면 다음 식 7−10과 같다.

$$ln\frac{T_a}{T_d} = ln\frac{T_L}{T_H} = -\frac{R}{C_v}\,ln\,\frac{v_a}{v_d} \qquad \text{(식 7−10)}$$

식 7−9와 7−10을 결합하여 온도 T_H와 T_L에 대하여 정리하면 식 7−11과 같다.

$$ln\frac{T_H}{T_L} = \frac{R}{C_v}\,ln\,\frac{v_c}{v_b} = -\frac{R}{C_v}\,ln\,\frac{v_a}{v_d} \qquad \text{(식 7−11)}$$

식 7−11로부터 $ln\frac{v_b}{v_a} = -ln\frac{v_d}{v_c}$의 결과를 얻을 수 있다. 이 결과와 식 7−7과 7−8을 이용하여 다음과 같은 식 7−12를 얻을 수 있다.

$$\frac{Q_L}{Q_H} = \frac{q_L}{q_H} = \frac{RT_L\,ln\frac{v_d}{v_c}}{RT_H\,ln\frac{v_b}{v_a}} = -\frac{T_L}{T_H} \qquad \text{(식 7−12)}$$

식 7-12는 식 7-13과 같이 다시 정리할 수 있다.

$$\frac{|Q_L|}{Q_H} = \frac{T_L}{T_H} \qquad \text{(식 7-13)}$$

식 7-13으로부터 작동물질의 종류에 관계없이 열전달량의 비와 작동물질 온도의 비는 같다는 사실을 알 수 있다. 이를 이용하여 물질에 관계없는 온도 눈금을 만들 수 있다. 절대온도에서의 두 온도의 비는 그 온도의 열저장소 사이에서 작동하는 가역 사이클에 의해서 각각 흡입, 방출되는 열전달량과 같다.

물의 비점 T_s와 빙점 T_i 간에 작동하는 카르노 사이클의 효율은 실험에 의해 26.8%이다. 즉,

$$\eta = 1 - \frac{T_L}{T_H} = 1 - \frac{T_i}{T_s} = 1 - \frac{273.16}{373.16} = 0.268$$

K = ℃+273.15이지만 실제로 물의 어는 온도는 0.0℃가 아닌 0.01℃이기 때문에 정확한 표현을 위해서는 K = ℃+273.16 식을 사용한다.

두 개의 열저장소에서 작동하는 카르노 사이클과 같은 가역 사이클로 구성된 열기관이나 열펌프의 열역학적 효율은 작동물질에 관계없이 오직 열저장소의 절대온도에만 관계된다. 이를 수식으로 표시하면 식 7-14와 같다.

$$\eta = \frac{W}{Q_H} = \frac{Q_H - |Q_L|}{Q_H} = 1 - \left|\frac{Q_L}{Q_H}\right| = 1 - \frac{T_L}{T_H} \qquad \text{(식 7-14)}$$

가역과정으로 이루어진 열펌프를 이용한 난방기의 성능계수coefficient of performance는 식 7-15와 같다.

$$\beta_H = \frac{Q_H}{W} = \frac{Q_H}{Q_H - |Q_L|} = \frac{1}{1 - |Q_L| / Q_H} = \frac{1}{1 - T_L / T_H} \qquad \text{(식 7-15)}$$

가역과정으로 이루어진 열펌프를 이용한 냉장고의 성능계수는 식 7-16과 같다.

$$\beta_H = \frac{|Q_L|}{W} = \frac{|Q_L|}{Q_H - |Q_L|} = \frac{1}{Q_H / |Q_L| - 1} = \frac{1}{T_H / T_L - 1} \qquad \text{(식 7-16)}$$

예제 7-1

겨울철 외부온도가 5℃일 때 집 안 온도를 25℃로 유지하기 위해서는 4×10^5 kJ/h의 열이 필요하다. 열펌프 난방기를 사용할 경우, 하루 동안 가동해야 하는 최소 일을 구하시오.

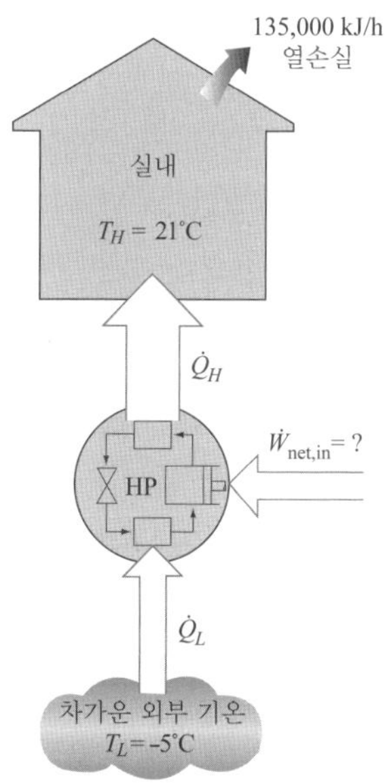

풀이

$$W = Q_H - Q_L = Q_H\left(1 - \frac{Q_L}{Q_H}\right)$$

$$= Q_H\left(1 - \frac{T_L}{T_H}\right)$$

$$= 4 \times 10^5\left(1 - \frac{278}{298}\right) = 26845.6 \text{ kJ}$$

또는 성능계수 $\beta_H = \dfrac{1}{1 - \dfrac{T_L}{T_H}}$

$(1-278/298)^{-1} = 14.9$이므로

$W_{min} = Q_H/14.9 = 4 \times 10^5/14.9 = 26845.6$ kJ

▶▶▶ 연습문제

1. 클라우지우스의 진술의 위반은 켈빈-프랭크 진술에 위배됨을 증명하시오.

2. Consider a design of a power plant operating between a high-temperature heat reservoir at 1,650℃ and a low-temperature heat reservoir at 15℃. (a) What is the maximum thermal efficiency of such a power plant? (b) For a production of 1,000 MW of power, what is the minimum rate of heat addition ? What is the heat rejection of such a power plant ?

3. 열역학 제1법칙과 열역학 제2법칙의 차이점에 대해서 설명하시오.

4. 어떤 방의 온도를 23℃로 일정하게 하기 위해 열펌프를 이용하여 시간당 50,000 kJ의 열을 공급한다. 저온 열저장소는 온도가 -23℃인 외부기온이라고 할 때 이 열펌프를 구동하기 위해서 필요한 최소 input power는 얼마인가 ?

5. 겨울에 유리 온실 내의 토양의 온도가 5℃인 내부 공기를 20℃로 난방을 하고 싶다. 이때 사용되는 열펌프에 요구되는 동력은 8 kW이다. 난방에 이용되는 최대 열전달률은 얼마인가 ?

8 엔트로피

열역학에서 중요한 에너지 형태인 일은 $\delta W = P\Delta V$로 표현된다. 또 하나의 중요한 에너지 형태인 열은 일과 같이 열의 변화량이 일정 온도에서의 어떤 또 하나의 상태량의 변화량의 곱으로 표기할 수 있을까 하는 궁금증에 이르게 된다. 즉 $\delta Q = T\Delta S$에서 미지의 상태량의 변화 ΔS가 존재할 수 있는지 알아보자.

1. 클라우지우스의 부등식

열역학 제1법칙에서 열과 일의 정량적 분석을 위해 상태량인 내부 에너지를 정의하였고, 이를 이용하여 과정 중 시스템의 에너지 상태를 표시하였다. 앞서 열역학 제2법칙은 에너지의 방향성에 관련된 것으로 가역 카르노 사이클의 경우 열효율은 열저장소의 온도로 표시할 수 있음을 밝혔다.

클라우지우스의 부등식inequality of Clausius은 독일 물리학자 클라우지우스R. Clausius에 의해 제안된 것으로 다음 식과 같이 정의된다.

$$\oint \frac{\delta Q}{T} \leq 0 \qquad \text{(식 8-1)}$$

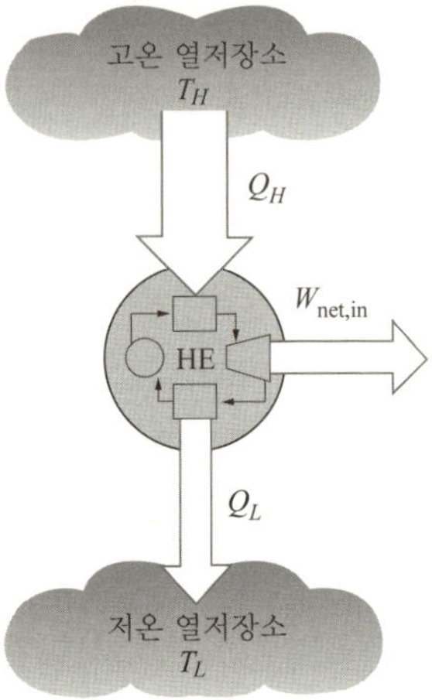

그림 8-1 열기관 작동도

식 8-1은 시스템이 어떤 과정을 거치는 동안 외부로 나타내는 효과를 정의한 추상적 개념으로 엔트로피를 정의하기 전에, 먼저 식 8-1이 성립하는지를 아래의 네 가지 경우에 대해 살펴보자.

1) 가역 열기관

가역 사이클로부터 얻어진 식 7-12로부터 식 8-2를 얻을 수 있다.

$$\frac{Q_L}{Q_H} = \frac{T_L}{T_H} \qquad \text{(식 7-12)}$$

$$\frac{Q_H}{T_H} + \frac{Q_L}{T_L} = 0 \qquad \text{(식 8-2)}$$

따라서 식 8-2는 식 8-3과 같이 표현할 수 있다.

$$\oint \frac{\delta Q}{T} = 0 \qquad \text{(식 8-3)}$$

2) 비가역 열기관

비가역과정의 일은 가역과정의 일보다 작으므로,

$W_{irr} < W_{rev}$에서,

$$\oint \frac{\delta Q}{T_{irr}} = \frac{Q_H}{T_H} - \frac{|Q_L irr|}{T_L} < \frac{Q_H}{T_H} - \frac{Q_L}{T_L} = 0$$

따라서 $\oint \frac{\delta Q}{T} < 0$

3) 가역 열펌프

절대온도 눈금 정의와 가역 사이클로부터,

$$\frac{Q_L}{Q_H} = -\frac{T_L}{T_H} \text{ 에서}$$

$$\frac{Q_H}{T_H} + \frac{Q_L}{T_L} = 0$$

따라서 $\oint \frac{\delta Q}{T} = 0$

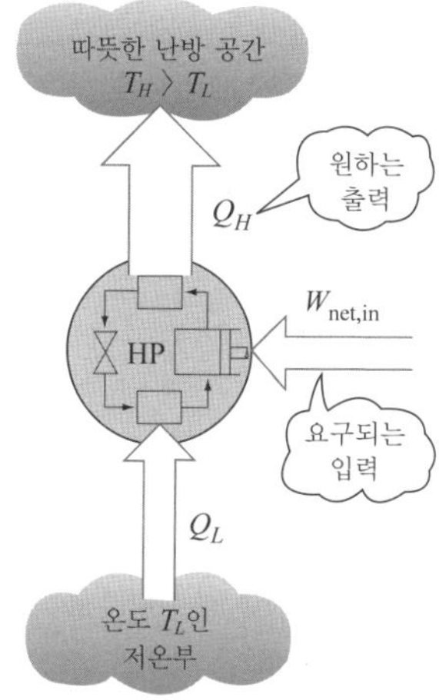

그림 8-2 저온체에서 고온체로 열을 이동시키는 열펌프

4) 비가역 열펌프

비가역과정의 일이 가역과정의 일보다 크므로,

$W_{irr} > W_{rev}$에서,

$$\oint \frac{\delta Q}{T_{irr}} = -\frac{|Q_{H\,irr}|}{T_H} + \frac{Q_L}{T_L} < -\frac{|Q_H|}{T_H} + \frac{Q_L}{T_L} = 0$$

따라서 $\oint \frac{\delta Q}{T} < 0$

이상 클라우지우스 부등식을 가역 및 비가역 열기관과 열펌프에 대해 적용한 결과 클라우지우스 부등식이 성립함을 알 수 있다. 결론적으로 식 8-1과 같은 식을 얻을 수 있다.

$$\oint \frac{\delta Q}{T} \leqq 0 \ (=: \text{가역},\ <: \text{비가역})$$

2. 엔트로피의 정의

클라우지우스는 1865년에 새로운 열역학적인 성질을 발견하고, 이 성질을 엔트로피entropy라고 하였다. 엔트로피는 기호 S로 나타내며 식 8-4와 같이 정의된다.

$$dS = \left(\frac{\delta Q}{T}\right)_{int\ rev} \text{(kJ/K)} \qquad \text{(식 8-4)}$$

엔트로피(S)는 시스템의 종량적 상태량이며 때로 총 엔트로피total entropy라고도 부른다. 단위 질량당 엔트로피(s)는 강도성 상태량이며 단위는 kJ/(kg · K)이다. 총 엔트로피와 단위 질량당 엔트로피 중에 어느 것을 의미하는지 문맥에서 알 수 있기 때문에 모두를 엔트로피로 나타내는 것이 보통이다.

과정 중의 시스템의 엔트로피 변화는 $dS = \left(\frac{\delta Q}{T}\right)_{int\ rev}$를 초기 상태에서 최종 상태까지 적분하여 구할 수 있다.

$$\Delta S = S_2 - S_1 = \int_1^2 \left(\frac{\delta Q}{T}\right)_{int\ rev} \quad \text{(kJ/K)}$$

열역학 제1법칙 관계식을 전개할 때에 에너지 대신에 에너지 변화를 정의한 것처럼 엔트로피 자체 대신에 엔트로피의 변화를 정의하였다. 엔트로피의 절대값은 열역학 제3법칙을 바탕으로 결정된다. 공학자들은 보통 엔트로피 변화에 관심이 있다. 그러므로 물체의 엔트로피는 임의로 선택된 기준 상태의 값을 영으로 하며 다른 상태의 엔트로피는 위 식에서 상태 1을 기준 상태의 (S=0)로 하고 엔트로피가 결정되어야 할 상태를 상태 2로 하여 결정한다.

임의의 과정 동안 Q와 T 사이의 관계를 알아야만 위 식의 적분을 수행할 수 있다. 이 관계식은 많은 경우에 알 수 없으므로 위 식의 적분은 단지 몇 가지 경우에 대하여 행하여지며, 대다수의 경우에 엔트로피를 나타낸 표 등의 자료에 의존하여야 한다.

엔트로피는 상태량이며, 다른 모든 상태량과 같이 정해진 상태에서 정해진 값을 갖는 것에 주의하자. 그러므로 어느 두 상태 사이의 엔트로피 변화는 가역이든 비가역이든 과정의 경로에 관계없이 같은 값이다.

$\delta Q/T$의 적분은 두 상태 사이의 내적 가역 경로를 따라 적분된 엔트로피 변화 값인 점에 주의하자. 비가역 경로를 따르는 $\delta Q/T$의 적분은 상태량이 아니며, 다른 비가역 경로를 따르는 적분은 각 다른 비가역 경로에 대하여 다른 값을 갖게 된다. 그러므로 비가역과정이라 할지라도 엔트로피 변화는 두 상태 사이에 편리하게 정해진 가상적인 내적 가역과정에 대한 적분으로 구해져야 한다.

3. 가역과정의 엔트로피

그림 8-3과 같이 시스템이 상태 1에서 상태 2로 경로를 따라 가역과정reversible process으로 변하고, 경로 B와 C를 따라 가역적으로 사이클을 순환할 때, 각 경로에서 Clausius 부등식의 좌변항은 다음과 같이 구할 수 있다.

$$A \rightarrow B: \oint \frac{\delta Q}{T} = 0 = \int_{1(A)}^{2} \frac{\delta Q}{T} + \int_{2(B)}^{1} \frac{\delta Q}{T}$$

$$A \rightarrow C: \oint \frac{\delta Q}{T} = 0 = \int_{1(A)}^{2} \frac{\delta Q}{T} + \int_{2(C)}^{1} \frac{\delta Q}{T}$$

첫 번째 식에서 두 번째 식을 빼면 다음과 같은 식을 얻는다.

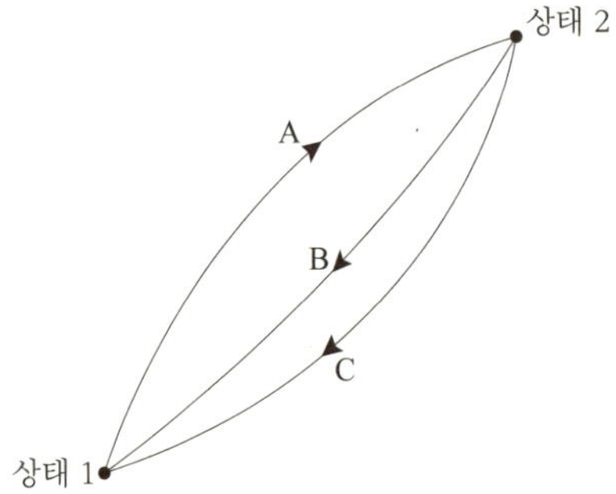

그림 8–3 어떤 물질의 상태량이면서 점함수인 엔트로피

$$\int_{2(B)}^{1}\left(\frac{\delta Q}{T}\right)=\int_{2(C)}^{1}\left(\frac{\delta Q}{T}\right)$$

즉 클라우지우스 부등식의 좌변항인 $\int \frac{\delta Q}{T}$은 상태 1과 상태 2 사이의 모든 가역과정에서 동일한 값을 가지며, 경로에 무관한 것을 알 수 있다. 엔트로피entropy는 열역학 제2법칙에 의해 나타나는 시스템의 상태를 나타내는 것으로 클라우지우스에 의해 명명되었으며, 다음과 같은 수식으로 정의된다.

$$dS=\frac{\delta Q}{T}$$

4. 엔탈피와 엔트로피

열역학 제1법칙 식에서 내부 에너지는 다음과 같다.

$$dU=\delta Q-\delta W$$

$$\delta W=PdV$$

엔트로피 정의 식 8-4로부터, 열 변화량은 $\delta Q = TdS$로 표현된다. 위 두 식으로부터 온도와 엔탈피 변화량의 곱은 내부 에너지 변화량을 포함하는 다음 식으로 표시된다.

$$TdS = dU + PdV$$

엔탈피는 다음과 같다.

$$H = U + PV$$

$$dH = dU + PdV + VdP$$

여기에, $PdV = TdS - dU$를 대입하고 정리하면 다음과 같이 된다.

$$TdS = dH - VdP$$

이상 얻어진 수식을 다시 쓰면 식 8-5와 같다.

$$Tds = du + Pdv, \qquad \text{(식 8-5)}$$

$$Tds = dh - vdP$$

식 8-5는 단순압축성 물질에 대한 열역학적 관계식으로 가역과 비가역 과정 그리고 밀폐 시스템과 개방 시스템 모두에 공통적으로 적용되는 중요한 식이다.

5. 손실 일

시스템이 과정을 거치는 동안 발생되는 일을 실제 일actual work과 손실 일lost work로 구분하여 엔트로피를 표시하면, 가역과정과 비가역과정의 엔트로피 변화를 효과적으로 설명할 수가 있다.

단순압축성 물질이 팽창되는 계를 생각하자. 가역과정의 경우 팽창된 물질이 초기의 상태로 되돌아가기 위해 일이 필요하기 때문에 열 변화량은 열역학 제1법칙 식으로부터 식 8-6과 같이 된다.

$$\delta Q_{rev} = dU + \delta W_{rev} = dU + PdV \qquad \text{(식 8-6)}$$

여기서, 팽창에 의한 일을 실제 일(δW_{irr})과 손실 일(δW_{Lost})로 나누어 표시하면, $PdV = \delta W_{irr} + \delta W_{Lost}$과 같이 되고, $\delta Q_{rev} = TdS$를 대입하여 정리하면 다음과 같이 된다.

$$TdS = dU + \delta W_{irr} + \delta W_{Lost}$$

또한, 열역학 제1법칙에서 $\delta Q = dU + \delta W_{irr}$로 표현되고 $dU = \delta Q - \delta W_{irr}$과 같이 표현된다. 이를 위 식에 대입하면, $Tds = \delta Q + \delta W_{Lost}$가 되고, 이를 엔트로피에 대해 정리하면 다음과 같이 된다.

$$dS = \frac{\delta Q}{T} + \frac{\delta W_{Lost}}{T}$$

가역과정에서는 손실 일이 발생하지 않기 때문에 가역과정에서의 엔트로

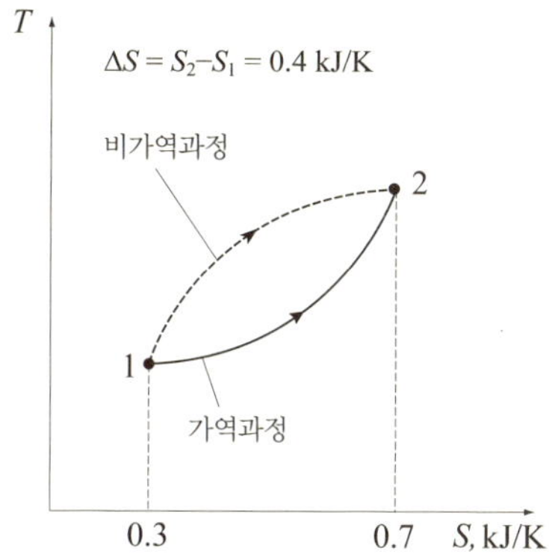

그림 8-4 가역과정이나 비가역과정에서 경로와 관계없이 같은 값을 갖는 두 상태 간의 엔트로피 변화량

피 변화는 $dS = (\frac{\delta Q}{T})_{rev}$이 되며, 비가역과정에는 손실이 발생하기 때문에 비가역과정에서의 엔트로피 변화는 $dS > (\frac{\delta Q}{T})_{irr}$이 된다. 따라서 가역과 비가역 모든 과정에서 엔트로피 변화는 다음 식으로 나타낼 수 있다.

$$dS \geqq \frac{\delta Q}{T} \qquad \text{(식 8-7)}$$

식 8-7은 시스템의 엔트로피 변화량과 시스템에 전달된 엔트로피 양과의 관계를 나타내는 것으로 엔트로피 변화량이 전달량보다 크거나 같음을 의미한다. 또 시스템의 엔트로피는 비가역과정이나 시스템으로 열이 전달되는 경우에만 증가됨을 알 수 있으며, 시스템의 엔트로피 증가는 비가역성과 관련이 있다.

Entropy 변화량(change) ≧ Entropy 전달량(transfer)

엔트로피는 시스템의 상태를 나타내는 상태량이기 때문에 점함수이고 경

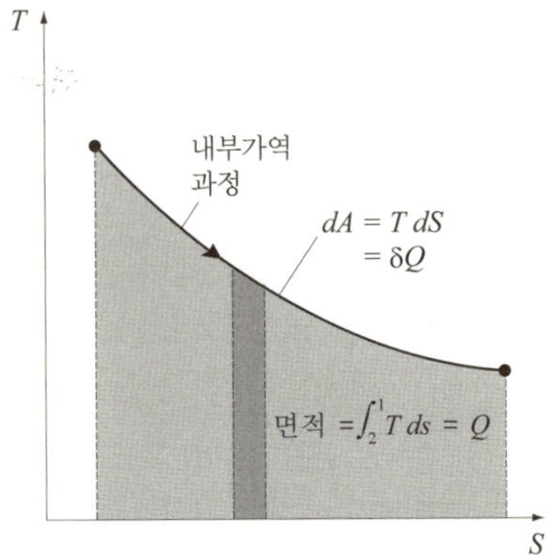

그림 8–5 내부가역과정의 *T–S* 선도에서 곡선 아래 면적과 열전달량

로에 무관하다. 따라서 그림 8–4와 같이 두 상태 간의 엔트로피 변화량($\Delta S = S_2 - S_1$)은 가역과정과 비가역과정에서 같은 값을 갖는다.

식 8–7로부터 가역과정인 경우 $\delta Q = TdS$로 표현되는데, 이 식의 의미는 그림 8–5와 같은 *T–S* 선도에서 곡선 아래 면적이 열 변화량 δQ임을 알 수 있다.

6. 엔트로피 증가의 원리

어떤 하나의 고립 시스템에서 온도가 T_o인 주위에서 온도가 T인 시스템으로 열이 전달될 때, 엔트로피 변화는 식 8–8과 같이 된다.

$$dS_{sys} \geq \frac{\delta Q}{T} \qquad \text{(식 8–8)}$$

주위에서 시스템으로 열이 전달되므로 주위의 엔트로피 변화는 다음 식과 같이 된다.

$$dS_{surr} = -\frac{\delta Q}{T_o}(\text{가역과정}) \qquad (\text{식 } 8\text{–}9)$$

따라서 엔트로피 전체 변화량은 식 8–10으로 표시할 수 있다

$$dS_{net} = dS_{sys} + dS_{surr} \geqq \delta Q\left(\frac{1}{T} - \frac{1}{T_o}\right) \qquad (\text{식 } 8\text{–}10)$$

그런데 주위에서 시스템으로 열이 전달되므로 $T_o > T$, 따라서 위 식은 다음과 같이 정리된다.

$$dS_{net} = dS_{sys} + dS_{surr} \geqq 0 \qquad (\text{식 } 8\text{–}11)$$

위 관계는 시스템으로부터 주위로 온도가 전달되는 경우($T_o < T$)에도 성립한다. 위 식은 주어진 고립 시스템 또는 주위의 엔트로피는 과정 중에 감소할 수 있으나 시스템과 주위의 엔트로피의 합은 전혀 감소될 수 없음을 의미한다. 이러한 엔트로피의 변화는 열전달이나 비가역성에 의해 발생된다. 시스템에 전달되는 열은 엔트로피를 증가시키고 시스템에서 열이 빠져나가는 경우 엔트로피는 감소된다. 비가역성은 항상 엔트로피의 증가를 초래하는데, 이를 엔트로피 증가의 원리라고 한다.

이상 엔트로피에 관련된 내용을 종합하면 다음과 같은 식으로 정리된다.

$$S_{gen} = \Delta S_{total} \begin{cases} > 0 & \text{비가역과정} \\ = 0 & \text{가역과정} \\ < 0 & \text{불가능한 과정} \end{cases}$$

엔트로피의 특성

① 어떤 과정이 특정 방향성을 갖는 경우, $S_{gen} \geq 0$이다.

② 엔트로피는 질량보존과 같이 엔트로피 보존의 법칙 같은 보존적 특성을 갖는 것이 아니다. 우주에 존재하는 엔트로피는 끊임없이 증가한다.

③ 공학적 시스템의 성능은 비가역성으로 인해 저하된다. 엔트로피의 생성은 과정 중에 존재하는 비가역성의 크기로 측정 가능하다.

예제 8-1

온도가 1,000K인 열저장소로부터 온도가 400K인 열저장소로 2,000 kJ의 열에너지가 전달될 때, 전체 엔트로피 변화량 또는 엔트로피 생성량을 구하시오.

풀이

$$S_{gen} = \Delta S_{total} = \frac{-Q_{out}}{T} + \frac{Q_{in}}{T}$$

$$= \frac{-2000}{1000} + \frac{2000}{400} = -2+5 = 3\frac{\mathrm{kJ}}{\mathrm{K}}$$

만약, 저온 열저장소의 온도가 500K이면 어떻게 되겠는가?

열전달에 의한 온도감소는 열전달 과정 중 생기는 비가역성과 고립 시스템으로 인해 우주의 전체 엔트로피 변화량을 감소시키거나 엔트로피의 생성을 줄인다.

7. 엔트로피 변화

단위 몰에 대한 엔트로피 변화량은 다음 식으로 구한다.

$$\bar{s} = Ms,\ \bar{C}_p = MC_p,\ \bar{C}_v = MC$$

1) 순물질의 엔트로피

증기의 경우 엔트로피 변화량은 열역학 표를 이용하여 식 8-12로 구한다.

$$s = s_f + x\,s_{fg} \qquad \text{(식 8-12)}$$

그러나 표에 없는 압축액의 경우에는 $s_{@T,P} \approx s_{f@T}$로 가정하여 구한다.

비압축성 고체나 액체의 경우에는 압력이나 온도 변화에 따른 비체적의 변화가 무시할 정도로 작기 때문에 정압비열과 정적비열은 같다. 따라서 다음과 같은 과정으로 엔트로피 변화를 구한다.

$$C_p = C_v = C$$

$$Tds = dh - vdP = du + Pdv \cong CdT = \delta q$$

$$s_2 - s_1 = \int_{T_1}^{T_2} C(T)\frac{dT}{T} \cong C_{avg} ln\left(\frac{T_2}{T_1}\right)$$

여기서, C_{avg}는 T_1과 T_2 간의 평균 비열 값임.

예제 8-2

밀폐된 용기 내에서 압력이 0.1 MPa로 유지되면서 포화액에서 포화증기로 상변화되는 물의 엔트로피 변화를 구하시오. 이 과정에서 엔트로피 변화는 왜 양수가 되는가?

풀이

$\Delta s = s_2 - s_1 = s_g - s_f = s_{fg} = 6.0562$ kJ/kgK. 열이 시스템으로 전달되기 때문에 엔트로피 변화는 양(+)의 값이다.

2) 이상기체의 엔트로피

이상기체는 체적변화량을 무시할 수 없기 때문에 비열이 시스템의 상태에 따라 수시로 변한다. 이상기체의 엔트로피 변화량은 엔탈피와 엔트로피의 관계를 나타내는 열역학적 관계식을 이용하여 구한다.

먼저 식 8-5에서 내부 에너지가 포함된 $Tds = du + Pdv$식을 이용한다. 내부 에너지 및 압력을 다음 식으로 표시할 수 있다.

$$du = C_{v_o} dT, \qquad P = \frac{TR}{v}$$

이것을 $Tds = du + Pdv$식에 대입하고 정리하면, 엔트로피는 다음과 같이 정리된다.

$$Tds = C_{v_o} dT + \frac{TR}{v} dv$$

$$ds = C_{v_o} \frac{dT}{T} + \frac{Rdv}{v}$$

$$s_2 - s_1 = \int_1^2 C_{v_o} \frac{dT}{T} + Rln\left(\frac{v_2}{v_1}\right) \qquad \text{(식 8-13)}$$

엔탈피 및 비체적을 다음 식으로 표시할 수 있다.

$$du = C_{p_o} dT, \qquad v = \frac{TR}{P}$$

이것을 위 식에 대입하고 정리하면, 엔트로피는 다음과 같이 정리된다.

$$Tds = C_{p_o} dT - TR \frac{dP}{P}$$

$$ds = C_{P_o}\frac{dT}{T} - R\frac{dP}{P}$$

$$s_2 - s_1 = \int_1^2 C_{P_o}\frac{dT}{T} - Rln\left(\frac{P_2}{P_1}\right) \quad \text{(식 8-14)}$$

이제 이상기체의 엔트로피는 각 식의 온도 적분 항을 적분함으로써 구할 수 있다. 온도 적분 항을 적분하기 위해서는 이상기체의 비열과 온도와의 관계를 알아야 한다. 이상기체의 비열조건에 따른 엔트로피는 다음과 같이 세 가지의 경우로 구분하여 그에 상응하는 적절한 열역학 표를 이용하여 구한다.

> ⓐ 비열이 일정한 경우, ⓑ 온도함수로 주어진 경우, ⓒ 기준 온도(T_o, P_o)와의 차

ⓒ인 경우에, 주어진 온도 T와 기준온도 T_o 사이의 엔탈피 변화량을 $s_T^o = \int_{T_o}^{T} C_{P_o}\frac{dT}{T}$라고 정의하면 $s_2 - s_1 = (s_{T_2}^o - s_{T_1}^o) - Rln\left(\frac{P_2}{P_1}\right)$. 여기서 s_T^o는 온도만의 함수이고 절대온도 $K = 0$에서 그 값은 0이 된다.

가역 단열과정reversible adiabatic process, isentropic process에서 엔트로피 변화량은 0이 되므로 엔탈피로 표시되는 열역학적 관계식으로부터 상대압력relative pressure 및 상대 비체적relative specific volume을 아래와 같은 과정으로 정의할 수 있다.

① 가역 단열과정이고 비열이 변하는 경우

$$Tds = dh - vdP = 0\text{에서}$$

$$dh = C_{P_o}dT = vdP = RT\frac{dP}{P}$$

$$\frac{dP}{P} = \frac{C_{P_o}}{R}\frac{dT}{T} = f(T)$$

여기서, 초기 기준온도(P_o, T_o)에서 최종 온도(P, T)까지 적분하면, 상대 압력은 다음과 같이 정리된다.

$$ln\,P_r = ln\frac{P}{P_o} = \frac{1}{R}\int_{T_o}^{T} C_{P_o}\frac{dT}{T} = \frac{s_T^o}{R}$$

$$P_r = \exp(s_T^o/R)\text{(상대압력)}$$

엔트로피 변화량을 구하는 식에서 상대 비체적은 다음과 같이 정리된다.

$$s_2 - s_1 = (s_{T_2}^o - s_{T_1}^o) - R\,ln\left(\frac{P_2}{P_1}\right) = 0$$

$$s_{T_2}^o = s_{T_1}^o + R\,ln\left(\frac{P_2}{P_1}\right)$$

$$\left(\frac{P_s}{P_1}\right)_{s=const} = \exp\frac{s_{T_2}^o - s_{T_1}^o}{T} = \frac{\exp(s_{T_2}^o / R)}{\exp(s_{T_1}^o / R)} = \frac{P_{r2}}{P_{r1}}$$

$$\frac{P_1 v_1}{T_1} = \frac{P_2 v_2}{T_2} \longrightarrow \frac{v_2}{v_1} = \frac{T_2}{T_1}\frac{P_1}{P_2} = \frac{T_2}{T_1}\frac{P_{r1}}{P_{r2}} = \frac{T_2 / P_{r2}}{T_1 / P_{r1}} = \frac{v_{r2}}{v_{r1}},$$

$s_2 = s_1$일 때, $v_r = \dfrac{T}{P_r}$(상대 비체적)이다.

② 가역 단열과정이고 비열이 일정한 경우

내부 에너지와 엔트로피 관계식 $Tds = du + Pdv$에서 유도된 식 8-13에서 $\Delta s = 0$이다.

$$s_2 - s_1 = \int_1^2 C_{v_o}\frac{dT}{T} + R\,ln\left(\frac{v_2}{v_1}\right) = 0$$

$$ln\left(\frac{T_2}{T_1}\right) = ln\left(\frac{v_1}{v_2}\right)^{R/C_{vo}}$$

$$\left(\frac{T_2}{T_1}\right) = \left(\frac{v_1}{v_2}\right)^{k-1}$$

엔탈피와 엔트로피 관계식 $Tds = dh - vdP$에서 유도된 식 8-14에서 $\Delta s = 0$

이다.

$$s_2 - s_1 = \int_1^2 C_{p_o} \frac{dT}{T} + R\,ln\left(\frac{P_2}{P_1}\right) = 0$$

$$ln\left(\frac{T_2}{T_1}\right) = ln\left(\frac{P_2}{P_1}\right)^{R/C_{po}}$$

$$\left(\frac{T_2}{T_1}\right) = \left(\frac{P_2}{P_1}\right)^{k-1/k}$$

위의 두 식으로부터,

$$\left(\frac{P_2}{P_1}\right) = \left(\frac{v_1}{v_2}\right)^k$$

압력과 체적의 일반로그 값이 직선관계를 나타내는 폴리트로픽 과정에서 나타나는 일은 다음과 같이 된다. 즉 $Pv^n=C$의 관계를 만족하므로,

$$W_{12} = \int_1^2 PdV = C\int_1^2 \frac{dV}{v^n} = \frac{P_2V_2 - P_1V_1}{1-n} = \frac{mR(T_2 - T_1)}{1-n} : n \neq 1 \text{일 때,}$$

$$W_{12} = \int_1^2 PdV = P_1V_1\,ln\left(\frac{v_2}{v_1}\right) : n = 1 \text{ 일 때,}$$

이때 지수 값이 비열비와 같은 경우, 즉 $n = k \rightarrow s = constant$이면 등엔트로피 과정isentropic process이다.

$$W_{12} = \frac{mR(T_2 - T_1)}{1-k} \text{ 에서}$$

$$C_v = \frac{R}{k-1} \qquad C_p = \frac{kR}{k-1}$$

$$Q_{12} = m(u_2 - u_1) + W_{12} = mC_{v_o}(T_2 - T_1) + W_{12}$$

$$= -m\frac{R}{1-k}(T_2 - T_1) + W_{12} = 0$$

$Q_{12} = Tds = 0 \rightarrow$ 등엔트로피 과정

가역등온과정에서 이상기체의 엔트로피 변화량은 다음과 같이 간단하게 표시된다.

$$s_2 - s_1 = \int_1^2 C_{v_o} \frac{dT}{T} + R\, ln\left(\frac{v_2}{v_1}\right) \rightarrow s_2 - s_1 = R\, ln\left(\frac{v_2}{v_1}\right)$$

$$s_2 - s_1 = \int_1^2 C_{p_o} \frac{dT}{T} + R\, ln\left(\frac{P_2}{P_1}\right) \rightarrow s_2 - s_1 = -R\, ln\left(\frac{P_2}{P_1}\right)$$

$Q_{12} = (U_2 - U_1) + W_{12}$에서 온도가 일정하면, $u = f(T)$, $\therefore U_2 - U_1 = 0$

따라서 $Q_{12} = W_{12}$

예제 8-3

자동차 엔진에서 공기가 온도 22℃, 압력 95 kPa에서 가역 단열과정으로 압축된다. 압축비$\left(\frac{V_1}{V_2}\right)$가 8일 때 자동차 엔진 공기의 최종온도를 구하시오.

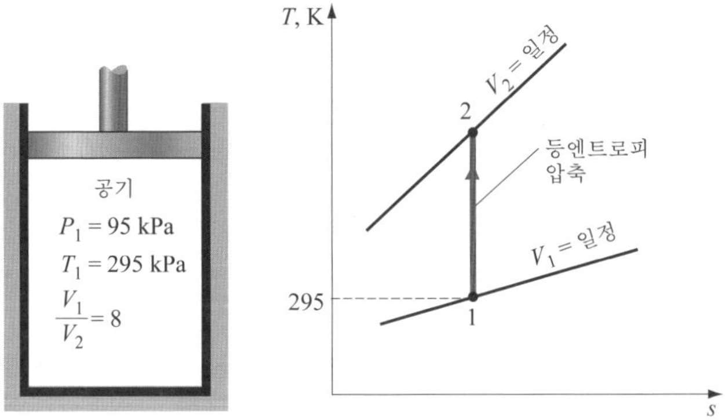

풀이

밀폐 시스템에서 질량의 변화가 없기 때문에 $\frac{V_2}{V_1} = \frac{v_2}{v_1} = \frac{1}{8}$. 비체적 비율이 알려져 있

으므로 $\left(\frac{v_1}{v_2}\right)_{s=const} = \frac{v_{r2}}{v_{r1}}$를 이용한다.

비열이 온도에 따라 변하므로, 공기의 열역학 Table A-3를 이용하면, T_1=295 K에서 v_{r1}=647.9를 찾는다.

따라서 $v_{r2} = v_{r1}\left(\frac{v_2}{v_1}\right) = (647.9)\left(\frac{1}{8}\right) = 80.99$.

v_{r2}가 80.99가 되는 온도를 Table A-3에서 찾는다. 660K과 670K 사이에 v_{r2} 값이 존재하므로 보간하여 해당하는 온도를 구한다.

$\therefore T_2 = 662.7\text{K}$

8. 엔트로피 평형

엔트로피는 어떤 시스템 내부에 있는 분자들의 무질서도나 무작위성 randomness를 나타내는 열역학적인 특성이다. 열역학 제2법칙에 의해서 시스템의 열역학적인 변화 전후에서 엔트로피는 다음과 같이 평형을 이룬다.

Net rate of entropy flow + Entropy change rate of the system =

Entropy transfer rate + Entropy production rate (lost entropy rate)

엔트로피 평형을 밀폐 시스템이나 개방 시스템에 모두 적용할 수 있는 일반적인 식은 다음과 같다.

$$\{\sum \dot{m}_e s_e - \sum \dot{m}_i s_i\} + \frac{dS_{sys}}{dt} = \sum\left(\frac{\dot{Q}_{CV}}{T}\right) + \sum\left(\frac{\dot{W}_{CV\,lost}}{T}\right) = \sum\left(\frac{\dot{Q}_{CV}}{T}\right) + \dot{\sigma} \quad \text{(식 8-15)}$$

1) 밀폐 시스템

밀폐 시스템에서는 작동체의 질량 이동이 시스템 외부로 없기 때문에 식 8-15는 $ds = \frac{\delta Q}{T} + \frac{\delta W_{lost}}{T}$과 같이 간략화되며 δW_{lost}항을 무시하면 $ds \geqq \frac{\delta Q}{T}$가 된다.

2) 개방 시스템(정상상태 정상유동, SSSF)

정상상태와 정상류의 작동물질을 가진 개방 시스템에서는 시스템 경계를 출입하는 작동체의 질량 변화는 없다. δW_{lost}항을 무시하면 식 8-15은 다음과 같이 표현할 수 있다.

$$\dot{m}(s_e - s_i) \geqq \sum_{CV} \frac{\dot{Q}_{CV}}{T}$$

여기서 δW_{lost} 즉 잃어버리는 엔트로피의 시간변화율을 고려하면 다음과 같이 표현된다.

$$\dot{m}(s_e - s_i) \geqq \sum_{CV} \frac{\dot{Q}_{CV}}{T} + \dot{\sigma}$$

3) 개방 시스템(균일상태 균일유동, USUF)

비정상상태와 비정상류인 작동물질을 가진 개방 시스템인 경우에는 식 8-15의 모든 항을 고려되어야 한다. 즉 $\dot{m}_i \neq \dot{m}_e$, $\Delta m \neq 0$이고 시스템이 변화되는 시간($\Delta t = t_2 - t_1$)을 고려하고 마찬가지로 δW_{lost}에 의해서 생성되는 Δt 동안의 엔트로피양 σ를 고려하면 다음과 같이 표현된다.

$$(\dot{m}_2 s_2 - \dot{m}_1 s_1)_{CV} + \sum \dot{m}_e s_e - \sum \dot{m}_i s_i \geq \int_0^t \sum \frac{\dot{Q}_{CV}}{T} dt$$
$$= \sum \frac{\dot{Q}_{CV}}{T} + \dot{\sigma}$$

9. 가역 정상류의 일

그림 8-6과 같은 터빈에서 관찰 가능한 가역 정상류reversible steady-flow 상태에서의 일을 생각해 보자.

$$q_{rev} + h_i = h_e + w_{rev}, \rightarrow q_{rev} - w_{rev} = h_e - h_i$$
$$= \int_i^e dh \rightarrow \delta q_{rev} - \delta w_{rev} = dh + d(ke) + d(pe)$$
$$\delta q_{rev} = Tds,\ Tds = dh - \upsilon dP \rightarrow \delta q_{rev} = dh - \upsilon dP$$

따라서

$$\delta w_{rev} = -[\upsilon dp + d(ke) + d(pe)] \rightarrow w_{rev} = -\int \upsilon\, dp,\ d(ke) = d(pe) = 0 \text{일 때}$$

① 가역 단열인 경우: 엔트로피 변화는 없다.

$$Tds = dh - \upsilon dP = 0 \rightarrow dh = \upsilon dP:\ h_e - h_i = \int_i^e \upsilon dP$$
$$q_{rev} + h_i = h_e + w_{rev} \rightarrow h_e - h_i = -w_{rev}$$

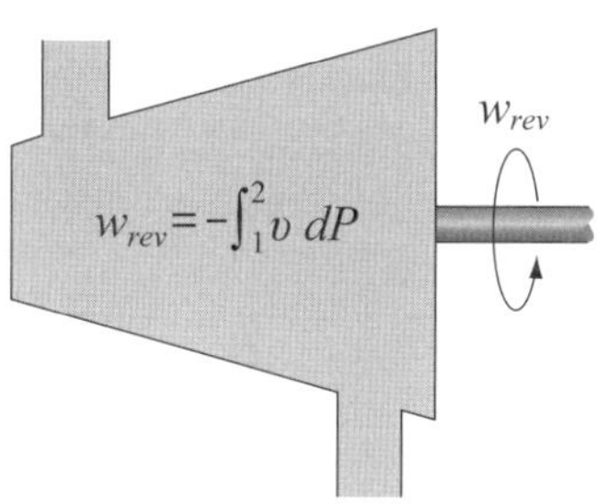

그림 8-6 가역 정상류 시스템

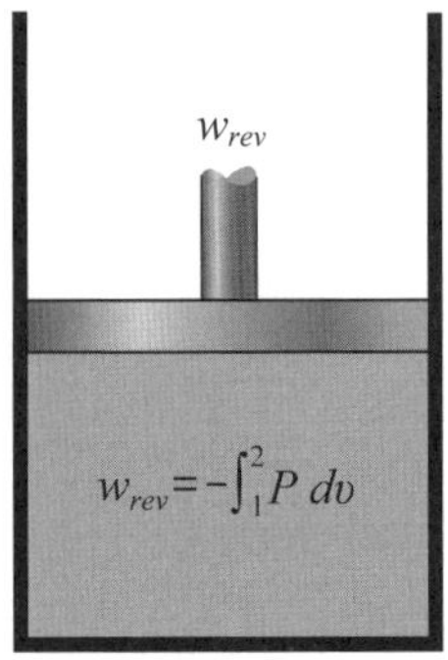

그림 8–7 밀폐 시스템에서의 가역 일

② 가역 등온인 경우

$$\dot{m}(s_e - s_i) = \frac{1}{T}\sum \dot{Q}_{CV} = \frac{\dot{Q}_{CV}}{T} \text{에서} \quad T(s_e - s_i) = \frac{\dot{Q}_{CV}}{\dot{m}} = q$$

$$Tds = dh - vdP \longrightarrow T(s_e - s_i) = h_e - h_i - \int_i^e vdP$$

$$w_{12} = -\int_1^2 vdP \text{: 정상유동에서 내적 가역 출력 일}$$

$$cf)\ w_{12} = \int_1^2 Pdv \text{: 밀폐 시스템에서 경계 일}$$

③ 비압축성 유체인 경우

$$w_{rev} = -v(P_2 - P_1) - \Delta ke - \Delta pe$$

만약 $w_{rev} = 0$이면 $v(P_2 - P_1) + \frac{\vec{V}_2^2 - \vec{V}_1^2}{2} + g(Z_2 - Z_1) = 0$: 베르누이 식

예제 8–4

가역 정상상태 정상유동(SSSF)과정으로 온도 30℃, 압력 100 kPa에서 압력 5 MPa 상태로 등엔트로피적으로 물을 분출하는 펌프의 단위 질량당 일

을 구하시오.

풀이

가정 $\Delta pe = \Delta ke = 0$. 물은 액체상태.

제1법칙에서: $h_i = h_e + w$

제2법칙에서: $s_e = s_i$

$w = h_i - h_e = -(h_e - h_i) = -\int_i^e v dP = -v(P_2 - P_1)$

$v = v_{f@T} = 30℃ = 0.001004\ \mathrm{m^3/kg}$

$\therefore w = (0.001004)(5000-100) = -4.92\ \mathrm{kJ/kg}$

예제 8-5

원심식 압축기에서 상온상태 공기가 압력 100 kPa에서 온도 300K, 압력 450 kPa로 압축되고 있다. 운동 및 위치 에너지를 무시할 수 있고, 가역 등온 과정으로 간주한다면, 압축기 내로 들어오는 단위 질량당 일을 구하시오. 단, 공기의 비열은 온도에 따라 변한다.

풀이

공기를 이상기체로 간주함. SSSF. $\dot{m}_e = \dot{m}_i = \dot{m}$

제1법칙: $h_i = h_e + w \rightarrow w = h_i - h_e$: $h = f(T)$, $\Delta h = \int C_p(T)dT$

제2법칙: $s_e = s_i$: 이상기체에서 u, h, $s^o = f(T)$

$T_i = 300\mathrm{K} \rightarrow h_i = 300.19\ \mathrm{kJ/kg}$, $P_{ri} = \mathrm{EXP}(s^o_{300}/R) = 1.3860$

$$P_{re} = P_{ri}\left(\frac{P_e}{P_i}\right) = 6.237 \approx 6.24$$

$\rightarrow T_e = 459.89\mathrm{K} \approx 460\mathrm{K}$, $\therefore h_e = 462.02\ \mathrm{kJ/kg}$

$w = h_i - h_e = 300.19 - 462.02 = -161.83\ \mathrm{kJ/kg}$

예제 8-6

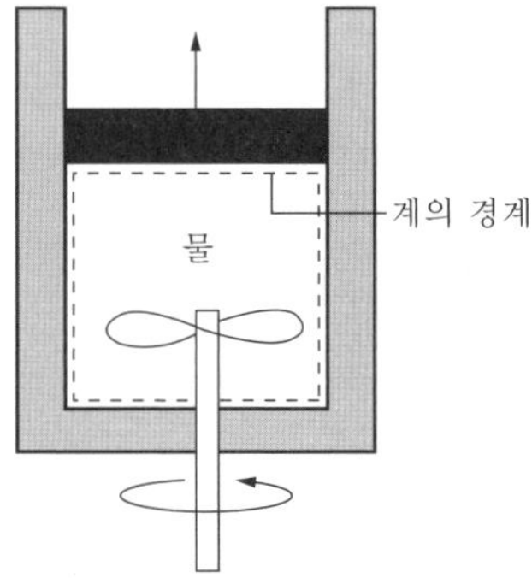

온도 100℃에서 포화액 상태의 물이 피스톤-실린더 장치에 담겨 있다. 피스톤이 실린더 내를 움직임에 따라 물은 포화증기 상태가 된다. 이때 주위와 열전달은 일어나지 않는다. 만일 패들기구의 작동으로 상태가 변한다면, 단위 질량당 일 및 엔트로피 생성량을 구하시오.

풀이

가정: 밀폐 시스템. 열전달 없음. $\Delta(KE)\approx 0$, $\Delta(PE)\approx 0$

따라서, $q = u_2 - u_1 + w = 0 \rightarrow w = u_1 - u_2 = u_f - u_g$

$$w = 418.96 - 2506.1 = -2087.14 \frac{\text{kJ}}{\text{kg}}$$

엔트로피 평형으로부터

$$s_2 - s_1 = \int_1^2 \left(\frac{\delta q}{T}\right) + \sigma \rightarrow s_2 - s_1 = \sigma$$

$$\sigma = s_g - s_f = 7.3545 - 1.3096 = 6.0449 \frac{\text{kJ}}{\text{kg}\cdot\text{K}}$$

예제 8-7

노즐 속을 가역 단열적으로 흐르는 증기가 있다. 노즐로 들어오는 증기의 압력 1 MPa, 온도 300℃, 유속 30 m/s이다. 노즐 출구에서 증기의 압력이 0.3 MPa일 때, 노즐을 빠져 나가는 증기의 출구유속을 구하시오. 단 흐름은 가역, 단열, 정상상태 정상유동 과정이다.

풀이

단열과정: $Tds = \delta q = 0$, SSSF 과정, 위치 에너지 변화는 없음. 일 없음.

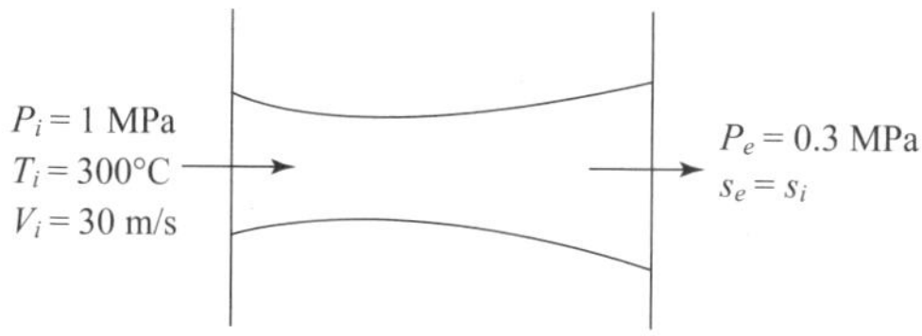

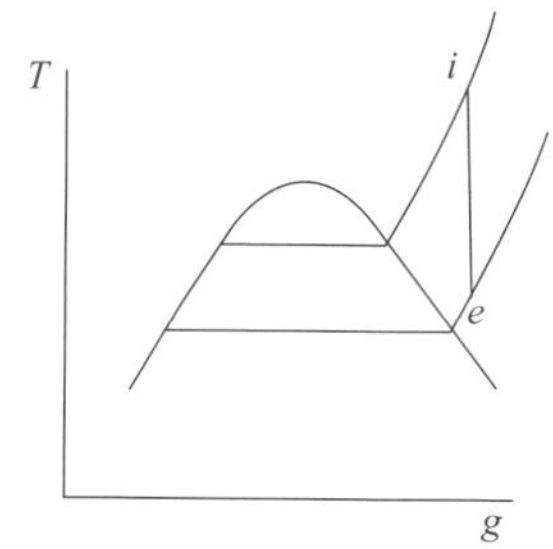

$\dot{m}_e = \dot{m}_i = \dot{m}$

제1법칙: $q + h_i + \frac{\vec{V_i^2}}{2} = h_e + \frac{\vec{V_e^2}}{2} + w \rightarrow h_i + \frac{\vec{V_i^2}}{2} = h_e + \frac{\vec{V_e^2}}{2}$

제2법칙: $s_e = s_i$

입구: 과열 증기 상태, h_i = 3050.6 kJ/kg, s_i = 7.1219 kJ/kg·K

출구: $s_e = s_i$ = 7.1219 kJ/kg·K > s_g= 6.9919 kJ/kgK *at* 0.3 MPa → 과열증기

직선 보간에 의해서 T_e = 159.6℃, h_e = 2781.2 kJ/kg *at* 0.3 MPa

$\frac{\vec{V_e^2}}{2} = h_i - h_e + \frac{\vec{V_i^2}}{2} = 270.5$ [kJ/kg = 1000N · m/kg = kg · m/s^2 · m/kg]

$\vec{V_e}$ = 735.5 m/s

예제 8–8

압력 30 bar, 온도 400℃, 유속 160 m/s의 상태로 증기가 터빈 안으로 들어와서 온도 100℃, 유속 100 m/s의 포화증기 상태로 빠져 나간다. 정상 상태에서 증기의 흐름으로 터빈은 540 kJ/kg의 일을 한다. 주위 온도가 평균적으로 500K가 되도록 터빈에서 주위로 열전달이 일어날 때, 증기 흐름에 의한 증기 질량당 엔트로피 발생량을 구하시오. 단 위치 에너지는 무시한다.

풀이

SSSF 과정: $\dot{m}_1 = \dot{m}_2$

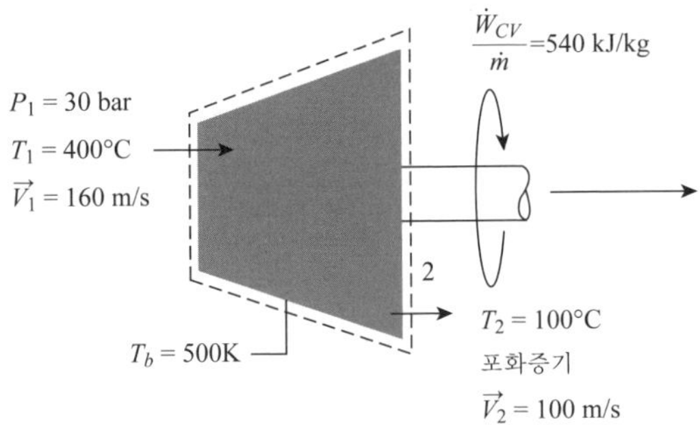

제2법칙의 엔트로피 평형: $\dot{m}(s_2 - s_1) = \frac{\dot{Q}_{CV}}{T_b} + \dot{\sigma}_{CV}$

$$\frac{\dot{\sigma}_{CV}}{\dot{m}} = \frac{\dot{Q}_{CV}/\dot{m}}{T_b} + (s_2 - s_1) = \frac{-q}{T_b} + (s_2 - s_1)$$

제1법칙: $q = w + (h_2 - h_1) + \left(\frac{\vec{V}_2^2 - \vec{V}_1^2}{2}\right)$

1 bar = 100,000 Pa → 30 bar = 3 MPa: 입구는 과열 증기 상태, w = 540 kJ/kg.

계산하면,

$$q = 540 + (2676.1 - 3230.9) + (100^2 - 160^2)/(2)(1000) = -22.6\frac{\text{kJ}}{\text{kg}}$$

따라서, $\frac{\dot{\sigma}_{CV}}{\dot{m}} = -\frac{-22.6\text{kJ/kg}}{500\text{K}} + (7.3545 - 6.9210)\frac{\text{kJ}}{\text{kg}\cdot\text{K}} = 0.4787\frac{\text{kJ}}{\text{kg}\cdot\text{K}}$

10. 열역학 제3법칙

열역학 제3법칙the third law of thermodynamics은 어떤 이상적인 방법으로도 어떤 시스템의 온도를 0K에 이르게 할 수 없다는 것을 말한다. 만일 저온 열저장소의 온도가 0K($T_L = 0$)가 되면, $\delta Q = TdS = 0$가 되고, 이 경우 열펌프의 성능계수(β_R)는 0이 되고 열기관의 열효율이 1이 된다. 이는 열기관에서 방출되는 열량이 없으므로 온도가 동일한(T_H) 단일 열저장소와 열교환을 하게 되어 제2법칙에 위배된다. 즉 열효율이 1인 기관은 존재할 수 없음을 의미한다.

순수 결정물질pure crystalline substance의 엔트로피는 0K에서 0이 된다. 이 법칙은 엔트로피 결정의 기준점을 제시하는 것으로 이 기준점 기준으로 결정되는 엔트로피를 절대 엔트로피라 한다. W. Nernst는 엔트로피가 0이 되는 상태(절대 엔트로피 또는 에너지 0 점)에서만 물체의 온도가 0K가 될 수 있다고 하였다.

▶▶▶ 연습문제

1. 엔탈피와 엔트로피에 대해서 설명하시오. (정의와 열역학적 의미를 포함할 것).

2. 클라우지우스 적분을 가역과 비가역 과정의 모두에 대해서 유도하시오.

3. 등엔트로피 변화는 다음 중 어느 변화인가 ?
   (가) 등온 변화　(나) 등적 변화　(다) 등압 변화　(라) 단열 변화

4. 압력과 온도가 같은 두 기체를 혼합하면 혼합기체의 엔트로피는?
   (1) 등압과정이므로 변하지 않는다.
   (2) 등온과정이므로 변하지 않는다.
   (3) 등온 비가역과정이므로 증가한다.
   (4) 등압, 등온 비가역과정이므로 감소한다

5. 피스톤 실린더 장치가 1 kg의 Freon-12를 작동유체로 가지고 있다. 프레온-12의 처음 온도가 60℃, 건도는 73.7%였고 정온, 내부가역과정으로 부피가 3배 될 때까지 팽창하였다. 엔트로피의 변화량과 일을 구하시오.

6. 체적이 200 L인 철판으로 된 탱크에 8 MPa, 20℃(상태 1)에서 에틸렌 가스가 들어 있다. 탱크는 단열이 되지 않으며, 출구 쪽 밸브로 조금씩 누설되어 며칠 후에는 압력이 5 MPa(상태 2)로 감소되었다. 이때 주위의 온도는 20℃이고 탱크 속의 온도는 20℃로 항상 같았다. 다음 물음에 답하시오.

(1) 이 과정 동안의 열전달량은 얼마인가 ?

(2) 가역과정이라고 가정하면 과정 동안의 엔트로피 변화량은 얼마인가?

7. $Pv^k = constant$인 이상기체의 폴리트로픽 과정은 등엔트로피 과정임을 증명하시오.

8. 어떤 발명가가 1,000 kJ의 열원으로부터 410 kJ의 순수일을 생산할 수 있는 동력장치를 발명했다고 특허를 신청하였다. 이 동력장치는 500K되는 연소장치로부터 열을 받아 300K되는 대기로 열을 방출하면서 사이클을 완성한다고 한다. 과연 이 발명가의 주장이 특허가 될 수 있는지를 판단하시오.

9. A rigid, well-insulated tank is filled with 5.0 kg of air at a pressure of 5 bar and a temperature of 500K. A leak developes, and air slowly escapes until the pressure of the air remaining in the tank is 1 bar. Assume the air is ideal.

(1) Explain the process is isentropic.

(2) Determine the temperature of remaining air in the tank.

(3) Determine the amount of mass remaining in the tank.

10. 터빈에 압력 1,000 kPa 온도 500℃인 수증기가 들어가서 가역 단열과정을 거쳐서 압력이 20 kPa로 되어 터빈의 출구로 나온다.

(1) 출구의 증기는 포화 상태인가 또는 과열 상태인가?
그 이유를 설명하고 또한 그 수증기의 건도를 구하시오.

(2) 입구와 출구에서의 수증기가 가지는 엔탈피는 각각 얼마인가?

(3) 터빈에서 수증기의 단위 질량당 생산되는 일은 얼마인가?

(4) 개략적인 *T-S* 선도를 그리고 입구와 출구에서의 상태 변화경로를 표시하시오.

12. 강체로 단열된 두 개의 동일체적을 갖는 방이 그림과 같이 얇은 막으로 나누어져 있다(상태 1). 막이 제거되면 방전체가 곧 어떤 열역학적 평형 상태에 다시 도달한다(상태 2). 이 과정 동안 행해진 일은 없다.

(1) 상태 1에서의 공기의 질량은 얼마인가?

(2) 상태 2에서의 온도, 체적, 압력을 구하시오.

(3) 과정 동안 시스템 내에서의 엔트로피 변화량은 얼마인가?

(4) 상태 1에서 상태 2로의 과정이 가역인지 비가역인지를 판별하시오.

12. 압력 P_1, 비체적 v_1인 공기를 압력이 P_2가 되도록 압축하는 데 드는 일은 등온 과정이 등엔트로피 과정보다 적음을 증명하시오.
$w_{rev} = \int_1^2 v dP$를 이용하시오.

13. 온도가 800K인 열에너지 저장소가 온도가 500K와 750K인 두 개의 흡열원으로 2,000 kJ의 열을 소모한다. 어느 경우가 더 비가역적인가? 그 이유는 무엇인가? 총엔트로피를 계산하여 비교하시오.

14. A leak occurs in a rigid, well-insulated, evacuated tank that has a volume of 3 m^3, and as a result, atmosphere air at 100 kPa and 25℃ enters the tank. When the pressure in the tank reaches 100 kPa;

(1) What is the temperature of air in the tank?

(2) What is the mass of air in the tank?

(3) Calculate the irreversibility for this process.

9 가역 일과 유용성

공학자는 현실에서 최상의 조건을 갖는 시스템을 설계하기 위해 현실과는 괴리된 이상적인 조건을 설정하고 그 수준에 도달하도록 끊임없이 노력한다. 열역학 시스템을 설계할 때 최고의 열효율을 갖도록 하기 위해 역시 효율이 높은 가장 이상적인 상황을 설정한다. 이 단원에서는 열역학 과정에서 에너지의 손실이 없고 효율이 높은 가장 이상적인 조건이 무엇인지 알아보자

1. 가역 일

일반적인 열역학 시스템을 작동물질의 질량이 경계를 통해 출입하는 개방 시스템으로 일반화하여 생각하자. 개방 시스템의 검사체적에서의 가역 일reversible work이란 작동물질 유출입에 의한 검사체적의 상태변화로 검사 면을 통해 일어나는 일($W_{CV,\ rec}$)과 가역 상태를 구현하기 위해 추가적으로 가해져야만 하는 열기관의 일(W_c)의 합으로 정의된다. 8장에서 밀폐 시스템의

손실 일을 정의할 때 팽창에 의한 일을 실제 일과 손실 일로 구분했는데, 이 때 실제 일(W_{irr})은 검사 면을 통과하는 일, 손실 일(W_{lost})은 가역 상태 구현을 위한 일에 각각 해당된다. 따라서 가역 일은 다음과 같이 정리된다.

$$W_{rev} = W_{CV,\,rev} + W_c = W_{irr} + W_{lost}$$

따라서 $W_{rev} > W_{irr}$

그림 9-1과 같은 일반적인 실제 개방 시스템에서 일률은 열역학 제1법칙으로부터 식 9-1과 같이 된다.

$$\dot{W} = \dot{Q} + \sum_{inlet} \dot{m}(h + e_k + e_p) - \sum_{exit} \dot{m}(h + e_k + e_p) - \frac{dE_{sys}}{dt} \quad \text{(식 9-1)}$$

여기서, $\frac{dE_{sys}}{dt}$는 검사체적의 시간에 대한 에너지 변화율을 나타낸다.

아래 그림 9-2와 같이 검사체적 내부만 가역적인 개방시스템의 경우 검

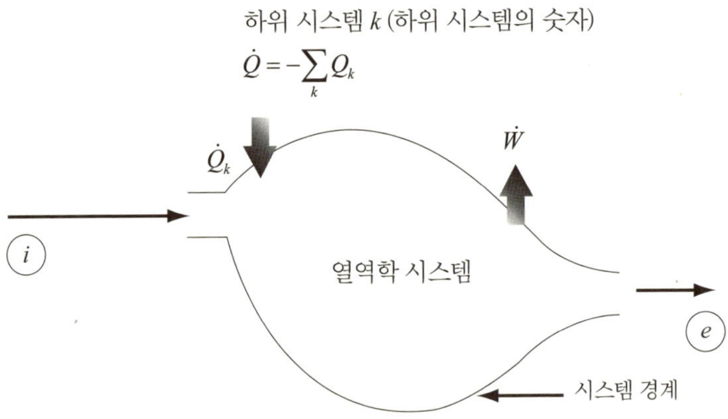

그림 9-1 일반적인 열역학 시스템에서의 에너지 이동

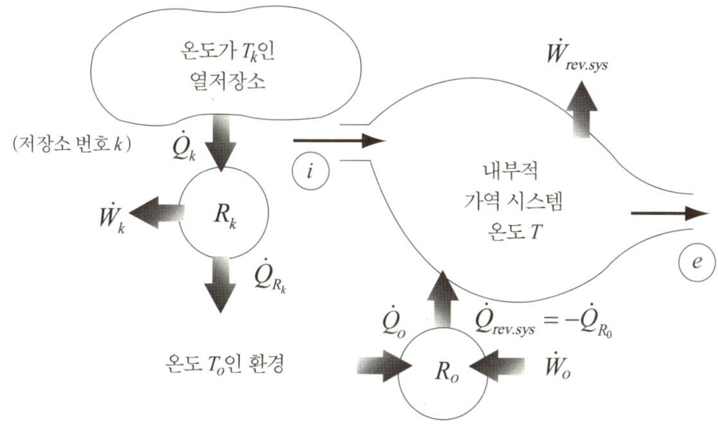

그림 9-2 검사체적 내부만 가역인 경우의 에너지 이동

사체적 일률은 식 9-2와 같다.

$$\dot{W}_{rev,sys} = \dot{Q}_{rev,sys} + \sum_{inlet} \dot{m}(h + e_k + e_p) - \sum_{exit} \dot{m}(h + e_k + e_p) - \frac{dE_{sys}}{dt} \quad \text{(식 9-2)}$$

여기서, $T_k > T > T_o$

최대 일을 얻기 위해서는 모든 시스템 구성이나 과정이 완전 가역totally reversible과정이어야 한다. 특히 주위 온도가 T_o이고, 온도 T_k인 열저장소로부터 나오는 열이 $\dot{Q}_k$이고 이것이 시스템에 공급될 때, 그 열전달이 가역과정이어야 한다.

온도차가 있는 열전달인 경우에는 가역 열기관과 가역 열펌프의 일이 추가된다. 열기관과 열펌프의 일률은 효율과 성능계수로부터 다음과 같이 정리된다.

먼저, 가역 열기관의 경우 효율은,

$$\eta_{rev} = \frac{W_{rev}}{Q_H} = \frac{Q_H - |Q_L|}{Q_H} = 1 - \frac{T_L}{T_H}$$ (식 9-3)

따라서 일률은 다음과 같이 된다.

$$\dot{W}_k = -\dot{Q}_k \left(1 - \frac{T_o}{T_k}\right)$$

여기서, Q_k는 음수다.

다음으로 가역 열펌프의 성능계수는 다음과 같이 표현된다.

$$\beta_H = \frac{Q_H}{W_{rev}} = \frac{T_H}{T_H - T_L} = \frac{1}{1 - T_L / T_H}$$ (식 9-4)

따라서 일률은 다음과 같이 표현된다.

$$\dot{W}_o = -\dot{Q}_{rev,sys} \left(1 - \frac{T_o}{T}\right)$$

이상 열기관과 열펌프의 일을 추가하면, 전체 가역 일률(동력)은 식 9-5와 같이 정리된다.

$$\dot{W}_{rev} = \dot{W}_{rev,sys} + \dot{W}_k + \dot{W}_o$$ (식 9-5)

$$\dot{W}_{rev,sys} = \dot{Q}_{rev,sys} + \sum_{inlet} \dot{m}(h + e_k + e_p) - \sum_{exit} \dot{m}(h + e_k + e_p) - \frac{dE_{sys}}{dt}$$

$$\dot{W}_{rev} = \dot{Q}_{rev,sys} \left(\frac{T_o}{T}\right) + \sum_{inlet} \dot{m}(h + e_k + e_p) - \sum_{exit} \dot{m}(h + e_k + e_p)$$

$$- \frac{dE_{sys}}{dt} - \sum_{k} \dot{Q}_k \left(1 - \frac{T_o}{T_k}\right)$$

시스템의 엔트로피는 열역학 제2법칙으로부터 다음과 같이 되고,

$$\sum \dot{m}_e s_e - \sum \dot{m}_i s_i + \frac{dS_{sys}}{dt} = \sum \left(\frac{\dot{Q}_{rev,sys}}{T} \right)$$

단일 열교환의 경우 다음과 같이 된다.

$$\begin{aligned} \dot{Q}_{rev,sys} &= T\left[\sum \dot{m}_e s_e - \sum \dot{m}_i s_i + \frac{dS_{sys}}{dt} \right] \\ &= T\left[\sum_{exit} \dot{m}s - \sum_{inlet} \dot{m}s + \left(\frac{dS}{dt} \right)_{sys} \right] \end{aligned}$$

따라서 전체 가역 일(동력)은 식 9-6과 같이 정리된다.

$$\begin{aligned} \dot{W}_{rev} = & \sum_{inlet} \dot{m}(h + e_k + e_p - T_0 s) - \sum_{exit} \dot{m}(h + e_k + e_p - T_0 S) - \frac{d(E - T_0 S)_{sys}}{dt} \\ & - \sum_k \dot{Q}_k \left(1 - \frac{T_0}{T_k} \right) \end{aligned} \quad \text{(식 9-6)}$$

여기서, $\dot{Q} = -\sum_k \dot{Q}_k$ 이고, 일반적으로 $T_k = T_o$인 경우를 생각한다.

위 식을 밀폐 시스템, 개방 시스템의 경우에 적용하면 다음과 같이 된다.

1) 밀폐 시스템

$$W_{12,rev} = Q_{12,rev} + U_1 - U_2 = T_0(S_2 - S_1) + U_1 - U_2$$

2) 개방 시스템

a) 정상상태–정상유동steady state steady flow

$$w_{rev} = h_i - h_e + T_0(s_e - s_i) + \frac{1}{2}(\vec{V}_i^2 - \vec{V}_e^2) + g(Z_i - Z_e)$$

b) 균일상태–균일유동uniform state uniform flow

$$W_{rev} = \sum m_i(h_i - T_0 s_i + \frac{\vec{V}_i^2}{2} + gZ_i) - \sum m_e(h_e - T_0 s_e + \frac{\vec{V}_e^2}{2} + gZ_e)$$
$$-[m_2(u_2 - T_0 s_2 + \frac{\vec{V}_2^2}{2} + gZ_2) - m_1(u_1 - T_0 s_1 + \frac{\vec{V}_1^2}{2} + gZ_1)]_{CV}$$

2. 유용성

엑서지exergy는 에너지원으로부터 얻을 수 있는 유용 일useful work을 말한다. 어떤 특정한 상태에 있는 주어진 에너지 중에서 유용한 잠재 일로서 가용성availability이라고도 한다. 어떤 상태에 있는 시스템이 가지고 있는 잠재 일은 단순히 그 시스템으로부터 얻을 수 있는 최대 유용 일을 말한다.

시스템의 과정 중에는 가역적으로 수행될 때 출력 일이 최대가 되고, 또한 출력 일을 최대로 하기 위해서는 과정의 최종 상태에서 시스템이 사장상태dead state에 있어야 한다. 사장상태에서는 별도의 말이 없으면 온도와 압력은 각각 T_0=25℃, P_0=0.101 MPa(1 atm)으로 가정한다.

어떤 상태 1에서 상태 2로 팽창할 때 주변의 대기를 밀어내는 데 드는 일을 주변 일surroundings work이라고 하고 다음과 같이 표현된다.

$$W_{surr} = P_0(V_2 - V_1) = P_0(V_0 - V_1)$$

1) 비유동 엑서지nonflow exergy는 식 9-7과 같다.

$$\phi = w_{rev\ max} - w_{surr} \qquad \text{(식 9-7)}$$
$$= (u - T_0 s) - (u_0 - T_0 s_0) - P_0(v_0 - v_1)$$
$$= (u - u_0) - T_0(s - s_0) + P_0(v - v_0)$$

2) 유동 엑서지flow exergy는 식 9-8과 같다.

$$\psi = (h - h_0) - T_0(s - s_0) \qquad \text{(식 9-8)}$$

KE와 PE를 고려할 때,

$$\psi = (h - h_0) - T_0(s - s_0) + \frac{1}{2}(\vec{V}^2 - \vec{V}_0^2) + g(Z - Z_0)$$

3) 유용 일useful work이란 실제 일(W)과 주위 일과의 차이를 말하며 식 9-9와 같이 표현된다.

$$W = P_{abs}\Delta V = (P_{gage} + P_{atm})\Delta V\text{에서}$$
$$W_{u,\ out} = P_{gage}\Delta V = W - W_{surr} = W - P_0(V_2 - V_1) \qquad \text{(식 9-9)}$$

4) 가역 일reversible work이란 시스템이 주어진 초기 상태와 최종 상태 사이의 과정을 겪을 때 얻을 수 있는 최대 유용 일을 말한다. 즉, 주어진 상태에서 주위와 평형일 때 나타날 수 있는 최대 유용 출력 일을 말한다.

a) 밀폐 시스템의 비유동 엑서지

$$w_{12,rev} = \phi_2 - \phi_1 \qquad \text{(식 9-10)}$$

$$= [u_2 - u_o + P_o(v_2 - v_o) - T_o(s_2 - s_o)]$$

$$-[u_1 - u_o + P_o(v_1 - v_o) - T_o(s_1 - s_o)]$$

$$= (u_2 - u_1) - T_o(s_2 - s_1) - P_o(v_1 - v_2)$$

$$= (u_2 - u_1) - T_o(s_2 - s_1) + P_o(v_2 - v_1)$$

b) 개방 시스템(SSSF)의 유동 엑서지

$$w_{rev} = \psi_i - \psi_e \quad \text{(식 9-11)}$$

$$= [h_i - h_o - T_o(s_i - s_o)] - [h_e - h_o - T_o(s_e - s_o)]$$

$$= h_i - h_e - T_o(s_i - s_e)$$

$$= h_i - h_e + T_o(s_e - s_i)$$

예제 9-1

마찰이 없는 피스톤-실린더 기구에서, 초기에 온도 400K, 압력 350 kPa인 아르곤 기체가 0.01m³의 체적을 차지하고 있다. 온도 1,200K인 열원으로부터 아르곤 기체로 열이 전달되면서 아르곤 기체는 초기 체적의 2배가 될 때까지 등온적으로 팽창된다. 아르곤 기체와 온도 T_0 = 300K, 압력 P_0 = 100 kPa인 주위 공기와의 열전달이 일어나지 않았을 때, 이 과정에서 (a) 유효일, (b) 유용성 파괴량exergy destroyed, (c) 가역 일을 각각 구하시오.

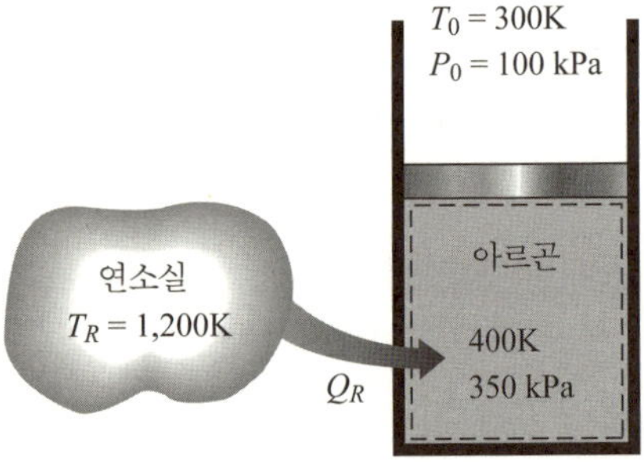

풀이

(a) $W_{12} = W_b = \int_1^2 PdV = P_1V_1 \ln\frac{V_2}{V_1} = 2.43 \text{ kJ}$

$W_{surr} = P_0(V_2 - V_1) = 1.0 \text{ kJ}$

$\therefore W_u = 2.43 - 1.0 = 1.43 \text{ kJ}$

(b) $S_{gen} = \frac{Q_{12}}{T_{sys}} - \frac{Q_{12}}{T_R} = \frac{2.43}{400} - \frac{2.43}{1200} = 0.00405 \text{ kJ}$

$Q_{12} = W_{12} (\because \Delta T = 0,\ \Delta U = 0).$

$X_{destroyed} = T_0 S_{gen} = 300(0.00405) = 1.22 \text{ kJ / K}$

(c) $W_{rev,out} = T_0(S_2 - S_1) - W_{surr} + \left(1 - \frac{T_0}{T_R}\right)Q_{12}$

$= 300\frac{2.43}{400} - (1.0) + \left(\frac{1-300}{1200}\right)(2.43) = 2.65 \text{ kJ}$

$\frac{Q_{12}}{T_{sys}} = S_2 - S_1$

예제 9-2

200℃와 3 MPa 상태에서 뜨거운 증기 공급기를 생각하자. 25℃의 대기 온도에 대해서 이 에너지 가용성은 얼마인가?

풀이

$\psi = (h-h_o) - T_o(s-s_o)$

$= (852.45-104.89) - 298.15(2.3309-0.3674)$

$= 162.14 \frac{\text{kJ}}{\text{kg}}$

3. 비가역성

비가역성irreversibility은 가역 일과 비가역과정에서 일어나는 일의 차로 정의되며, 다음 식과 같이 나타낼 수 있으며 그만큼 유용한 에너지의 감소에 해당한다.

가역과정을 구현하기 위해 열기관이 사용되는 경우는 $I = W_{rev,\ out} - W_{u,\ out}$가 되고, 열펌프를 사용하는 경우는 $I = W_{u,\ in} - W_{rev,\ in}$과 같이 된다.

유용한 에너지exergy의 감소는destroyed 손실 일을 나타내며 동시에 비가역성 또는 손실 일로 불린다.

일반적인 실제 개방 시스템에서 동력은 다음과 같이 되며,

$$\dot{W} = \dot{Q} + \sum_{inlet} \dot{m}(h + e_k + e_p) - \sum_{exit} \dot{m}(h + e_k + e_p) - \frac{dE_{sys}}{dt}$$

따라서 비가역성은 다음과 같이 된다.

$$\dot{W}_{rev} - \dot{W} = T_o\left[\sum_{exit} \dot{m}s - \sum_{inlet} \dot{m}s + \frac{dS_{sys}}{dt}\right] - \dot{Q} - \sum_k \dot{Q}_k\left(1 - \frac{T_0}{T_k}\right)$$

$$\text{여기서, } \dot{Q} = -\sum_k \dot{Q}_k$$

또 시간당 비가역성의 변화율($\dot{I}$)은 식 9-12와 같이 표시된다.

$$\dot{I} = \dot{W}_{rev} - \dot{W} = T_0\left[\sum_{exit} \dot{m}s - \sum_{inlet} \dot{m}s + \frac{dS_{sys}}{dt} + \sum_k \frac{\dot{Q}_k}{T_k}\right] \qquad \text{(식 9-12)}$$

$$= T_0\left[\sum_{exit} \dot{m}s - \sum_{inlet} \dot{m}s + \frac{dS_{sys}}{dt} - \sum_k \frac{\dot{Q}_k}{T_k}\right]$$

$$\dot{I} = T_0\left[\left(\frac{dS}{dt}\right)_{sys} + \left(\frac{dS}{dt}\right)_{env}\right] = T_0\left(\frac{dS}{dt}\right)_{tot} \geqq 0$$

일반적으로 $T_k = T_o$인 경우 밀폐 시스템, 개방 시스템의 경우 비가역성은 다음의 식으로 각각 표시된다.

1) 밀폐 시스템

$$s_2 - s_1 = \int_1^2 C_{v_o} \frac{dT}{T} + R\,ln\left(\frac{v_2}{v_1}\right) = \int_1^2 C_{P_o} \frac{dT}{T} - R\,ln\left(\frac{P_2}{P_1}\right)$$ 의 관계로부터,

$$I = To(S_2 - S_1) - Q_{12}$$

2) 개방 시스템

a) 정상상태–정상유동SSSF

$$I = \sum mT_o(s_e - s_i) - Q_{CV}$$

b) 균일상태–균일유동USUF

$$I = [\sum m_e T_o s_e - \sum m_i T_o s_i] + [m_2 T_o s_2 - m_1 T_o s_1] - Q_{CV}$$

4. 헬름홀츠와 기브스 에너지

자유 에너지free energy는 어떤 시스템의 화학반응이 계속 진행될 때 유효한 일을 하는 에너지다. 헬름홀츠Helmholtz의 자유 에너지와 기브스Gibbs의 자유 에너지의 두 종류가 있다. 열역학 시스템이 과정 중에 열을 흡수하면 이 값이 증가하고, 방출하면 감소한다. 물질이 열평형 상태를 이룰 때는 이 값이 극소일 때다.

1) 헬름홀츠 에너지

$A=U-TS$. 헬름홀츠 자유 에너지라고도 한다.

$$w_{12,rev} = (u_1 - T_o s_1 + \frac{\vec{V}_1^2}{2} + gZ_1) - (u_2 - T_o s_2 + \frac{\vec{V}_2^2}{2} + gZ_2) \quad \text{(식 9-13)}$$

$$= (u_1 - T_1 s_1) - (u_2 - T_2 s_2), \text{ 여기서 } \begin{pmatrix} \Delta ke,\ \Delta pe \approx 0 \\ T_1 = T_2 = T_0 \end{pmatrix}$$

$$w_{12,rev} \leqq a_1 - a_2$$

2) 기브스 에너지

$G = H - TS$. 기브스 자유 에너지라고도 한다.

$$\dot{W}_{rev} = \dot{m}_i(h_i - T_i s_i) - \dot{m}_e(h_e - T_e s_e) \quad \text{(식 9-14)}$$

$$w_{rev} = (h_i - T_i s_i) - (h_e - T_e s_e)$$

$$= g_i - g_e$$

$$w_{CV} \leqq g_i - g_e$$

엔탈피는 내부 에너지와 일의 합으로 주어진다. 즉 $H = U + PV$이다. 따라서, $G = A + PV$로 표현할 수 있다. 생물의 화학반응에서는 $\Delta(PV)$항은 무시할 수 있으므로 $G = A$이다.

예제 9-3

탱크 내의 H_2O가 액체와 기체상으로 350 kPa에서 화학적 평형을 이루고 있을 때 단위 질량당 H_2O의 기브스 함수값은 얼마인가?

풀이

$g_f = h_f - Ts_f = 584.33 - 412.03 \times 1.7275 = -127.45$ kJ/kg

5. 열역학 효율

1) 열역학 제1법칙에 따른 효율

열역학 제1법칙에 따른 열기관의 효율efficiency 및 열펌프의 성능계수는 다음과 같이 표시된다.

■ 열효율thermal efficiency

$$\eta_{th} = \frac{W_{net}}{Q_H} = 1 - \frac{Q_L}{Q_H} = 1 - \frac{T_L}{T_H} \text{ : 가역인 경우} \quad \text{(식 9-15)}$$

■ 난방용 열펌프와 냉장용 열펌프의 성능계수Coefficient of performance

$$\beta_H = \frac{Q_H}{W_{net}} = \frac{Q_H}{Q_H - Q_L}, \quad \text{(식 9-16)}$$

$$\beta_R = \frac{Q_L}{W_{net}} = \frac{Q_L}{Q_H - Q_L}$$

여기서, W_{net} : 총 일의 양(열기관 및 냉장사이클의 열펌프)

Q_H : 열전달량(고온체로부터)

Q_L : 열전달량(저온체로부터)

2) 과정에서의 효율

등엔트로피Isentropic process, reversible adiabatic process 과정에서의 효율은 실제 일과 등엔트로피 과정의 일의 비로 나타낼 수 있다. 등엔트로피 과정은 비가역성이 없어 단열장치들에서 이상적인 과정이라고 할 수 있다. 예를 들어 등엔트로피 과정으로 작동되는 터빈의 효율은 다음과 같이 표시된다.

$$\eta_{turbine} = \frac{W_a}{W_s} \cong \frac{h_1 - h_{2a}}{h_1 - h_{2s}} \qquad \text{(식 9-17)}$$

여기서, W_a=실제 일. W_s=등엔트로피 과정에서의 일이고 운동 에너지 및 위치 에너지(ΔKE, ΔPE)는 무시되는 경우다.

예제 9-4

증기가 단열된 터빈 내로 온도 400℃, 압력 3 MPa의 정상상태로 들어가서 온도 100℃, 압력 50 kPa의 상태로 빠져 나온다. 터빈의 출력이 2 MW일 때, (a) 터빈의 등엔트로피 효율, (b) 터빈 내를 흐르는 증기의 질량유량을 구하시오.

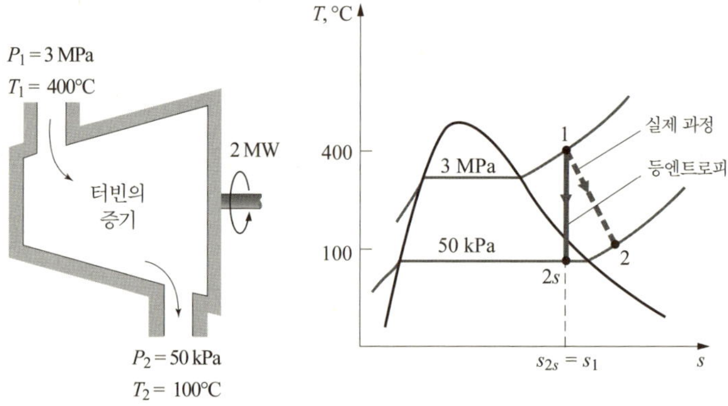

풀이

(a) $h_1 = 3231.7$ kJ/kg, $s_1 = 6.9235$ kJ/kg, $h_{2a} = 2682.4$ kJ/kg

h_{2s}=? 만약 등엔트로피 과정이라면 $s_{2s} - s_1$이 된다. 출구 압력이 $P_{2s} = 50$ kPa일 때, s_{2s}는 $s_f < s_{2s} < s_g$이므로 포화영역에 있다.

$$x_{2s} = \frac{s_{2s} - s_f}{s_{fg}} = \frac{6.9235 - 1.0912}{6.5019} = 0.897$$

따라서 $h_{2s} = h_f + x_{2s} h_{fg} = 340.54 + 0.897(2304.7) = 2,407.9$ kJ/kg

터빈의 등엔트로피 효율은

$$\eta_{turbine}=\frac{W_a}{W_s}\cong\frac{h_1-h_{2a}}{h_1-h_{2s}}=\frac{3231.7-2682.4}{3231.7-2407.9}=0.667$$

(b) $\dot{W}_{out}=\dot{m}(h_1-h_{2a})$ 에서, $2\times1000\ \mathrm{kJ/s}=\dot{m}(3231.7-2682.4)$ 즉 66.7%이다.

증기의 질량유량 $\dot{m}$=3.64 kg/s.

3) 열역학 제2법칙에 따른 효율

열역학 제2법칙 효율이란 실제 열효율과 최대 가역 열효율의 비를 사용하여 열효율을 나타내는 것으로, 열역학 제1법칙의 효율로는 측정할 수 없는 공학적 기구들의 효율을 에너지 이용의 유효성 정도로 평가하기 위한 개념이다.

이상 내용을 수식으로 정리하면 다음과 같다. 밀폐 시스템에서 실제 일은 다음과 같다.

$$W_u=W_a-W_{surr}$$

개방 시스템에서 실제 일은 다음과 같으므로 W_a=W_{CV}=W_u, 열역학 제2법칙의 효율은 다음과 같이 된다. 열기관의 경우,

$$\eta_{th,2nd\ law}=\frac{\eta_{th}}{\eta_{th,rev}}=\frac{W_u}{W_{rev}}$$

열펌프의 경우,

$$\eta_{th,2nd\ law}=\frac{\eta_{th}}{\eta_{th,rev}}=\frac{COP}{COP_{rev}}$$

여기서 W_{rev}는 유효성으로부터 구해지는 가역 일.

두 개의 열기관(A, B)을 생각하자. 열공급원의 온도는 각각 500K와 1,000K이고 300K인 흡열원heat sink을 갖는다. A, B 두 열기관은 모두 동일한 25%의 열효율을 가진다. 이 기관들이 가역기관으로 작동한다면 최고의 성능을 낼 수 있고 그 열효율은 기관 A는 40%, 기관 B는 70%가 될 것이다. 여기서 기관 B가 기관 A에 비하여 더 많은 잠재 일을 갖고 있다. 즉, 기관 B는 70%의 잠재 일, 기관 A는 40%의 잠재 일을 갖고 있어 기관 B가 A보다 더 많은 일을 할 수 있다. 따라서 두 열기관이 열효율이 같더라도 기관 B는 기관 A에 비해 상대적으로 낮은 성능을 나타내고 있다고 말할 수 있다. 이때, 기관 A의 제2법칙 효율은 62.5%(= 0.25/0.4)이고, 기관 B의 제2법칙 효율은 약 35.7%(= 0.25/0.7)이다. 모든 가역기관들의 열역학 제2법칙 효율은 100%이다.

예제 9–5

동절기에 유리온실에서 재배하는 작물을 보호하려면 난방이 필요하다. 효율이 100%인 전기 히터가 설치된 유리온실이 있다. 온실 내부 온도가 21℃이고 온실 외부의 대기 온도가 10℃일 때, 열역학 제2법칙의 효율을 구하시오.

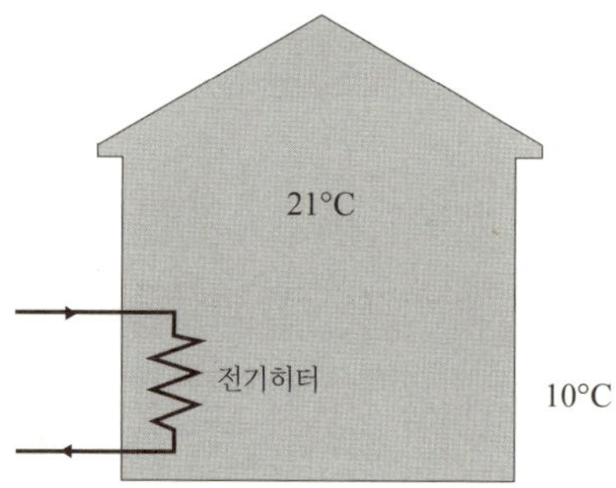

풀이

열역학 제1법칙 효율에 의하면 전기히터는 1 단위unit의 일work이 들어가서 1 단위의 열을 발생하여 성능계수는 1이 된다. 동일 조건에서 난방으로 사용되는 가역 열펌프의 성능계수는

$$COP_{hp,rev} = \frac{1}{1 - T_L / T_H} = \frac{1}{1 - 283/294} = 26.7$$

열역학 제2법칙 효율은

$\eta_{2nd\ law} = COP/COP_{rev} = 1/26.7 = 0.037$

즉, 3.7%가 된다.

▶▶▶ 연습문제

1. 공기를 압축기로 같은 압력까지 압축할 때, 비가역 단열압축 후의 온도는 가역 단열압축 후의 온도에 비하여 어떠한가?

   (가) 더 높다. (나) 더 낮다.

   (다) 단열이므로 동일하다. (라) 등압이므로 동일하다.

2. 프레온 R-12 액체가 냉동기의 팽창밸브에 30℃, 1 MPa로 들어가서($x = 0\%$) -15℃로 되어 나온다. 가역일과 비가역성을 구하여라. 먼저 팽창 밸브를 검사체적으로 가정하여, 제1법칙을 적용하시오.

3. 겨울에 부산 앞 바다의 해수 온도가 어느 날 20℃였다. 이때의 대기 온도가 5℃였다면 그 해수가 가지고 있는 유용성은 얼마인가?

4. 탱크 내의 H_2O가 액체와 기체상으로 350 kPa에서 화학적 평형을 이루고 있을 때 단위 질량당 H_2O의 기브스 함수값은 얼마인가?

5. 체적이 1 m^3인 철판으로 만든 탱크에 들어 있던 압력 2.5 MPa, 온도 200℃인 공기가 (상태 1) 주위의 대기로 열을 방출하면서, 대기온도 25℃까지 냉각된다(상태 2). 대기압력은 100 kPa이고, 기체상수는 R = 0.287 kJ/kgK,

$C_{v_o}=0.7165$ kJ/kgK, $C_{p_o}=1.0035$ kJ/kgK이다.

(1) 탱크 속의 공기의 질량을 구하시오.

(2) 상태 1과 2에서의 비체적과 상태 2에서의 압력 P_2를 구하시오.

(3) 유용성은 주위와 열역학적 평형을 이룰 때를 생각한다. 주위의 상태량 P_o, v_o, T_o를 구하시오.

(4) 가역일 $W_{12,\,rev}$를 구하시오.(단위: KJ)

(5) 비가역성 I를 구하시오.(단위: KJ)

(6) 유용성 $= (u-u_o)+P_o(v-v_o)-T_o(s-s_o)$로 주어진다. 상태 2에서의 유용성을 구하시오.(단위: kJ/kg)

6. Air at initial state 7℃ and 300 kPa takes two processes (reversible and irreversible process) to go to final state of 107℃ and 100 kPa. Determine the entropy changes during the two different processes.

(1) During a reversible process,

(2) During an irreversible process.

7. A small balloon having 0.001416 m^3 volume contains an ideal gas of 6,893 kPa and 300K. The balloon is placed in a rigid and insulated tank having 0.2832 m^3. The tank is initially evacuated. The balloon is punctured so that the ideal gas is allowed to fill the larger tank. The specific heats of the gas are C_p= 14.36 kJ/kgK and C_p= 10.21 kJ/kgK. The dead state is T_o=294.4K and P_o=101.3 kPa.

(1) Determine final temperature and pressure of the gas.

(2) Determine the change of entropy in kJ/K.

(3) Determine the change in availability in kJ.

(4) Find the minimum work necessary to compress the gas back to its original state.

8. 온도가 600K인 고온열저장소로부터 15 kJ의 열량을 받아 온도가 300K인 저온열저장소로 12 kJ의 열량을 전달하는 열기관 사이클은 가역인가 비가역인가 ?

9. 압력 P_i, 온도 T_i인 이상기체Helium가 지나가는 관에 밸브로 연결된 초기 상태가 진공이며 체적 V인 탱크에 이상기체를 채우고자 한다. 탱크의 압력이 P일 때 밸브를 잠근다. 이 과정은 단열과정으로 일어난다.

(1) 탱크의 최종온도 T는 항상 밸브입구의 온도 T_i보다 높음을 증명하시오.

(2) 과정 동안의 엔트로피의 변화량을 구하고 그 결과 엔트로피 변화가 0보다 크므로 이 과정은 비가역임을 증명하시오.(참고: $du=Tds-Pdv$, $dh = Tds + vdP$)

10. A closed cylinder with a movable piston contains 1 kg of saturated liquid water at 200 kPa. The water is heated until it is all saturated vapor. The heat is supplied from the high temperature reservoir at 600K. The temperature and pressure of surrounding air are 300K and 100 kPa, respectively.

(1) Find the useful work done and the heat transfer.

(2) Find the change in availability between initial and final states.

(3) What is the reversible useful work during the process?

(4) Find the irreversibility during the process.

11. There is hot water stream at 5 MPa and 60℃ in deep ground. The stream is flowing at a rate of 3 kg/s with a velocity of 20 m/s. What is the maximum useful power that can be produced in a steady-flow device such as turbine by the stream. Use T_o=25℃ and P_o=100 kPa.

12. 탱크 A의 체적은 5 m^3이고 질소가 200 kPa, 300K 상태로 채워져 있다. 압축기를 이용해서 탱크 A의 질소를 진공상태인 탱크 B에 모두 채웠을 때 압력과 온도는 각각 1,000 kPa, 300K이었다. 주위의 대기온도는 300K이다.

(1) 압축기를 가동하기 위한 최소일은 어떤 조건에서 일어날 수 있는가?

(2) 탱크 A(상태 1)와 탱크 B(상태 2)에서의 단위 질량당 유용성은 각각 얼마인가?

(3) 탱크 A에 있었던 질소의 질량은 얼마인가?

(4) 탱크 A(상태 1)와 탱크 B(상태 2)에서의 헬름홀츠 자유 에너지는 각각 얼마인가?

(5) 압축기의 최소 압축 일은 얼마인가?

13. 어떤 열기관이 온도가 1,200K인 열원으로부터 500 kJ/s의 열을 받으며 온도가 300K인 저온 저장소로 열을 방출한다. 열기관의 출력은 180 kW이다.

(1) 과정 중의 가역동력을 구하시오.

(2) 과정 중에 일어나는 비가역성 변화율을 구하시오.

14. An inventor reports that he has a refrigeration compressor that receives saturated Freon-12 vapor at −20℃ and delivers the vapor at 1 MPa, 50℃. The compression process is adiabatic. Does the process described violate the second law?

15. Obtain the reversible work of a heat engine that receives heat Q_H from a source at temperature T_H and rejects heat Q_L to a sink at temperature T_L, which is higher than T_0 (temperature of the surroundings).

16. Air is compressed steadily by a compressor required actual work of 9 kW from 100 kPa and 17℃ to 600 kPa and 177℃ at a rate of 2 kg/min. Assume the surroundings to be at 17℃. Neglecting the changes of kinetic and potential energies, determine:
(1) the increase in the exergy of the air, $\Psi_2 - \Psi_1$, and
(2) the rate of exergy destroyed during the process.

10 바이오시스템 동력 사이클

열역학의 중요한 분야는 동력발생과 냉장으로서 열역학적 사이클은 동력 사이클과 냉장 사이클로 분류된다. 동력을 발생시켜 사용하는 장치를 열기관이라 부르고, 이 기관이 작동하는 열역학적 사이클을 동력 사이클이라 부른다. 냉장 효과를 얻기 위한 장치를 냉장고 또는 열펌프라 하고 이 사이클을 냉장 사이클이라 한다.

열역학적 사이클도 작동물질의 상에 따라, 사이클 동안에 작동물질이 증기와 액체 상태로 존재하는 증기 사이클과 계속해서 기체 상태로 유지되는 기체 사이클로 분류할 수 있다. 또한, 열역학적 사이클은 밀폐 사이클과 개방 사이클로 분류될 수 있다. 증기기관과 같은 밀폐 사이클의 작동물질은 일련의 과정을 거쳐 처음 상태로 되돌아가고, 내연기관과 같은 개방 사이클의 작동물질은 재순환되지 않고 새로이 공급된다.

열기관은 작동물질에 열이 공급되는 방법에 따라 내연기관과 외연기관으로 분류된다. 내연기관으로는 에너지 공급이 시스템 경계 내에서 연료의 연소에 의해 이루어지는 자동차 엔진을 들 수 있으며, 외연기관으로는 외부의 에너지원으로부터 에너지를 작동물질에 공급하는 증기기관이 있다.

생물생산 작업에 이용되는 트랙터나 콤바인, 경운기, 관리기, 이앙기의 동력은 동력 사이클의 원리로부터 얻어진다.

1. 공기표준 사이클

개방 사이클인 내연기관의 해석을 위해 작동물질을 공기로 하는 밀폐 사이클을 공기표준 사이클air-standard cycle이라 한다. 공기표준 사이클은 다음과 같은 가정을 전제로 한다.

① 작동물질은 공기이며 이상기체로 취급한다.

② 연소과정은 고온체로부터의 열전달과정이고, 저온체로 열전달을 통해 사이클을 완료한다.

③ 사이클의 모든 과정은 내부적으로 가역적이다. 즉 외부와의 온도차로 기인한 열전달을 인정한다. 따라서 전 과정이 가역적인 카르노 엔진보다는 열효율이 작다.

④ 사이클을 이루는 동안 공기의 비열은 일정하다고 가정하며, 상온(25℃)에서의 공기비열을 사용한다.

위의 네 가지 가정을 냉공기 표준 가정cold-air standard assumption이라고 한다.

2. 용어 정의

그림 10-1과 같은 동력 사이클을 해석하기 위해 관련된 용어를 다음과 같이 정의한다.

- 통경bore: 실린더의 직경(D)

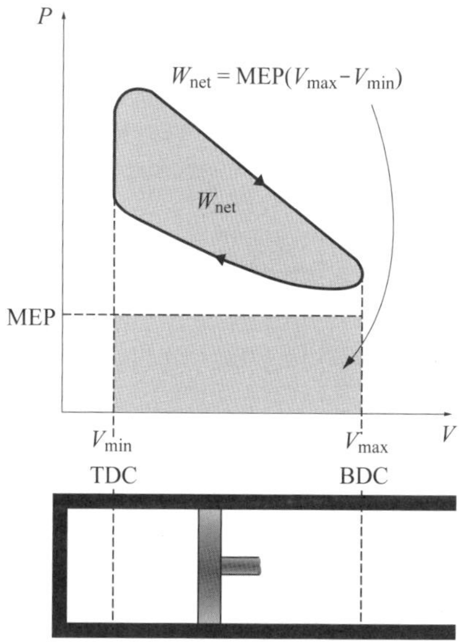

그림 10-1 동력 사이클과 지시선도

- 행정stroke: 피스톤의 이동거리(S)
- 상사점top dead center: 기통의 체적이 최소일 때의 피스톤 위치(TDC)
- 하사점bottom dead center: 기통의 체적이 최대일 때의 피스톤의 위치 (BDC)
- 통극체적clearance volume: 피스톤이 상사점에 있을 때의 기체의 체적(V_C)
- 행정체적displacement volume: 한 행정 동안의 체적(V_D), $V_D = \frac{\pi}{4}D^2S$
- 압축비compression ratio: 왕복 내연기관의 성능을 좌우, $r_v = \frac{V_D + V_C}{V_C} > 1$
- 지시선도indicated diagram: 기체의 실제 압력과 체적을 측정하여 나타내는 $P-V$선도
- 지시 일indicated work: 지시선도가 이루는 폐곡선의 내부(W_{net})
- 평균유효압력mean effective pressure, MEP: 지시 일을 행적 체적으로 나눈 값

3. 카르노 사이클

카르노 사이클은 그림 10-2와 같이 두 개의 등온과정과 두 개의 단열과정으로 작동되는 사이클로 효율 및 평균유효압력은 다음과 같이 표시된다.

(1) 효율 표시

(가) 온도를 이용하면 식 10-1과 같이 표현된다.

$$\eta_{th}=1-\frac{T_L}{T_H}=1-\frac{T_4}{T_1}=1-\frac{T_3}{T_2} \qquad \text{(식 10-1)}$$

(나) 등엔트로피 과정의 압력비를 이용하여 식 10-2와 같이 표현할 수 있다.

$$r_{ps}=\frac{P_1}{P_4}=\frac{P_2}{P_3}=\left(\frac{T_3}{T_2}\right)^{\frac{k}{1-k}} \qquad \text{(식 10-2)}$$

따라서, $\eta_{th}=1-r_{ps}^{\frac{1-k}{k}}$

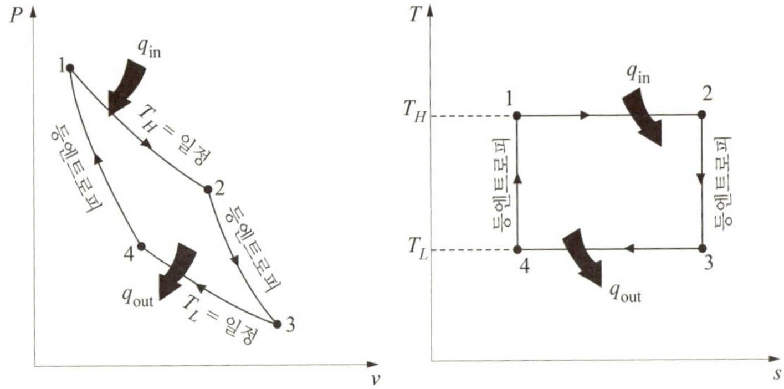

그림 10-2 카르노 사이클

(다) 등엔트로피 과정의 압축비를 이용하여 식 10-3과 같이 표현된다.

$$r_{vs} = \frac{V_4}{V_1} = \frac{V_3}{V_2} = \left(\frac{T_3}{T_2}\right)^{\frac{1}{1-k}} \quad \text{(식 10-3)}$$

따라서, $\eta_{th} = 1 - r_{vs}^{1-k}$

(2) 평균유효압력

$$\text{MEP} = \frac{W_{net}}{V_3 - V_1} = \frac{Q_H - Q_L}{V_3 - V_1} \quad \text{(식 10-4)}$$

카르노 사이클에서 구현하기 어려운 점은 등온 팽창과 등온 압축과정에서 열을 이동시키기 어렵다는 것이다.

모든 과정이 가역 단열과정(즉 등엔트로피 과정, isentropic process)이고 비열이 일정한 경우 과정을 나타내는 식 Pv^k= const과 이상기체의 상태방정식인 $Pv = RT$의 두 식을 결합하여 다음과 같은 표현을 얻는다.

① Pv^k = 일정 → $\frac{P_2}{P_1} = \left(\frac{V_1}{V_2}\right) = \left(\frac{v_1}{v_2}\right)^k$

② Tv^{k-1} = 일정 → $\frac{T_2}{T_1} = \left(\frac{V_1}{V_2}\right)^{k-1} = \left(\frac{v_1}{v_2}\right)^{k-1}$

③ $TP^{\frac{1-k}{1}}$ = 일정 → $\frac{T_2}{T_1} = \left(\frac{P_2}{P_1}\right)^{\frac{k-1}{k}}$

4. 오토 사이클

오토 사이클은 전기점화식 내연기관의 이상 사이클로서, 독일인 니콜라

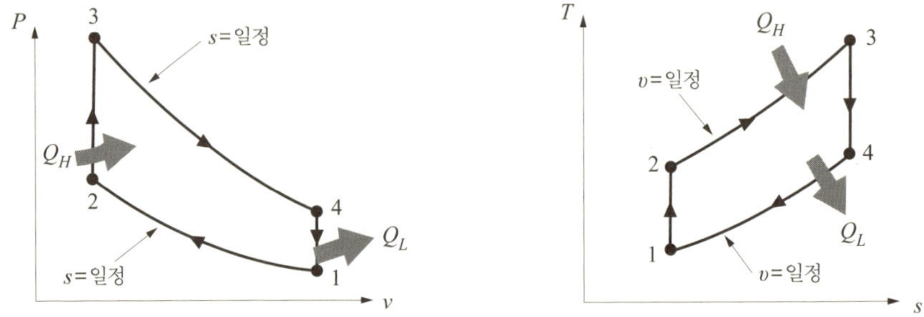

그림 10-3 오토 사이클

스 오토Nicolas Otto가 개발한 사이클이다. 이상적인 오토 사이클은 그림 10-3과 같이 구성된다.

(1) 사이클 구성

- 등엔트로피 압축과정(1 → 2): 피스톤이 하사점에서 상사점으로 이동
- 등적 연소과정(2 → 3): 열(Q_H)이 전달됨
- 등엔트로피 팽창과정(3 → 4): 피스톤이 상사점에서 하사점으로 이동
- 등적 배기과정(4 → 1): 열(Q_L)이 배출됨

(2) 효율 표시

(가) 비열이 일정하다면 주어진 온도를 이용하여 식 10-4와 같이 표시할 수 있다.

$$\frac{T_2}{T_1} = \left(\frac{V_1}{V_2}\right)^{k-1} = \left(\frac{V_4}{V_3}\right)^{k-1} = \frac{T_3}{T_4} \text{을 이용하여}$$

$$\eta_{th} = \frac{W}{Q_H} = 1 - \frac{mC_v(T_4-T_1)}{mC_v(T_3-T_2)} = 1 - \frac{T_2}{T_1} \qquad \text{(식 10-4)}$$

(나) 압축비를 이용하여 표시하면 식 10-5와 같다.

$$r_v = \text{압축비} = \frac{V_1}{V_2} = \frac{V_4}{V_3} = \left(\frac{T_1}{T_2}\right)^{\frac{1}{1-k}} \qquad \text{(식 10-5)}$$

따라서, $\eta_{th} = 1 - r_v^{1-k}$.

위 식에서 효율은 압축비에 비례하는 것을 알 수 있다. 즉 열효율을 높이기 위해 압축비를 증가시키면 된다. 그러나 압축비는 연료의 이상연소detonation, engine knock에 의해서 제한된다. 압축비가 너무 높으면 자동점화autoignition 현상이 일어난다.

평균유효압력은 다음과 같다.

$$\text{MEP} = \frac{C_v(T_3 - T_2) - C_v(T_4 - T_1)}{v_1 - v_2}$$

보통 승용차나 차량의 동력을 얻는 데 많이 사용하는 가솔린 엔진은 오토사이클을 기반으로 한다. 그림 10-4와 같이 2행정 엔진과 4행정 엔진으로 구별된다. 가솔린 엔진에는 공기와 연료를 혼합하여 공급하는 기화기와 각 실린더에 연소를 위한 점화를 시켜 주는 점화장치spark plug가 필요하다. 또한 피스톤의 왕복운동을 회전운동으로 바꾸어 주는 크랭크 축이 필요하다.

4행정 엔진은 독일의 오토가 1876년 실용 엔진으로 처음 제작하였고, 2행정 엔진은 1880년 영국의 클라크가 고안하였는데 1회전마다 폭발하는 엔진이다.

5. 디젤 사이클

디젤 사이클은 압축점화기관으로 불리는 사이클로 1897년, 루돌프 디젤

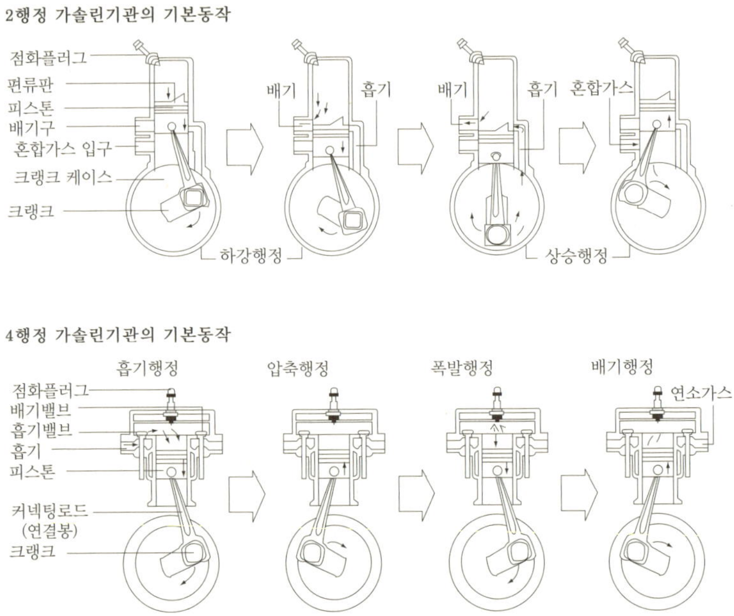

그림 10-4 2행정과 4행정 가솔린 엔진 작동도

Rudolf Diesel이 개발한 사이클이다. 이상적인 디젤 사이클은 다음과 같이 압축과정, 연소 및 가열 과정, 팽창과정, 배기과정의 4 사이클로 구성되고 그림 10-5와 같이 $P-V$ 및 $T-S$ 선도로 주어진다.

(1) 사이클 구성

- 등엔트로피 압축과정
- 등압 가열과정: 열(Q_H)이 전달됨.
- 등엔트로피 팽창과정: 일(W)이 생성됨.
- 등적 배기과정 : 열(Q_L)이 방출됨.

(2) 효율 표시

(가) 과정 4-1에서 배출되는 열(q_{41})과 과정 2-3에서 연소로 인하여 공급

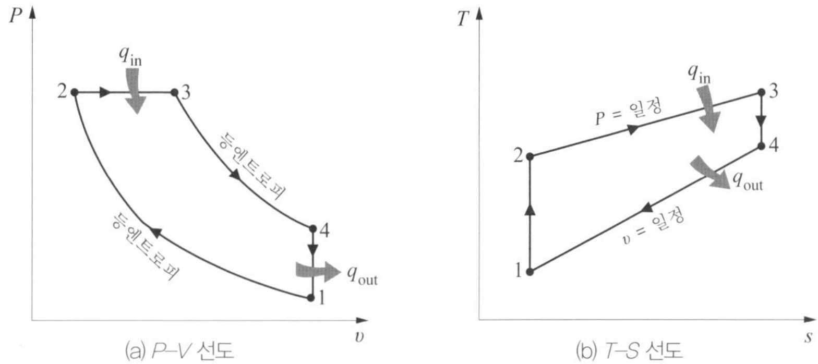

그림 10–5 디젤 사이클

되는 열(q_{23})은 다음과 같이 표현된다. 공급과 배출되는 열을 이용하여 효율을 계산할 수 있다. 이상적인 디젤 사이클의 효율은 식 10–6과 같이 각 과정의 시작과 종점에 상응하는 절대 온도를 이용하여 표현할 수 있다.

$$q_{out} = q_{41} = w_{41} + u_4 - u_1 = C_\upsilon(T_4 - T_1)$$

$$q_{in} = q_{23} = w_{23} + u_3 - u_2 = P(\upsilon_3 - \upsilon_2) + u_3 - u_2 = h_3 - h_2 = C_p(T_3 - T_2)$$

$$\eta_{th} = \frac{W}{Q_H} = 1 - \frac{q_{out}}{q_{in}} = 1 - \frac{mC_\upsilon(T_4 - T_1)}{mC_p(T_3 - T_2)} = 1 - \frac{T_4 - T_1}{k(T_3 - T_2)} \qquad \text{(식 10–6)}$$

(나) 연료 차단cutoff비(r_f)와 압축비(r_υ)를 이용하여 열효율을 표시하면 식 10–7과 같다.

연료 차단비에 의한 효율은 다음과 같은 과정으로 정리된다. 먼저 연료 차단비 및 압축비는 다음과 같이 정의되고,

$$r_f = \frac{V_3}{V_2} = \frac{T_3}{T_2} \qquad \text{(정압과정)}$$

$$r_\upsilon = \frac{V_1}{V_2}$$

비열이 일정할 때, 온도비는

$$\frac{T_2}{T_1}=\left(\frac{V_1}{V_2}\right)^{k-1}=r_v^{k-1} \rightarrow \frac{P_2}{P_1}=\left(\frac{V_1}{V_2}\right)^{k}$$

$$\frac{T_3}{T_4}=\left(\frac{V_4}{V_3}\right)^{k-1}=\left(\frac{V_4}{V_2}\cdot\frac{V_2}{V_3}\right)^{k-1}=\left(\frac{r_v}{r_f}\right)^{k-1}$$

$$\frac{T_4}{T_1}=\frac{T_4}{T_3}\frac{T_3}{T_2}\frac{T_2}{T_1}=\left(\frac{r_f}{r_v}\right)^{k-1}\cdot r_f\cdot r_v^{k-1}=r_f^{k}$$

와 같이 된다. 따라서 효율은 다음과 같이 된다.

$$\eta_{th}=1-\frac{1}{k}\frac{T_1}{T_2}\left[\frac{T_4/T_1-1}{T_3/T_2-1}\right] \qquad \text{(식 10-7)}$$

$$=1-\frac{1}{r_v^{k-1}}\left[\frac{r_f^{k}-1}{k(r_f-1)}\right]$$

$$=1-r_v^{1-k}\left[\frac{r_f^{k}-1}{k(r_f-1)}\right]$$

오토 사이클과 디젤 사이클은 전기점화와 압축점화식 열기관을 이상화한 사이클로 동일한 압축비와 피스톤 변위에서 오토 사이클의 효율이 더 높다는 것을 온도-엔트로피(T-S) 선도에서 확실하게 알 수 있다. 그러나 압축비는 디젤 기관이 전기점화식 기관보다 높게 할 수 있는데, 이는 전기점화식 기관의 경우 압축비가 높으면 공기와 연료가 혼합된 연료의 이상 폭발 현상이 발생되어 압축비가 제한되지만, 디젤 기관의 경우 공기만 압축을 하므로 이상 폭발로 인한 압축비 제한이 없기 때문이다. 또 디젤 사이클의 경우 등엔트로피 압축비가 등엔트로피 팽창비보다 크며 이것 역시 온도-엔트로피

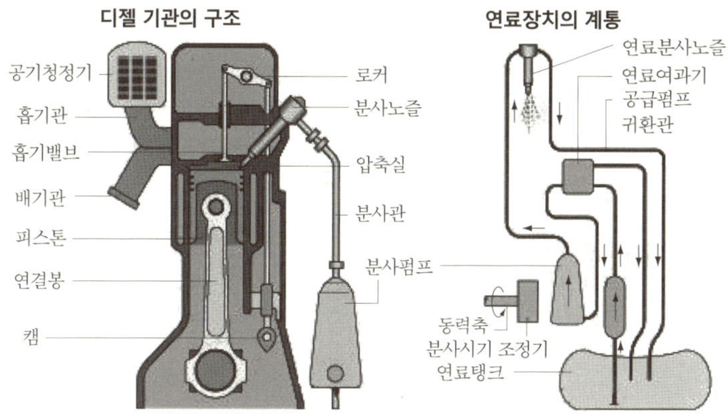

그림 10-6 디젤 엔진을 구성하는 피스톤-실린더의 연료분사 장치

(T-S) 선도로부터 분명하게 알 수 있다.

(3) 디젤 사이클과 오토 사이클의 차이점을 정리하면 다음과 같다.

- 열효율 면에서 보면,
  ① 같은 압축비와 피스톤 변위에서 오토 사이클의 효율이 더 높다.
  ② 압축비는 디젤 사이클이 높게 할 수 있다. 보통 압축비는 12~23 정도다.
- 디젤 사이클은 압축비(1~2 과정)가 팽창비(3~4 과정)보다 크다.
- q_H 또는 q_{in}이 일정한 압력 하에 전달된다.

디젤 사이클을 이용하여 필요한 동력을 얻는 엔진이 디젤 엔진이다. 실린더 안에 공기를 먼저 흡입하여 압축과정을 거쳐 고온 고압으로 만든 다음 그림 10-6과 같은 연료 분사기를 통해 경유나 중유를 분사시켜 자연 발화로 연소시킴으로써 열을 공급하여 필요한 동력을 얻는 엔진이다. 디젤 엔진은 가솔린 대신에 경유나 중유를 사용하기 때문에 연료비가 적게 든다. 그러나 소음이나 진동이 상대적으로 크다는 단점이 있다. 최초의 상용화된 디젤 엔진은 1922년 독일에서 만들어졌다. 그림 10-6은 디젤 엔진의 연료분사 노즐과 분사펌프 장치를 보여 주고 있다.

예제 10-1

찬공기 표준 디젤 사이클에서 압축비가 18, 사이클당 작동물질로의 열전달량이 1,800 kJ/kg이다. 압력 0.1 MPa, 온도 15℃에서 초기압축과정이 시작될 때, (1) 각 사이클에서의 온도와 압력, (2) 열효율, (3) 평균유효압력(MEP)을 구하시오.

풀이

과정 1-2에서, $s_2 = s_1$, 정압과정 2-3으로부터: $q_H = C_p(T_3 - T_2)$

과정 3-4에서, $s_4 = s_3$ and $\dfrac{T_3}{T_4} = \left(\dfrac{V_4}{V_3}\right)^{k-1}$ and .

$\upsilon_1 = (0.287)(288.2)/100 = 0.827\ \text{m}^3/\text{kg} = \upsilon_4$

$\upsilon_2 = 0.04595\ \text{m}^3/\text{kg}$

온도 300 K 비열이 일정하다면,

(1) $T_2/T_1 = 18^{0.4} = 3.1777,\ \therefore T_2 = 915.8\text{K} \leftarrow T_1 = 15℃$

$P_2/P_1 = 18^{1.4} = 57.2,\ \therefore P_2 = 5.72\ \text{MPa} \leftarrow P_1 = 0.1\ \text{MPa}$

$$T_3 - T_2 = \frac{q_{23}}{C_p} = \frac{1800\ \text{kJ/kg}}{1.005\ \text{kJ/kgK}} = 1791\text{K},\quad \therefore T_3 = 2707\text{K}$$

$$\frac{V_3}{V_2} = \frac{T_3}{T_2} = 2.956,\quad \therefore \upsilon_3 = 0.13582\ \text{m}^3/\text{kg}$$

$$\frac{T_3}{T_4} = \left(\frac{\upsilon_4}{\upsilon_3}\right)^{k-1} = 2.0598,\quad \therefore T_4 = 1{,}314\text{K}$$

$$q_L = q_{41} = C_\upsilon(T_1 - T_4) = 0.718(288.2 - 1314) = -736.5\ \text{kJ/kg}$$

(2) $W_{net} = 1800 - 736.5 = 1063.5\ \text{kJ/kg},\quad \eta_{th} = \dfrac{W_{net}}{q_H} = \dfrac{1063.5}{1800} = 59.1\%$

(3) $\text{MEP} = \dfrac{W_{net}}{V_1 - V_2} = \dfrac{1063.5}{0.827 - 0.04595} = 1{,}361.6\ \text{kPa}$

6. 스털링과 에릭슨 사이클

1) 스털링 사이클

스털링 사이클은 1827년 스코틀랜드의 스털링Robert Stirling이 개발한 사이클로 두 개의 가역 등온과정과 두 개의 가역 정적과정으로 그림 10-7과 같이 한 개의 사이클을 구성한다. 두 개의 등온과정 동안 열(Q_H)이 공급되고 방출(Q_L)되며, 재생기regenerator(thin wire나 세라믹 망)에 여분의 열을 2~3과정에 저장하여 4~1과정에 다시 공급한다.

스털링 사이클에서 열효율은 이상적으로는 전체적으로 가역적이며 식 10-8과 같이 정리된다.

$$\eta_{th} = \frac{W_{net}}{q_H} = \frac{T_1 - T_3}{T_1} = 1 - \frac{T_3}{T_1} = 1 - \frac{T_L}{T_H} \qquad \text{(식 10-8)}$$

$W_{net} = W_{12} + W_{34} = RT_1\, ln\,\frac{v_2}{v_1} + RT_3\, ln\,\frac{v_4}{v_3}$에서 $\frac{v_2}{v_1} = \frac{v_4}{v_3}$이기 때문에

$W_{net} - R(T_1 - T_3)\, ln\frac{v_2}{v_1}$로 표현된다.

식 8-13인 $s_2 - s_1 = \int_1^2 C_{v_o}\frac{dT}{\mathrm{T}} + R\, ln\left(\frac{v_2}{v_1}\right)$을 활용한다. 등온과정이므로 $\Delta u = 0$이다.

따라서 $q_H = q_{in} = T_1(s_2 - s_1) = RT_1\, ln\frac{v_2}{v_1}$이다. 즉 $q_{in} = q_{12} = W_{12}$

2) 에릭슨 사이클

에릭슨 사이클은 1826년 미국인 에릭슨John Ericsson이 개발한 것으로, 두 개의 가역 정압과정과 두 개의 가역 등온과정으로 그림 10-7과 같이 한 개의 사이클을 구성한다. 효율은 카르노 사이클과 동일하나 실제로는 등온 압축 과정이 실현되기 곤란한 이상적인 사이클이다.

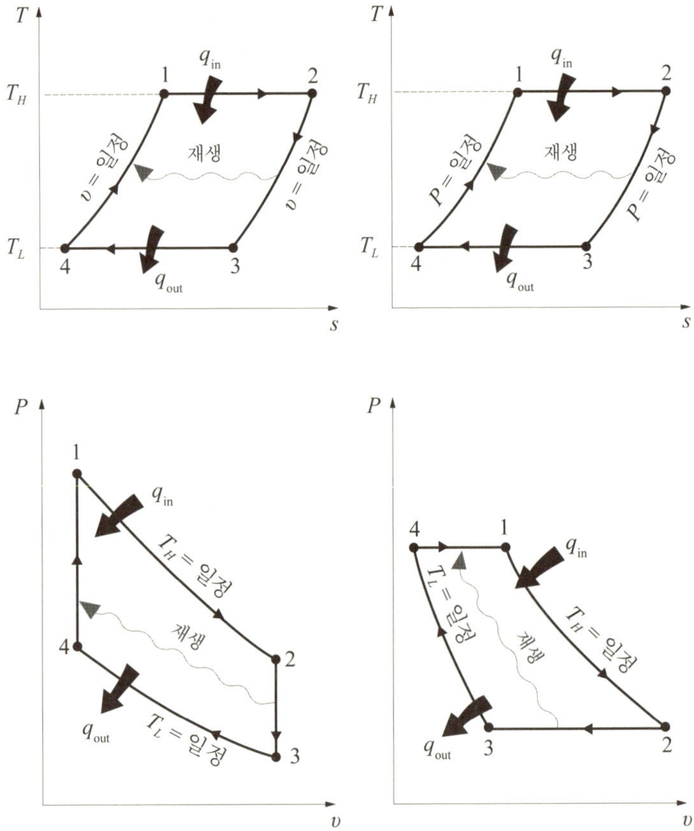

(a) 스털링 사이클

(b) 에릭슨 사이클

그림 10-7 스털링과 에릭슨 사이클

7. 이상적인 브레이턴 사이클

이상적인 브레이턴 사이클은 1872년, 미국의 브레이턴George Brayton에 의해 개발된 것으로, 그림 10-8과 같이 기체터빈 엔진의 이상적인 사이클이다. 공기가 압축기에서 고온과 고압으로 압축되고 열교환기(연소실)에서 연

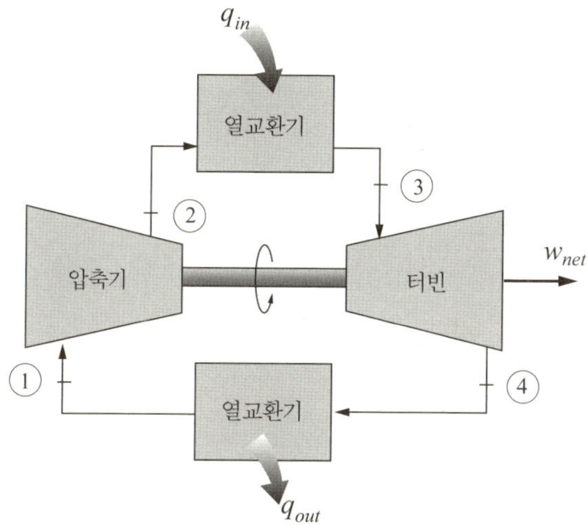

그림 10-8 기체터빈 엔진 구성도

료와 같이 연소된 후(열공급 q_{in}) 터빈으로 유입되어 대기압까지 팽창하며 일을 생산하고 배기기체로 배출(열방출 q_{out})된다.

이상적인 브레이턴 사이클에서 작동물질은 공기와 연료 기체로 기체상을 유지하며, 그림 10-9와 같이 두 개의 가역 정압과정과 두 개의 가역 단열과정으로 구성된다. 브레이턴 사이클에서 일은 그림 10-8과 같이 터빈 일과 압축기 일로 구분되며, 특히 압축기에 의한 일을 역일back work이라고 하며, 터빈 일과의 비를 역일비back work ratio로 나타낸다. 이를 수식으로 표시하면 다음과 같다.

$$W_{net} = W_{turbine} - W_{compressor}, \quad \text{역일비} = \frac{W_{compressor}}{W_{turbine}}$$

이상적인 브레이턴 사이클의 열효율은 다음과 같이 표시할 수 있다.

(1) 주어진 온도를 이용하여 열효율은 식 10-9와 같이 표시된다.

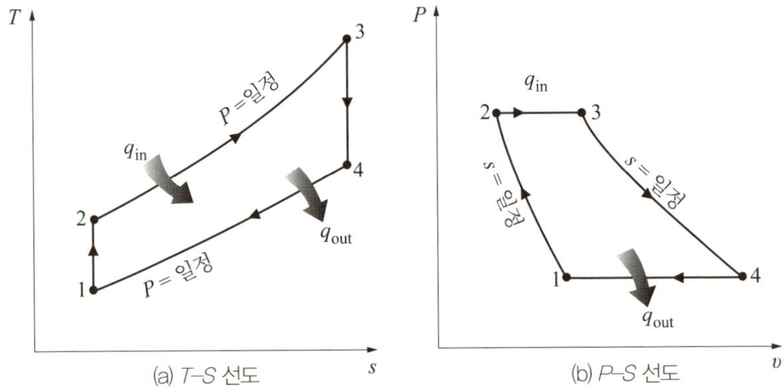

그림 10–9 이상적인 브레이턴 사이클

$$\eta_{th} = \frac{w_{out}}{q_{in}} = 1 - \frac{q_{out}}{q_{in}} = 1 - \frac{C_p(T_4 - T_1)}{C_p(T_3 - T_2)} = 1 - \frac{T_1(T_4/T_1 - 1)}{T_2(T_3/T_2 - 1)} \qquad \text{(식 10–9)}$$

여기서, 2 → 3과 4 → 1 과정은 등압과정이므로, 각 점state에서 $Pv = RT$를 적용하면, 온도와 체적의 관계는 다음과 같이 정리된다.

$$\frac{T_4}{T_1} = \frac{V_4}{V_1}, \qquad \frac{T_3}{T_2} = \frac{V_3}{V_2}.$$

다시 1 → 2와 3 → 4 과정은 등엔트로피 과정이므로, Pv^k=일정과 $Pv=RT$ 관계를 적용하면 위 식은 다음과 같이 된다.

$$\frac{T_2}{T_1} = \left(\frac{V_1}{V_2}\right)^{k-1}, \frac{T_4}{T_3} = \left(\frac{V_3}{V_4}\right)^{k-1} \ : \ TP^{\frac{1-k}{k}} = \text{constant} \ \rightarrow \ \frac{T_2}{T_1} = \left(\frac{P_2}{P_1}\right)^{\frac{k-1}{k}}$$

$$\frac{T_4}{T_1} = \frac{T_2}{T_1} \cdot \frac{T_3}{T_2} \cdot \frac{T_4}{T_3} = \left(\frac{V_1}{V_2}\right)^{k-1} \cdot \frac{V_3}{V_2} \cdot \left(\frac{V_3}{V_4}\right)^{k-1}$$

$$=\left(\frac{V_3}{V_2}\right)^k \cdot \left(\frac{V_1}{V_4}\right)^{k-1} = \left(\frac{V_3}{V_2}\right)^k \cdot \left(\frac{T_1}{T_4}\right)^{k-1} = \left(\frac{V_3}{V_2}\right)^k \cdot \left(\frac{T_4}{T_1}\right)^{1-k}$$

$$\left(\frac{T_4}{T_1}\right)^k = \left(\frac{V_3}{V_2}\right)^k = \left(\frac{T_3}{T_2}\right)^k \quad \therefore \quad \frac{T_4}{T_1} = \frac{T_3}{T_2}$$

따라서 효율은 최종적으로 $\eta_{th} = 1-\frac{T_1}{T_2}$과 같이 표시된다.

(2) 등엔트로피 압력비를 사용하여 열효율을 표시하면 식 10-10과 같다. 이때 비열은 일정하다고 가정한다.

$$r_p = \frac{P_3}{P_4} = \frac{P_2}{P_1}$$

따라서 효율은 다음과 같이 정리된다.

$\eta_{th} = 1-\frac{T_1}{T_2} = 1-\frac{1}{T_2/T_1} = 1-\frac{1}{(P_1/P_2)^{\frac{1-k}{k}}}$ 에서 r_p를 사용하여 정리하면

$$\eta_{th} = 1-\left(\frac{P_1}{P_2}\right)^{\frac{k-1}{k}} = 1-\left(\frac{1}{r_p}\right)^{\frac{k-1}{k}} = 1-r_p^{\frac{1-k}{k}} \qquad \text{(식 10-10)}$$

8. 이상적인 랭킨 사이클

이상적인 랭킨 사이클은 1854년 영국의 랭킨William Rankine이 개발한 것으로 작동물질로 액체상과 기체상인 증기(증기, 암모니아, 냉매 R-134a 등)를 사용하는 전형적인 증기발전소steam powerplant의 이상적인 사이클이다.

랭킨 사이클은 그림 10-10과 같이 두 개의 가역 단열과정과 두 개의 정압 과정으로 다음과 같이 구성되어 있다.

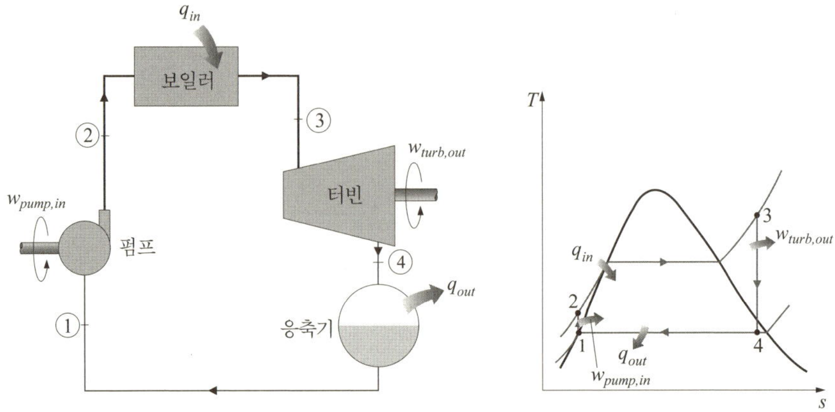

그림 10-10 이상적인 랭킨 사이클

(1) 사이클 구성

- 가역 단열 압축과정(1 → 2) : 펌프에 의한 압축
- 정압 열이동과정(2 → 3) : 보일러에 열(Q_H) 공급
- 가역 단열 팽창과정(3 → 4) : 터빈 내에서 팽창
- 정압 열방출과정(4 → 1) : 응축기에서 열(Q_L) 제거

(2) 열효율과 압력, 온도와의 관계

(가) 터빈의 배기온도가 감소하거나 응축기의 압력이 감소되면 터빈의 배기압력이 감소한다. 이에 따라 열효율은 증가되지만 건도가 감소됨으로 인해 수분량이 증가되고, 이때 발생되는 물방울에 의해 터빈날개가 쉽게 손상된다. 따라서 건도가 90% 이상이 되도록($x \geq 90\%$) 하는 것이 바람직하다.

(나) 보일러에서 과열증기의 온도가 상승하면, 열효율 및 건도가 증가한다.

(다) 보일러에서 증기 압력이 증가하면(최대온도가 일정하도록 유지하면서), 역시 열효율은 증가하고 건도는 감소한다.

따라서 일의 증가분은 거의 같으나 방출열량이 줄어들어 열효율이 증가된다. 하지만 건도가 감소하여 터빈의 배기 수분량이 증가하기 때문에 재가열 장치를 사용하여 수분량을 감소시키는 것이 필요하다.

9. 재열 랭킨 사이클

재열 랭킨 사이클Rankine cycle modified with reheat은 터빈의 배기 수분량을 낮추기 위해 재열장치를 사용한 것으로 수증기가 터빈에서 중간 압력까지 팽창된 후 보일러에서 재열reheat된다. 즉 보일러에서 나오는 증기의 높은 압력으로 열효율을 증가시키고 터빈의 저압축에서 과도한 습도를 피하게 한다. 즉 건도quality x를 증가시킨다.

10. 실제 증기 사이클

실제 증기 사이클actual vapor cycle은 이상 사이클과 비교할 때 작동물질의 마찰과 열손실에 의해 열효율의 차이가 발생한다. 작동물질의 마찰은 보일러, 응축기, 배관시스템에서 발생되는 압력 손실의 형태로 나타나며, 열손실은 펌프와 터빈에서 발생되는 배관시스템 열손실, 터빈 열손실, 펌프 열손실, 응축기 열손실에 의한 과정의 비가역성에 의해 발생한다.

예제 10-2

증기 원동기 이상 Rankine 사이클로 작동된다. 증기는 온도 350℃, 압력 3 MPa의 상태로 공급되며, 응축기에서 압력 10 kP까지 응축될 때, (a) 증기 원동기의 열효율, (b) 증기 온도가 350℃ 대신 600℃까지 과열되었을 때 열효율, (c) 터빈 입구 온도가 600℃로 유지되면서 보일러 압력이 15 MPa까지 상승될 때 열효율을 각각 구하시오.

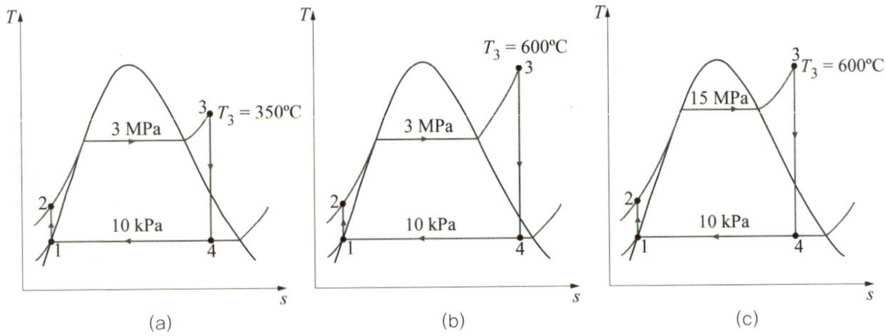

풀이

(a) 상태 1: P_1 = 10 kPa, saturated liquid → $h_1 = h_{f@10\,kPa}$ = 191.81 kJ/kg.

$v_1 = v_{f@10\,kPa}$ = 0.00101 m^3/kg

상태 2: P_2 = 3 MPa, $s_2 = s_1$ → $W_{pump} = v_1(P_2 - P_1)$ = 3.02 kJ/kg

$h_2 = h_1 + W_{pump}$ = 194.83 kJ/kg

상태 3: P_3 = 3 MPa, T_3 = 350℃ → h_3 = 31176.1 kJ/kg, s_3=6.7450 kJ · kgK.

상태 4: P_4 =10 kPa, $s_4 = s_3$: saturated region → $x_4 = \dfrac{s_4 - s_f}{s_{fg}}$ = 0.8128

따라서 $h_4 = h_f + x_4 h_{fg}$ = 191.81 + 0.8128(2392.1) = 2136. kJ/kg

$q_{in} = h_3 - h_2$ = 3116.1 − 194.83 = 2921.3 kJ/kg

$q_{out} = h_4 - h_1$ = 2136.1 − 191.81 = 1944.3 kJ/kg

열효율을 구하면, $\eta_{th} = 1 - \dfrac{q_{out}}{q_{in}} = 1 - \dfrac{1944.3}{2921.3}$ = 0.334 or 33.4%

(b) 상태 1과 2는 (a)와 같으므로,

상태 3: P_3 =3 MPa, T_3 = 600℃ → h_3 = 3,682.8 kJ/kg

상태 4: P_4 = 10 kPa, $s_4 = s_3$: saturated region → $x_4 = \frac{s_4 - s_f}{s_{fg}} = 0.915$

따라서 $q_{in} = h_3 - h_2 = 3682.8 - 194.83 = 3488.0$ kJ/kg

$q_{out} = h_4 - h_1 = 2380.3 - 191.81 = 2188.5$ kJ/kg

열효율을 구하면, $\eta_{th} = 1 - \frac{q_{out}}{q_{in}} = 1 - \frac{2188.5}{3488.0} = 0.373$ or 373.%

(c) 상태 1은 동일. 상태 2(15 MPa, $s_2 = s_1$). 상태 3(15 MPa, 600℃)과 상태 4(10 kPa, $s_4 = s_3$)에서

h_2 = 206.96 kJ/kg, h_3 = 3583.1 kJ/kg, h_4 = 2115.3 kJ/kg, x_4 = 0.804를 얻는다.

열효율을 구하면, $\eta_{th} = 1 - \frac{q_{out}}{q_{in}} = 1 - \frac{1923.5}{3376.2} = 0.430$ or 43.0%

11. 바이오시스템에 응용

바이오시스템에서 사용되는 동력 사이클의 예를 들면, 그림 10-11에 나타낸 트랙터나 콤바인, 경운기의 동력을 발생시키는 엔진을 들 수 있다. 이앙기, 관리기 등에 부착된 소형 엔진도 동력 사이클인 열기관의 예다. 이들은 작동물질로서 경유와 가솔린을 사용한다.

(a) 트랙터 (b) 콤바인 (c) 경운기

그림 10-11 동력 사이클을 사용하는 농업용 기계

▶▶▶ 연습문제

1. 다음을 설명하시오.

   (1) 이상적인 공기표준 사이클의 조건

   (2) 이상적인 스털링과 에릭슨 사이클의 열효율이 이상 카르노 사이클과 같은 이유

   (3) 이상 브레이턴 사이클에서 열효율을 높이는 과정

   (4) 이상 랭킨 사이클에서 작용 압력과 온도 변화에 따른 열효율과 건도Quality의 변화

   (5) Ideal vapor-compression refrigeration cycle의 네 가지 주요 구성요소와 단계별 냉매의 압력과 온도 변화

2. 랭킨 사이클의 열효율을 증가시킬 수 있는 방법이 아닌 것은?

   (1) 터빈의 배기exhaust압력을 낮게 한다.

   (2) 과열증기를 터빈에 공급한다.

   (3) 포화액체온도 이하로 응결기에서 응축시킨다.

   (4) 보일러 증기 압력을 높인다.

3. 다음 진술 중 옳은 것은 T, 틀린 것은 F로 표시하시오.

   (1) 오토 사이클의 효율은 압축비에 비례한다. (　　　)

   (2) 디젤 사이클에서 등엔트로피 압축비가 등엔트로피 팽창비보다 작다. (　　　)

(3) 압축비와 행적체적이 같을 때, 오토 사이클의 효율이 디젤 사이클보다 낮다. (　　　)

(4) 증기압축 냉동 사이클에서 팽창밸브 과정 동안 엔탈피의 변화는 없다. (　　　)

(5) 브레이턴 사이클은 가스 터빈 엔진을 말하며 외연기관external combustion engine의 일종이다. (　　　)

4. 공기표준air-standard 오토 사이클에서 처음 압축을 시작할 때의 압력과 온도가 101 kPa와 300K였다. 압축비는 8이고, 2,000 kJ/kg의 열이 사이클에 공급되었다. 다음을 구하시오.

(1) 사이클의 열효율

(2) 최고 사이클 온도

(3) 최대 사이클 압력

(4) 평균유효압력(MEP)

5. 이상적 공기표준 디젤 사이클은 등엔트로피 압축(과정 1~2), 등압연소, 등엔트로피 팽창(과정 3~4), 등적배기과정으로 이루어져 있다. 압축과정의 초기 상태가 P_1=100 kPa, T_1=300K이고 압축비는 18이다. (각 3점)

(1) $P-V$ 선도와 $T-S$ 선도를 그리고 과정의 번호를 표시하시오.

(2) T_2, v_1, v_2, v_3를 구하시오.

(3) Q_L과 Q_H를 구하기 위한 식을 비열과 온도로 표시하시오(계산 불필요).

(4) 열효율을 Q_L과 Q_H로 표시하고 다시 위(3)의 식들을 이용하여 비열과 온도로 표현하시오.

(5) 열효율이 60% 되도록 하기 위한 최대 사이클 온도는 얼마인가?

6. A turbine operating at steady state receives air at a pressure of 3 bar and a temperature of 390K. Air exits the turbine at a pressure of 1 bar. The work developed is measured as 74 kJ per kg of air flowing through the turbine. The turbine operates adiabatically. Neglect the changes of KE and PE. Use the ideal gas model for air. Determine the isentropic turbine efficiency.

7. An ideal Otto cycle operates at T_{max} = 1200K, T_{min}=300K, P_{max}=2 MPa, P_{min} = 100 kPa, T_H = 1,300K, T_L = T_O = 280K. Calculate the followings.

(1) Heat transfers during the cycle

(2) Work done during the cycle

(3) Thermal efficiency

(4) Mean effective pressure

(5) Irreversibility of the cycle

8. 이상적인 디젤 사이클은 두 개의 등엔트로피과정(1-2, 3-4)와 정압과정(2-3), 정적과정(4-1)을 갖는다. 열효율을 다음을 이용하여 표현하시오.

(1) 절대온도

(2) 압축비 (r)과 연료차단비(r_c)

또한, 평균유효압력MEP을 구하는 식을 표현하시오.

9. An ideal, cold air-standard Otto cycle has compression ratio of 8 and get heat transfer of 2,800 kJ/kg fromm a high temperature reservoir (5,000K). At the beginning of compression process (state 1), the pressure is 100 kPa

and the temperature is 290K. Assume C_p=1.005 kJ/kgK. Determine the followings.

(1) pressure and temperature at each states

(2) thermal efficiency

(3) mean effective pressure

(4) irreversibility of each process at T_o = 25℃.

10. A Rankine cycle has a heat source at 1,400K in the boiler. Heated steam enters the turbine at 400℃ and 3.5 MPa. The condenser pressure is 15 kPa. Assume the efficiencies of pump and turbine are unity and no pressure losses in the boiler or condenser. The water leaving the condenser is in saturated liquid phase. Determine

(1) power of turbine per kg

(2) power input of pump per kg

(3) heat transfer in the boiler

(4) thermal efficiency during cycle

11. 온도가 각각 500℃, 40℃인 두 개의 열저장소 사이에서 작동하는 카르노 열기관이 있다. 같은 두 열저장소를 이용하여 어떤 열기관을 고온체로부터 325 kJ의 열을 받아 200 kJ의 일을 생산하고 나머지는 저온체로 전달하도록 설계하고자 한다.

(1) 카르노 열기관의 효율은 얼마인가?

(2) 설계된 열기관이 실제 작동 가능한지 설명하시오.

12. 공기표준 오토 사이클에서 압축행정을 시작할 때, 압력은 100 kPa, 온도는 15℃이다. 압축이 끝났을 때 압력은 800 kPa이다. 사이클 내의 최대 온도는 1,400℃이다.

(1) $P-V$ 및 $T-S$ 선도를 그리시오.

(2) 각 과정의 끝에서의 압력과 온도를 구하시오.

(3) 사이클의 열효율을 구하시오.

(4) 압축비를 구하시오.

(5) 사이클에 전달된 열(Q_H)은 단위 질량당(/kg) 얼마인가?

(6) 사이클로부터 빠져나간 열(Q_L)은 단위 질량당(/kg) 얼마인가?

(7) 사이클에서 생산된 일은 단위질량당 얼마인가?

(8) 사이클의 평균유효압력MEP은 얼마인가?

13. 서울대학교 파워 플랜트에서는 현재 사용하고 있는 랭킨 사이클 시스템에 재열 단계를 추가하려고 한다. 현재 시스템은 터빈 입구 압력 8.0 MPa, 온도 520℃이고 응축기 압력은 0.07 MPa이다. 재열 단계에서 압력은 6.0 MPa이고 재열된 온도는 500℃로 하고 싶다고 한다. Cycle 내에서 작동물질은 시간당 50,000 kg/h로 순환된다고 한다.

(1) 원래 사이클에서 터빈을 떠나는 작동물질의 건도는 얼마인가?

(2) 원래 사이클에서 생산되는 일은 몇 kW인가?

(3) 재열 단계를 추가한 후의 일 생산량은 몇 kW인가?

(4) 원래 사이클에서의 사이클 열효율과 재열 단계를 추가한 후의 사이클 열효율을 각각 구하시오.

14. 두 개의 열기관이 온도가 600K와 1,000K인 열저장소 두 개로부터 각각

1,000 kJ의 열을 받아 300 kJ의 일을 생산하고 온도가 300K인 저온부로 열을 방출한다.

(1) 두 열기관의 성능을 비교하시오.

(2) 두 열기관의 가역일을 각각 구하시오.

(3) 두 열기관의 비가역성irreversibility을 각각 구하시오.

15. An ideal gas cycle consists of the following 3 processes: (i) isothermal compression at a temperature T_1; (ii) heat supplied at constant pressure to increase the temperature from T_2 to T_3; (iii) reversible adiabatic expansion until the temperature returns to T_1.

(a) Draw the cycles on $P-V$ and $T-S$ coordinates.

(b) Prove that the thermodynamic efficiency is $\eta=1-\frac{T_1 ln(T_3/T_1)}{T_3-T_1}$.

11 바이오시스템 냉장 및 난방 사이클

열역학 제2법칙에서 열은 스스로 저온영역에서 고온영역으로 이동할 수 없음을 알았다. 만일 열을 저온체에서 고온체로 이동시키기 위해서는 열기관과 반대로 외부에서 일을 공급받는 사이클이 필요하다. 저온물체에서 고온물체로 열을 강제로 이동시키는 것을 열펌프heat pump라고 하며 열펌프에는 저온체로부터 열이동(Q_L)에 관심이 있는 냉장 시스템과 고온체로의 열이동(Q_H)이 목적인 난방 시스템이 있다. 특히 냉장 사이클에서는 작동물질의 잠열을 이용하기 때문에 사이클 동안 작동물질은 기체와 액체 상태로 번갈아 가면서 상태를 바꾸어 존재하게 된다.

바이오시스템 분야에는 농산물, 음료, 식품, 와인 등을 저장하는 냉장고와 지열을 이용하여 유리온실이나 식물공장의 냉·난방장치에 응용되고 있다.

1. 역 카르노 사이클

냉장 사이클 중 가장 이상적인 사이클은 그림 11-1과 같은 역 카르노 사

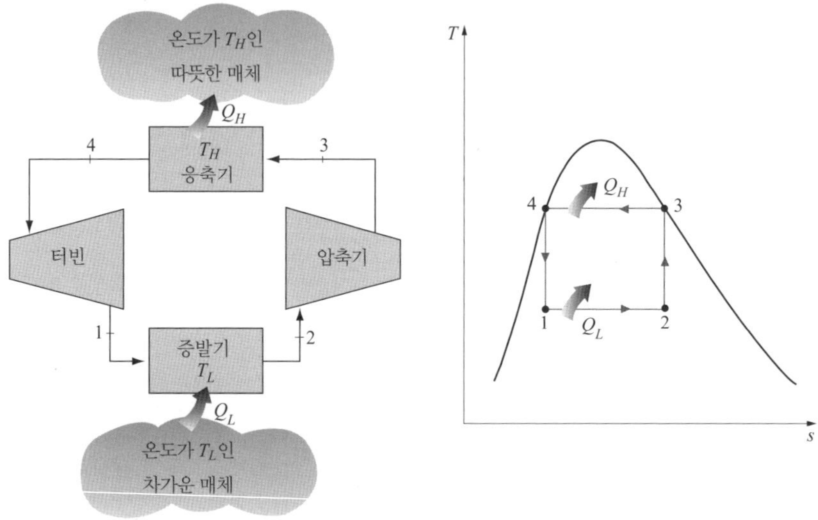

그림 11-1 역 카르노 냉장 시스템의 구성도와 *T-S* 선도

이클reversed Carnot cycle로 두 개의 가역 등온 과정과 두 개의 가역 등엔트로피 과정으로 구성되어 있다. 역 카르노 사이클에서의 성능계수는 두 개의 특정 온도차에 의해 결정되는데, 이를 정리하면 다음과 같다.

카르노 냉장 시스템의 성능계수는 식 11-1과 같다.

$$COP_{R,Carnot} = \frac{Q_L}{W_{net}} = \frac{Q_L}{Q_H - Q_L} = \frac{1}{\frac{T_H}{T_L} - 1} \tag{식 11-1}$$

카르노 난방 시스템의 성능계수는 식 11-2와 같다.

$$COP_{H,Carnot} = \frac{Q_H}{W_{net}} = \frac{Q_H}{Q_H - Q_L} = \frac{1}{1 - \frac{T_L}{T_H}} \tag{식 11-2}$$

위 두 식에서 두 개의 온도차가 작을수록 *COP*값이 증가하는 것을 알 수 있다.

역 카르노 사이클에서 과정 2-3 및 4-1은 실제적으로 구현시키기 어려우며, 증기와 액체상이 혼합된 상태로 압축과 팽창이 된다.

2. 이상적인 기체 냉장 사이클

이상기체 냉장 사이클ideal gas refrigeration cycle은 그림 11-2와 같이 두 개의 등압 과정과 두 개의 등엔트로피 과정을 갖는 역 브레이턴 사이클로 고압공기를 단열 팽창시켜 저온공기를 얻는 것으로, 항공기나 선박의 공조용으로 사용된다.

이상기체 냉장 사이클은 다음과 같은 사이클로 구성된다.

- 등엔트로피 압축과정(1 → 2) : 압축기에서 공기 압축.
- 등압 열전달 과정(2 → 3) : 고온체로 열방출(온도 T_0에서 등압상태로 냉각됨)
- 등엔트로피 팽창과정(3 → 4) : 터빈에서 공기팽창
- 등압 열전달 과정(4 → 1) : 저온체에서 열흡수(저온영역의 온도가 T_1가 될 때까지 열흡수).

여기서, T_3: 상온(주위온도, T_H=T_0), T_1=T_L: 저온(냉장 영역 온도).

이상기체 냉장 사이클의 성능계수는 식 11-3과 같이 표현된다.

$$COP_R = \frac{Q_L}{W_{net}} = \frac{Q_L}{W_{com} - W_{turb}} \qquad \text{(식 11-3)}$$

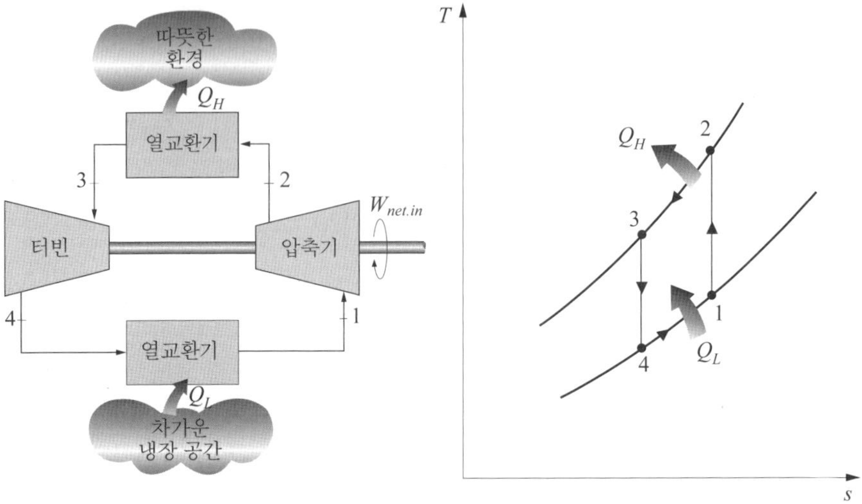

그림 11-2 기체 냉장 사이클

3. 이상적인 증기압축 냉장 사이클

이상적인 증기압축 냉장 사이클ideal vapor compression refrigeration cycle은 냉매(암모니아, 이산화황, 냉매 R-134a 등)를 압축하여 증발시켜 저온을 얻는 사이클로서 역 랭킨Rankine 사이클과 유사한 과정으로 그림 11-3과 같이 네 가지 장치로 구성된다. 외부에서 일을 가하여 냉매를 고온 고압으로 압축하는 압축기compressor, 고온 고압의 증기 상태의 냉매를 냉각시켜 열을 방출하는 응축기condenser, 고압 중온의 냉매를 저압 저온으로 팽창시키는 팽창 밸브expansion valve, 저온체로부터 열을 받아들여 액체상태의 냉매를 증기로 증발시키는 증발기evaporator의 네 가지로 구성된다. 이상적인 기체 냉장 사이클에서는 냉매를 팽창시키기 위해 터빈을 사용하지만 증기압축식 냉장 사이클에서는 팽창 밸브를 사용한다.

대체적으로 역 랭킨 사이클을 따르나, 팽창 밸브를 통과하는 과정에서 엔탈

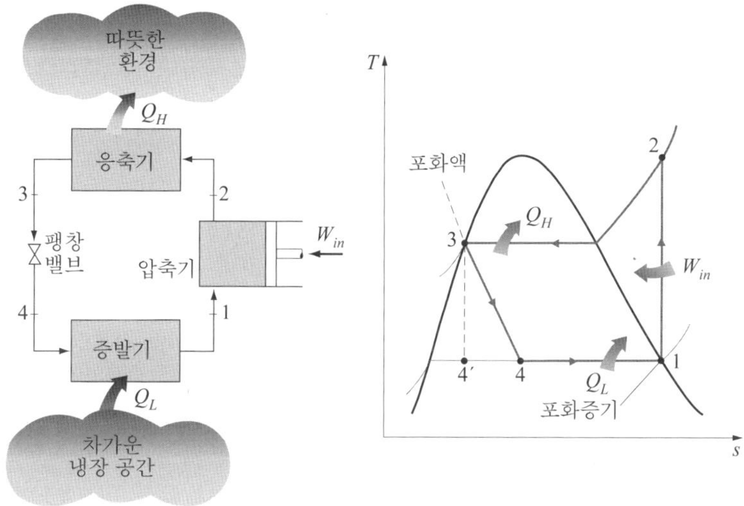

그림 11-3 이상적인 증기압축 냉장 사이클의 구성도와 *T-S* 선도

피가 일정한 교축현상이 발생한다. 증기압축식 냉장 사이클의 성능계수는 응축기에서의 온도 T_H가 낮아지거나, 증발 온도 T_L이 높아지면 증가한다.

그림 11-4와 같이 증기압축식 냉장 사이클은 저온체 내부 또는 실내에 증발기를 통해 찬 공기를 배출하고 응축기를 통해 외부로 더운 공기를 배출

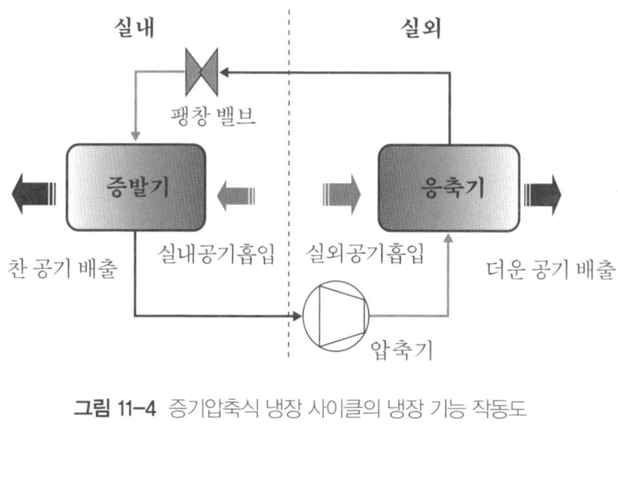

그림 11-4 증기압축식 냉장 사이클의 냉장 기능 작동도

한다. 즉 저온체로부터 열을 빼앗아 고온체인 외부로 열을 방출함으로써 하나의 냉장 사이클이 완성되고 이러한 사이클을 반복하여 수행함으로써 냉장 또는 냉동의 기능을 수행하게 된다,

예제 11-1

냉매 R-134a를 작동물질로 하는 냉장고가 압력 0.14와 0.8 MPa 사이에서 이상 증기압축 냉장 사이클을 따르며 작동하고 있다. 냉매의 질량유량이 0.05 kg/s일 때, (a) 냉장공간으로부터의 열제거량과 압축기의 입력 동력, (b) 외부로의 열방출량, (c) 냉장고의 성능계수를 각각 구하시오.

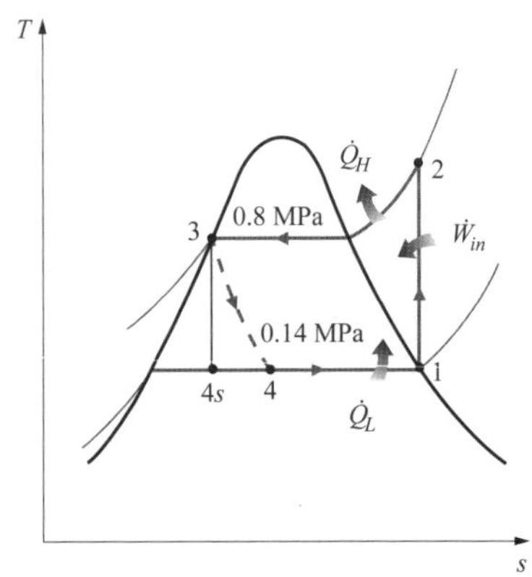

풀이

$h_1 = h_{g@0.14\,\text{MPa}} = 236.04$ kJ/kg,

$s_1 = s_{g@0.14\,\text{MPa}} = 0.9322$ kJ/kg

$s_2 = s_1$, $h_2 = 272.05$ kJ/kg

$P_2 = 0.8$ MPa에서

$h_4 \approx h_3$(throttling),

상태 3에서,

(1) $\dot{Q}_L = \dot{m}(h_1 - h_4) = 7.13$ kW

$\dot{W}_{in} = \dot{m}(h_2 - h_1) = 1.80$ kW

(2) $\dot{Q}_H = \dot{m}(h_2 - h_3) - 8.93$ kW

(3) $COP_R = \dfrac{\dot{Q}_L}{\dot{W}_{in}} = \dfrac{7.13}{1.80} = 3.96 \leftarrow \dot{Q}_H = \dot{Q}_L + W_{in}$

4. 실제 증기압축 냉장 사이클

실제 증기압축 냉장 사이클actual vapor-compression refrigeration cycle은 이상적인 증기압축 냉장 사이클과 비교할 때 배관 시스템 마찰, 주위와의 열전달로 인한 과정의 비가역성과 냉매가 압축기 입구에서 다소 과열되는 등의 이유로 성능의 차이를 나타낸다.

또 응축기에서 발생하는 압력손실로 인해 출구의 냉매는 완전 포화상태를 유지하지 못하고, 약간 과냉된 액체상태 즉 과냉액이 된다.

5. 열펌프를 이용한 난방 사이클

열펌프를 이용하는 난방 사이클의 기본적인 구성은 냉장 사이클과 같다. 저온의 기체를 압축하는 압축기, 고온부 열교환기인 응축기, 응축기에서 나온 냉매의 압력을 낮춰 주는 팽창밸브, 그리고 저온부 열교환기인 증발기로 이루어져 있다. 내부 저온체의 열을 고온체인 외부로 이동시키는 냉장 사이클과 반대로 외부의 저온 열원으로부터 증발기를 통해 열을 흡수하고 압축기 동력을 부가하여 필요한 고온의 열을 발생시키며 응축기를 통해 열을 내부로 이동하여 그 열을 난방에 이용하는 장치다.

외부의 열원은 공기열, 지하수열, 지열, 폐열 등을 이용한다. 농업용 시설 하우스에 지열을 이용한 열펌프 난방 시스템을 이용하기도 한다. 지열은 지층 내부에서 지구 중심부로부터 전달되는 열에너지를 말한다. 증발기로 지열을 흡수하여 응축기에서 방열하여 난방에 이용한다. 또는 지하 수 km 아래로부터 뜨거운 증기를 얻어 증기 터빈을 회전시켜 일을 생산함으로써 터빈에 연결된 발전기에서 전기를 생산하기도 한다. 이와 같이 열펌프를 이용한 지열, 폐열, 지하수열 등의 이용은 신재생에너지 활용이라는 면에서 앞으로 주목받는 분야가 되고 있다.

6. 바이오시스템에 응용

냉장 사이클을 바이오시스템 분야에 응용하는 예로는 농산물, 음료, 식품을 저장하는 가정용 냉장고와 같이 우리 주변에서 많이 볼 수 있다. 열펌프를 이용한 난방 사이클을 이용한 예로는 지열을 이용한 유리온실이나 식물공장의 난방장치를 들 수 있다.

수확된 과일이나 농수축산물을 저장하는 저온저장고, 바다에서 잡은 생선을 얼리는 냉동장치, 김치를 저장하는 김치냉장고, 포도주를 저장하는 와인냉장고, 화장품을 적정온도로 저온 저장하는 화장품냉장고, 도축된 쇠고기나 돼지고기를 신선한 상태로 운송하기 위한 냉장운송차량 등 수많은 장치들이 사용되고 있다. 그림 11-5는 농산물 저온저장고, 김치냉장고, 와인냉장고, 냉장운송차량 등을 보여 주고 있다.

(a) 농수축산물 저온저장고

(b) 김치냉장고

(c) 와인냉장고

(d) 냉장식품 운송차량

그림 11-5 바이오시스템 분야에 이용되는 냉장 시스템

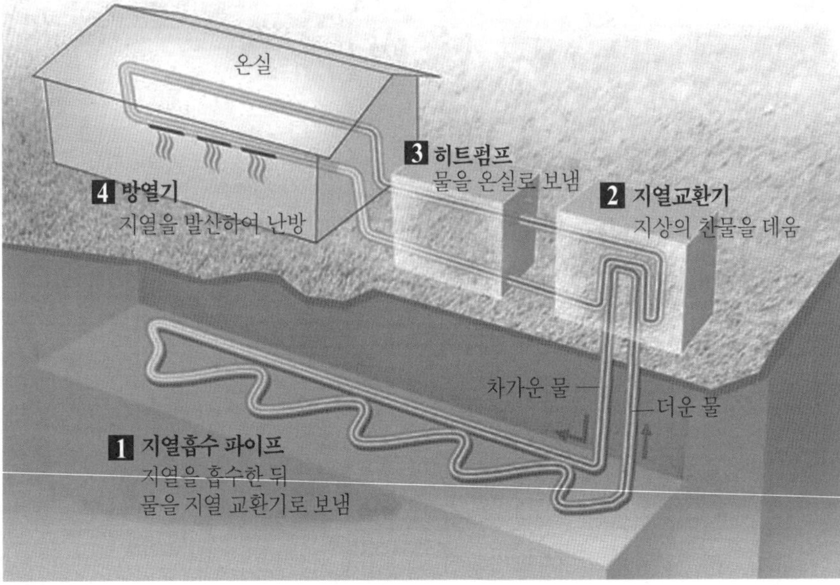

그림 11-6 지열을 이용한 유리온실의 난방 시스템

그림 11-6은 지열을 이용한 농업용 유리온실의 난방 시스템의 이용 예를 보여 주고 있다. 기존 전기나 석유연료를 이용한 난방기에 비해 약 70%이상의 에너지 절감 효과를 거둘 수 있다.

▶▶▶ 연습문제

1. 냉동기가 −10℃인 저온체로부터 4 kW의 열량을 빼앗아 50℃인 고온체로 6 kW의 열량을 배출한다. 이 냉동기가 열역학적인 관점으로 볼 때 작동될 수 있는지를 그 이유를 들어 판별하시오.

2. 이상적인 증기압축 냉장 사이클의 네 가지 주요 구성요소와 단계별 냉매의 압력과 온도 변화에 대해서 설명하시오.

3. Consider a 300 kJ/min refrigeration system that operates on an ideal vapor-compression refrigeration cycle with refrigerant R−134a as the working fluid. The refrigerant enters the compressor as saturated vapor at 140 kPa and is compressed to 800 kPa. Determine :
   (a) the quality of the refrigerant at the end of the throttling process,
   (b) the coefficient of performance, and
   (c) the power input to the compressor.

4. Construct a thermodynamic closed−cycle system to heat up a greenhouse in winter using hot ground water or latent heat of the earth.

5. A heat pump that operates on the ideal vapor-compression cycle with refrigerant-134a is used to heat water from 20 to 60℃ at a rate of 0.2 kg/s. The condenser and evaporator pressures are 1.6 and 0.36 MPa, respectively. Determine:

(a) the Q_H

(b) mass flow rate of R−134a

(c) the power input to the heat pump

(d) the cycle *COP*

6. An ideal vapor-compression refrigeration cycle with R-134a as the working fluid. The R-134a enters the irreversible and adiabatic compressor as saturated vapor at 140 kPa and is compressed to 800 kPa. The compressor has an isentropic efficiency of 85%. The refrigeration has heat removal rate of 5 kJ/s from the refrigerated space.

(1) the quality of the R−134a at the end of throttling process

(2) the *COP* of the refrigerator

(3) the power input to the compressor, $\dot{W}_{in}$.

(4) the irreversibility (exergy destruction) rate associated with the compression process when T_o=298K.

7. How does the ideal-gas refrigeration cycle differ from the Brayton cycle?

12 바이오시스템과 에너지

바이오시스템biosystems은 협의로는 식물체나 동물체 하나를 의미하며, 광의로는 생물체는 물론 동물이나 식물 또는 미생물 등을 사육 · 재배 · 배양하는 시설과 기계를 의미한다. 이 장에서는 협의의 바이오시스템과 광의의 바이오시스템에서 열과 에너지의 관계를 설명한다.

지구상의 생명체는 생태학적으로 보면 태양 에너지에 의존하고 있다. 식물은 광합성을 통하여 태양 에너지를 유기물질로 변환시키며, 생체 내부에서는 각종 효소와 촉매의 작용으로 유기물질이 생화학적으로 변환하고 이를 축적하여 바이오매스를 증가시키거나 생명현상에 필요한 에너지로 사용한다. 동물은 식물로부터 또는 다른 동물로부터 유기물질을 섭취하며 이를 이용하여 생장과 번식을 하는데, 이러한 생화학적 현상 역시 에너지의 관점에서 설명될 수 있다. 이와 같이 생물체가 생존과 성장을 위하여 수행하는 일련의 화학적 반응을 신진대사metabolism(물질대사 또는 대사)라고 한다. 신진대사에는 필요한 물질을 합성하는 동화작용anabolism과 고분자 물질을 분해하여 에너지를 얻는 이화작용catabolism으로 나눌 수 있다.

온실이나 축사에서는 생물 성장에 유리한 조건을 인공적으로 조성하면서 경제적인 생산을 추구한다. 이때 우리가 사용하는 전기, 물, 연료, 사료나 비료 등도 근본적으로 접근하면 에너지 개념으로 통합할 수 있다. 이런 의미에서 열역학은 모든 바이오시스템을 모델링하는 데 절대적으로 필요한 학문이라 볼 수 있다.

1. 식물 시스템

바이오시스템 공학도가 식물 시스템에 관심을 가지는 경우는 최적 작물 생산을 위한 환경조절기술을 개발하거나 식물의 성장을 모델링하여 기후변화나 재배조건 변화에 따른 수량의 변화 등을 예측하는 경우를 들 수 있다.

식물 시스템에 대하여 열역학 개념을 적용하려면 먼저 식물체를 구성하는 물질들에 대한 이해가 필수적이다. 그 이유는 식물체를 구성하는 물질은 식물이 뿌리를 통하여 흡수한 무기질mineral을 제외하고는 모두 이산화탄소와 물을 이용하여 합성한 것이며 다양한 유기물질들은 생체 내에서 생화학적 변환을 거쳐서 만들어진다. 즉 식물체의 생명작용에 의해 태양광에너지가 다양한 유기물질 속에 화학적 에너지로 저장되는 것이다. 유기물질의 종류에 따라서 또는 생체조직에 따라 함유하고 있는 화학적 에너지가 다르다. 따라서 바이오시스템 공학도는 식물체의 해부학적 기초나 구성성분에 대하여 이해할 필요가 있다.

1) 식물체의 구성

식물을 구성하는 물질은 크게 셀룰로오스 · 헤미셀룰로오스 · 단백질 · 전분 · 지질 · 펙틴 · 큐틴 · 리그닌 등이 있다. 셀룰로오스는 식물의 세포벽을 구성하는 주요 물질로서 녹색식물을 형성하는 기본 요소다. 셀룰로오스는 식물이 생명을 다한 후 남아 있는 제1의 성분이며, 반추동물에게는 가장 중요한 에너지원이 된다. 단백질, 전분, 당 및 지질은 모든 동물체의 식이성분에서 중요한 역할을 한다.

펙틴은 식물세포를 유지하는 가장 중요한 성분 중의 하나로서 세포와 세포 사이의 접착제 역할을 한다. 큐틴과 수베린은 모든 녹색식물의 외층을 형성하는 지질의 밀랍성분이다. 큐틴은 모든 식물의 줄기, 잎, 열매의 표면에서 발견된다. 큐틴은 기공을 통한 증산작용을 제외하고는 증발에 의한 액체의 손실을 막아 주는 방수막 역할을 하는 중요한 물질이다. 수베린은 뿌리의 외층과 감자와 같은 일부 땅속줄기를 형성하는 코르크세포에서 주로 발견된다. 리그닌은 녹색식물에서 2차 성장이 일어나는 곳에서는 어디서나 발견되는 물질이다. 리그닌은 목질의 주요 성분으로서 세포벽의 강도를 강화하는 데 관여한다. 리그닌은 복숭아, 살구, 버찌의 씨에 있는 후막조직세포의 주요 성분이다.

녹색식물의 세포형태와 구조는 생장과 숙성 동안에 매우 다양하게 나타난다. 그러나 세포의 최종 형태가 매우 다름에도 불구하고 세포가 발달하는 초기단계에서는 서로 유사한 특징을 가지게 된다. 세포는 발달과정 중 초기단계에서 환경조절에 의해 영향을 받는다.

2) 식물 세포와 물

광합성 과정은 살아 있는 식물 세포의 세포질 내에 있는 엽록체에서 일어난다. 세포핵을 제외한 원형질에 해당하는 세포질은 물속에 분산되어 있는 여러 가지 액체와 고체의 혼합물(핵, 색소체, 엽록체 등의 혼합)이다. 이 혼합물에서 개별입자의 크기는 0.1 μm에서 작게는 0.001 μm의 범위다.

원형질의 주요 원소는 산소 · 탄소 · 수소 및 질소로서 원형질의 95~98%를 이루고 있다. 많은 양을 차지하는 산소와 수소는 물의 형태로 존재하며,

물은 세포 내 액체의 70~97%를 차지한다. 물은 원형질의 주요 성분이기 때문에 그 역할을 쉽게 알 수 있다. 질소는 단백질에 포함되는데 일반적인 단백질의 분자량은 20,000~1,000,000 g/mol의 범위이지만 식물체에서는 대체로 22,000~25,000 g/mol의 크기를 갖는다.

식물이 대기 중에서 얻을 수 있는 것은 이산화탄소와 산소뿐이기 때문에 이를 제외한 나머지 원소들은 뿌리에서 얻어야 한다. 유기물의 기본원료가 되는 C, H, O, N을 제외한 원소를 미량원소라고 하는데, 그 이유는 함량이 1% 미만으로 매우 적기 때문이다. 식물의 근계에 접하고 있는 토양은 많은 미량원소를 제공하는 원천이다. 뿌리에 의해 무기질과 수분이 흡수된다.

단백질 외에 여러 가지 화학적 성분들이 결합하는 방식에 따라서 당 · 전분 · 지방질 · 유기산 · 염 및 색소와 같은 성분들이 만들어져 세포질에 포함된다. 이러한 요소들은 생리 과정에 의해 광합성 생산물로부터 형성된 것이다. 대개 이러한 성분들은 신진대사가 이루어져 식물이 생장하는 동안 소비된다. 세포질 내의 일부 고형물은 소비되는 부위로 이동되기 전에 먼저 수분에 용해되어 이동이 용이한 상태로 변하기도 한다.

세포질 내에서 일어나는 생리활동에서 물의 역할은 대단히 중요하며 물은 식물에서 가장 중요한 단일성분에 해당된다. 일반적으로 세포질은 액포를 완전히 둘러싸고 있다. 주로 염과 무기질의 용액인 액포는 반투과성의 액포막을 통한 삼투압작용에 의해 물 저장고 역할을 수행한다.

3) 물과 신진대사

세포질이나 액포로 들어간 모든 물은 세포벽을 지나야 한다. 세포벽에서의 물은 두 가지 형태로 존재한다. 세포벽 기질 속에서 화학적으로 결합된 결합수의 형태가 하나이며, 세포벽 표면을 따라 이동하거나 세포벽을 관통하여 세포 내부로 이동할 수 있는 자유수의 형태가 다른 하나다. 물의 이동은 에너지 준위의 차이에 의해 이루어진다.

줄기에서와 같이 뿌리의 생장구역은 생장과정을 지지하는 호흡 활동이 매우 높은 구역이다. 뿌리는 토양으로부터 산소를 획득할 수 있어야 하고 이산화탄소를 배출할 수 있어야 한다. 신진대사 활동은 식물의 종류에 따라서 주어지는 조건에 적응하게 되므로 생리활성과 뿌리의 물 흡수는 매우 밀접한 관계를 가진다. 식물의 내·외부로의 수분출입이나 식물 내에서의 물 이동은 신진대사 활동에 영향을 주어 식물의 생장 및 발달에 영향을 준다. 물의 대부분은 증산에 의해 토양에서 식물로 흡수된다.

4) 신진대사와 에너지

식물의 신진대사plant metabolism에는 광합성photosynthesis, 호흡작용respiration, 증산작용transpiration이 대표적이다.

(1) 광합성

광합성은 지구상 생명의 토대라고 볼 수 있다. 초기원핵생물이 등장하였을 때 지구의 대기는 산소가 거의 없는 환원상태였으며 바닷물이나 민물에 유리된 산소는 거의 없었다. 광합성 능력이 있는 광독립 영양생물이 발생한 이후 현재의 지구생태계에 필수적인 산소가 대기와 물에 많이 존재하게 되었다.

광합성이란 그림 12-1과 같이 식물체가 가지는 엽록체가 흡수된 복사 에너지를 이용하여 포도당을 합성하는 것으로서 광 에너지가 화학 에너지로 변환되어 생체 내에 저장되는 것이다. 광합성을 구분하면 빛에 의한 광화학 반응과 암반응이라 불리는 빛이 요구되지 않는 효소 반응으로 이루어진다. 광합성의 효율을 높이기 위해서는 이산화탄소의 흡수와 광합성의 부산물인 산소를 배출하기 위한 보조적인 기체교환이 원활해야 한다.

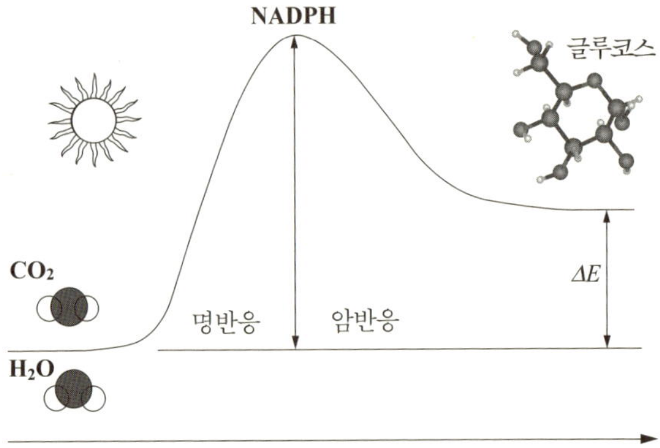

그림 12-1 광합성 과정 개략도

광합성이 이루어지는 엽록체는 세포 내 소기관으로서 이중막으로 둘러 싸여 있다. 그림 12-2는 엽록체의 구조를 나타낸 것이다. 엽록체의 그라나를 제외한 스트로마stroma는 광합성 색소를 가지고 있으며 틸라코이드 막계, 리보솜, 색소체 DNA, plastoglobules와 같은 다양한 물질을 포함하고 있다. 틸라코이드 내에서는 복사 에너지가 화학 에너지로 전환된다.

광합성의 첫단계는 이산화탄소가 기공을 통하여 엽록체까지 전달되는 과정으로서 CO_2의 확산현상인데, 식 12-1과 같은 Fick의 법칙으로 설명된다.

$$\frac{dm}{dt} = -DA\frac{dc}{dx} \qquad \text{(식 12-1)}$$

확산율(dm/dt)은 확산상수 D, 확산 방향 x에서 농도구배인 dc/dx, 확산되는 면적 A에 따라 커진다. 확산 상수는 확산이 일어나는 매질과 확산되는 물질에 따라 다르며, 대기 중 CO_2와 O_2는 수중에서보다 약 104배 더 빠르게 확산된다.

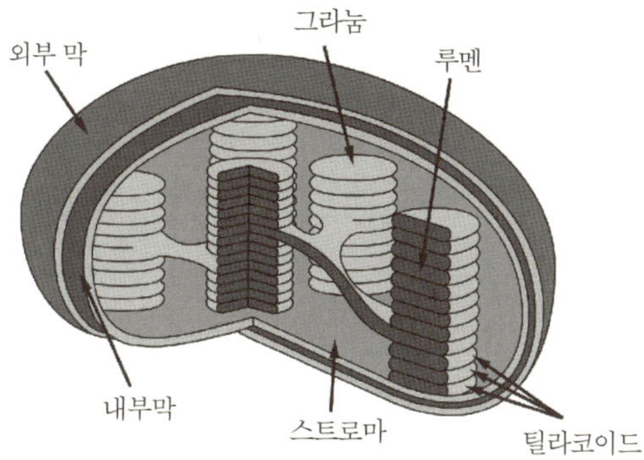

그림 12-2 엽록체의 구조

두 번째 단계는 광화학반응이다. 광화학반응은 명반응이라고도 하며 광합성에 처음으로 요구되는 것은 엽록체가 빛을 흡수하는 것이다. 식물이 흡수하는 파장은 엽록체의 광합성 활성 색소의 농도에 달려 있다.

빛이 엽록체의 색소에 흡수되면 $NADP^+$(nicotinamide adenine dinucleotide phosphate)를 방출한다. 또한 물을 광분해하여 전자를 얻고 산소와 수소이온(H^+)을 만들어 방출된 $NADP^+$를 환원시켜 NADPH를 생성한다. 즉

$$NADP^+ + H^+ + e^- \rightarrow NADPH \quad \text{(식 12-2)}$$

분해된 수소는 틸라코이드 안에 축적되며 그 결과 틸라코이드 막의 안과 밖 사이에 수소농도의 차이가 형성되는데. 이 농도차이는 ATP[1](adenosine triphosphate, 아데노신 3인산) 형성을 위한 에너지를 제공한다. 이 과정은 주로 빛의 양과 파장에 따라 다르며, CO_2의 농도나 온도의 영향을 직접 받지

1) ATP는 가수분해되어 인산기(PO_4^-) 하나가 분리되어 ADT(adenosine diphosphate), 아데노신 이인산(ADP)으로 변하면 이 과정에서 7.3 kcal/mol의 에너지를 방출한다.

않는다.

$$3ADP+2NADP^{+}+2H_2O+3PO_4^{-}+\text{빛에너지} \rightarrow 3ATP+2NADPH+O_2+2H^{+} \quad \text{(식 12-3)}$$

셋째 단계는 기공을 통해 흡수한 이산화탄소와 광화학반응에서 만들어진 NADPH와 ATP를 이용하여 포도당을 합성하는 과정이다. 이 과정은 빛이 필요하지 않으므로 암반응이라고도 하며 엽록체의 스트로마에서 일어난다.

$$6CO_2+18ATP+12NADPH+6O_2+12H^{+} \rightarrow C_6H_{12}O_6+12NADP^{+}+18ADP+18PO_4^{-}+9O_2 \quad \text{(식 12-4)}$$

광합성과정을 나타내는 화학식을 요약하면 식 12-5와 같다.

$$6CO_2 + 12H_2O \rightarrow 6CO_2 + 24H^{+} + 6O_2 \rightarrow 6(CH_2O) + 6H_2O + 6O_2 \quad \text{(식 12-5)}$$

광합성은 태양 에너지를 화학 에너지로 변환하는 신진대사 과정이다. 신진대사 과정은 열역학적 개념인 엔탈피, 엔트로피, 자유 에너지의 변화로 설명할 수 있다. 자유 에너지free energy는 어떤 생물 시스템의 화학반응이 계속 진행될 때 유효한 일을 하는 에너지다. 자유 에너지는 헬름홀츠 자유 에너지와 기브스 자유 에너지의 두 종류가 있는데 생물의 화학반응에서는 이 두 가지는 같다.

지구상에는 태양 에너지와 지구내부 에너지(화산, 온천, 방사성 동위원소), 이렇게 두 가지 종류의 에너지원이 있는데 식물은 태양 에너지를 에너지원으로 사용한다. 엽록소와 같은 색소가 가시광선을 받으면 색소의 전자가 에너지를 받아 화학반응을 일으킨다. 광합성 과정의 기브스 자유 에너지의 변화(ΔG)는 식물 시스템의 엔트로피 변화(ΔS)와 엔탈피(ΔH) 변화와 관련이 있으며 식 12-6과 같은 에너지 방정식으로 표현된다,

$$\Delta G = \Delta H - T\Delta S \qquad \text{(식 12-6)}$$

여기서, ΔG : 기브스 자유 에너지 변화량

ΔS : 엔트로피 변화량

ΔH : 엔탈피 변화량

T : 절대 온도

광합성 과정을 기브스의 에너지 이론으로 요약하면 식 12-7과 같이 1탄당인 CH_2O 1 mol당 사용된 빛의 에너지는 120 kcal/mol이 필요하다. 이 중 112 kcal/mol의 에너지가 저장되며 8 kcal/mol 손실이 엔트로피 변화에 의해서 발생한다. 따라서 열역학 제2법칙을 적용하여 6탄당인 포도당 1 mol당 672 kcal/mol의 에너지가 저장되는 것으로 볼 수 있다.

$$CO_2 + H_2O \rightarrow O_2 + (CH_2O) + 112 \text{ kcal/mol} \qquad \text{(식 12-7)}$$

이와 같이, 식물의 광합성은 엔탈피와 엔트로피의 상호 작용에 의해 에너지 변환이 일어나는 것이다.

(2) 호흡작용

호흡respiration은 생체가 산소를 흡수하고 이산화탄소를 배출하는 생명 활동이다. 동물의 경우 허파에 의한 호흡이 있지만 세포단위에서 호흡은 동물

이나 식물 모두에게 필수적이다. 식물의 경우 광합성이 CO_2를 흡수하고 O_2를 방출하는 것이라면 호흡은 O_2를 흡수하고 CO_2를 방출하는 것이다. 따라서 그림 12-3과 같이 광합성을 하는 순간에도 호흡을 하기 마련이며 이 중 우세하게 일어나고 있는 반응이 잎 표면에서 인식된다. 호흡에 의해 방출된 CO_2보다 광합성에 소모된 CO_2량이 더 많을 때 그 차이를 순CO_2흡수량 또는 순광합성량이라 하며, 고정된 CO_2 전체량을 총광합성량이라 한다. 동화작용이 약해지면 광합성에 소모되는 CO_2의 양은 호흡에 의해 방출되는 CO_2의 양과 균형을 이루게 된다. 이러한 보상점의 상태는 순수한 기체교환이 없는 상태로 알려져 있다. 밤에는 호흡을 통해 CO_2가 방출된다.

세포단위의 호흡을 내호흡이라고 하는데 미토콘드리아에서 발생한다. 생체는 영양분을 산화시켜 에너지를 얻는데 이때 발생하는 에너지는 ATP에 화학적으로 저장하여 사용한다. 세포의 호흡은 해당 과정, TCS 회로, 전자전달계의 세 과정으로 구분된다. 해당과정glycolysis은 포도당 분자 한 개가 두 개의 피루브산pyruvic acid으로 분리되는 생화학과정으로서 포도당의 분해로 발생한 에너지는 두 개의 ATP에 저장된다. 포도당의 해당 과정은 화학식 12-8과 같다.

$$C_6H_{12}O_6 \rightarrow 2C_3H_4O_3 + 2NADH_2 + 2ATP \qquad (\text{식 } 12-8)$$

ATP가 가수분해되면 인산기 하나가 분리되어 ADP로 변하면서 7.3 kcal/mol의 에너지를 방출한다. ATP가 가수분해될 때 반응식은 식 12-9와 같다.

$$ATP + H_2O \rightarrow ADP + PO_4^- + 7.3\ kcal/mol \qquad (\text{식 } 12-9)$$

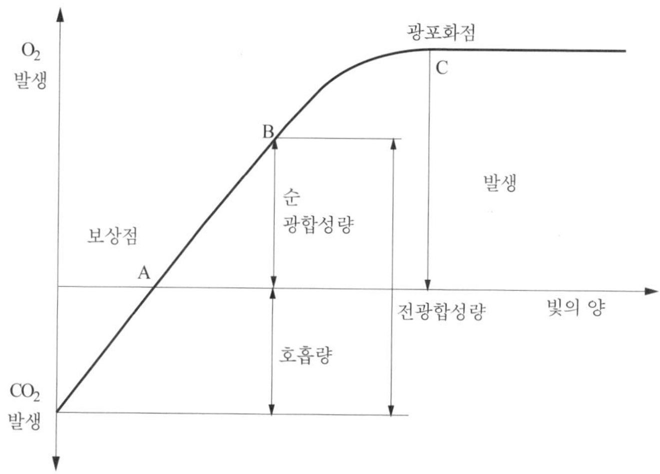

그림 12-3 광합성과 호흡, 광포화점과 보상점

TCA 회로tricarboxylic acid cycle는 해당과정으로 생성된 피부르산이 미토콘드리아로 옮겨져 탈수소효소와 탈탄산효소에 의해 산화되고 발생한 에너지를 ATP로 저장하고, 나머지 NAD^+, FAD 등의 중간체의 형태로 전자 전달계에 넘겨주는 과정이다. 이때 발생하는 이산화탄소는 식물의 경우엔 확산에 의하여 동물의 경우에는 혈액과 호흡기관을 통해 생체 외부로 배출된다. TCA 회로에서 일어나는 화학 반응은 식 12-10과 같다.

$$C_3H_4O_3 \rightarrow 3CO_2 + 4NADH_2 + FADH_2 + ATP \quad \text{(식 12-10)}$$

전자전달계electron transport system란 광합성이나 호흡과정 중 고에너지 전자가 연쇄적인 산화-환원을 거치며 이동하는 반응계를 말한다. 고에너지 전자는 전자전달계를 타고 이동하면서 미토콘드리아나 엽록체의 틸라코이드 루멘으로 양성자(H^+)를 펌핑함으로써 농도 기울기를 형성한다. 농도 기울기 차이로 인해 발생하는 양성자 동력이 ATP를 생성하는 데 이용된다.

내호흡을 통해 만들어진 ATP는 갖가지 생명 활동에 에너지를 공급한다. 포도당 1분자는 호흡과정에서 ATP 36분자, 37분자 또는 38분자를 만들 수 있다.

$$C_6H_{12}O_6 + 6O_2 + 6H_2O \rightarrow 6CO_2 + 12H_2O + 36,\ 37 \text{ 또는 } 38ATP \qquad \text{(식 12-11)}$$

(3) 증산작용

증산transpiration은 식물이 뿌리를 통해 흡수한 물을 식물체의 표면을 통하여 수증기로 대기 중에 배출하는 현상을 말하며 대부분 기공을 통하여 이루어지나 각질화된 표피세포에서도 일부 발생한다. 식물 뿌리가 물을 흡수하는 과정은 선택적 흡수이지만 식물체에 흡수된 물은 도관을 통하여 모세관 현상과 증산에 의한 진공압에 의하여 잎으로 전달된다. 식물의 지상부인 잎에서는 광합성에서 물을 소모하므로 하부의 물을 지속적으로 빨아올리는 효과를 나타내어 수십 미터에 해당하는 높이까지도 물을 끌어올린다.

증산은 상온에서 물을 수증기로 변환시키는 증발잠열을 빼앗기 때문에 식물체의 체온상승을 방지하는 효과가 있다. 동물의 경우에 체온을 일정하게 유지하는 항상성homeostasis의 수단 중에 체온을 낮추는 방법으로 피부나 호흡을 통한 수분의 증발이 있다. 물의 증발잠열이 100℃에서 1 kg당 538.8 kcal 또는 2,256 kJ이지만 0℃에서는 597.5 kcal 또는 2,501 kJ로 더 많다. 따라서 저온일수록 증산은 더 큰 체온조절 능력이 있다.

5) 에너지 전달의 종류

(1) 전도

전도conduction의 경우 열에너지는 이웃 분자의 분자활동이 증가하는 것에 의해 전달된다. 즉 에너지 전달은 분자운동의 증가를 통하여 일어나게 된다. 이러한 전달형태를 생각할 경우 대개 매질은 고체로 간주된다. 액체 매질 내에서도 전도가 일어나지만 다른 형태의 열전달이 보다 활발하게 일어난다.

녹색식물에서는 에너지가 전도에 의해 식물체 내에서 이동한다. 전도는 에너지가 토양을 통하여 식물에게 전달되는 주 메커니즘이다. 전도에 의한 에너지 전달을 지배하는 수학적인 모델은 열전달미분방정식이다.

(2) 대류

지구 표면에서 많은 양의 에너지는 대류convection에 의해 전달된다. 대류는 공기와 같이 움직이는 유체의 열전달 작용에 의한 것이다. 공기는 접촉하는 물체로부터 열을 흡수하고 온도가 낮은 물체에 에너지를 전달한다. 식물체와 주변공기는 단순히 열에너지만 교환하지 않고 수분과 이산화탄소를 교환하게 하며, 정체된 공기보다는 바람이 불 때, 대류열전달과 물질전달이 커진다.

(3) 잠열

일반적으로 에너지가 증가하면 온도가 상승하지만 물과 같은 액체는 기체로 상이 변하기도 한다. 상변화가 발생하는 과정에서는 에너지 투입이 온도변화를 초래하지 않고 상태의 변화를 초래한다. 따라서 생체내외에서 열전달을 다룰 때 물이 관련되면 반드시 잠열latent heat을 고려해야 한다. 물의 상변화 에너지는 그 열량이 커서 식물의 증발산에 의한 식물체 온도의 변화나 땀을 이용한 동물의 항상성 유지수단으로 유효하다. 식물은 광합성과정에서 액체상태의 물을 빨아올려 대기 중으로 수증기를 발산하는데 이때 수증기는 잠열을 흡수한 상태가 된다.

(4) 복사

태양으로부터의 복사radiation 에너지, 특히 가시광 및 근적외영역 내에서의 복사 에너지는 식물생태계를 위한 주요한 에너지 공급원이 된다. 전자기 복사는 지구상의 생명활동을 가능하게 해 주는 것이라고 할 수 있다.

2. 동물 시스템

많은 연구들에 의해 다양한 동물 종의 구성이 밝혀졌다. 또한, 각 물질의 질량 기준 비율을 알기 위한 다양한 방법이 개발되었다. 주로, 물질의 비율을 알기 위해 가장 많이 사용하는 방법은 해당 동물의 몸 전체를 분쇄하여 각각 물질의 조성을 알아보는 것이다. 동물의 몸을 구성하는 가장 대표적인 물질은 물, 단백질, 지방, 석회질과 무기물mineral 등이다.

1) 동물 몸의 구성

동물은 그 종의 차이에 따라 구성composition이 차이가 난다. 단백질의 구성 비율은 다른 물질에 비해 동물 종과 사람이 비슷하다.

동물 몸의 전체 구성에 대해 조사해 본 결과, 동물의 몸은 평균적으로 72.9%의 물, 21.6%의 단백질 그리고 5.3%의 석회질로 구성되어 있다. 동물의 몸을 구성하는 물질의 성분 비율은 동물이 성장함에 따라 물의 구성 비율이 조금 감소하는 것을 제외하고는 동물이 성장하여도 크게 변하지 않는다.

동물의 몸에서 탄수화물은 항상 1% 정도의 비율로 존재한다. 그 이유는, 탄수화물은 생물의 생명유지에 중요한 물질로서, 신진대사 과정을 통해 생물체 내에서 항상 생성되거나 분해되어 소비되고 있기 때문이다. 이런 사실과 관련하여 식물은 에너지원으로서의 탄수화물을 생산하고 동시에 저장할 수 있는 능력을 가지고 있다는 점에서 동물과 명백히 구분된다. 동물은 생명유지에 꼭 필요하지만 몸에 저장하고 있지 않은 탄수화물을 얻기 위해 식물을 비롯한 먹이를 섭취한다. 이렇게 먹이를 섭취함으로써 동물은 생명을 유지하는 데 꼭 필요한 기본 물질을 보충하며 에너지를 얻어서 이를 생명을 유지하고 생장하는 데 사용한다.

2) 탄수화물의 신진대사

탄수화물은 식물체 조직의 대부분을 구성하고 있는 물질로서 식물체의 건조 중량의 약 70%를 차지한다. 탄수화물을 분류하는 대표적인 방법은 탄수화물이 가지고 있는 당분자의 개수를 가지고 분류하는 것이다. 단당류monosaccharide는 한 개의 당 분자를, 이당류disacchaside는 두 개의 당 분자를 가지고 있다. 올리고당oligosaccharide은 3~10개의 당 분자 단위를 가지고 있으며, 다당류polysaccharide는 10개 이상의 당 분자 단위를 가지고 있다. 동물 세포에서 가장 기본적인 에너지 단위는 단당류인 포도당glucose이다. 포도당은 직접 분해하여 얻어지기도 하고, 다른 신진대사 물질을 변화시켜서 얻기도 한다.

동물이 섭취한 다양한 종류의 물질들은 동물의 몸속에서 분해되어 에너지원으로 사용되거나 다른 물질을 합성하기 위한 재료로서 가공 · 저장된다. 동물이 섭취한 포도당은 체내 조직에 직접 저장될 수 없기 때문에 단위 질량당 에너지량이 큰 지질lipid의 형태로 전환되어 근육조직이나 피하 등 체내에 저장된다. 체내의 지질은 에너지 저장원으로서 에너지를 필요로 할 때, 분해되어 에너지를 제공한다.

(1) 에너지 흡수

탄수화물 중에서 오직 포도당만이 에너지원으로서 흡수될 수 있다. 다당류가 흡수되어 에너지원으로 사용되기 위해서는 반드시 가수 분해 과정을 거쳐야 한다. 이러한 가수 분해 과정은 동물의 몸에서 직접 생산되는 소화효소의 작용에 의해서나 미생물에 의해서 진행된다.

전분은 두 가지의 중요한 형태의 원자배열을 가지는 포도당 중합체로 이루어지는데, 이것이 바로 아밀로오스와 아밀로펙틴이다. 아밀로오스는 포도당이 일렬로 배열되어 선형 구조를 이루며 아밀로펙틴은 많은 가지로 구성되어 있는 선형 구조를 이루고 있다. 평균적으로 옥수수는 24%의 아밀로오스와 76%의 아밀로펙틴으로 구성되어 있고, 쌀과 감자는 20%의 아밀로오스와 80%의 아밀로펙틴으로 구성되어 있으며, 밀은 옥수수와 같은 구성의 아밀로오스와 아밀로펙틴을 가지고 있다.

반추동물과 소화 과정에 미생물 무리를 가지고 있는 생물종은 혐기발효를 통하여 탄수화물을 분해하며 그 결과 많은 양의 휘발성 지방산volatile fatty acids을 생산한다. 이런 종류의 생물종은 많은 양의 셀룰로오스를 소화시킬 수 있는 능력이 있는데, 이들의 대부분의 에너지는 탄수화물 신진대사 결과 생산되는 휘발성 지방산에서 공급된다. 돼지는 반추동물보다 셀룰로오스의 분해 능력이 많이 떨어지지만, 내장 내부에 서식하는 미생물들의 작용에 의하여 얼마 정도의 휘발성 지방산을 생산할 수 있다.

(2) 에너지 저장

동물의 몸은 아주 적은 양의 에너지를 탄수화물의 형태로 저장하지만, 간과 근육조직에는 포도당이 변환되어 만들어진 글리코겐이 저장되어 있어 이를 에너지원으로 사용할 수 있다. 글리코겐은 전분과 비슷한 합성물로서 포도당으로 재빨리 분해될 수 있는 특성을 가졌다. 글리코겐의 이러한 기능은 역학적 시스템에서의 플라이휠과 같다. 플라이휠은 회전관성 모멘트가 큰 기계요소로서 시스템의 회전관성을 크게 하여 공급된 에너지의 일부를 운동 에너지 형태로 저장해 놓고, 부하가 증가하면 에너지를 방출하여 부하를 줄여 주는 역할을 한다.

비슷한 원리로, 식사 후에 초과된 혈액 내의 포도당은 소량의 글리코겐으로 변환되어 저장되어 있다가 혈액 내의 포도당 농도가 감소하면 저장된 글리코겐이 다시 포도당으로 변환되어 혈액에 공급됨으로써 혈액 내의 포도당 농도를 일정하게 유지시켜 준다. 이자에 존재하는 인슐린과 글루카곤이라는 효소는 이러한 혈액 내 글루코스glucose 농도 유지에 아주 중요한 역할을 담당한다.

(3) 에너지 생산

포도당 1 mole이 산화되면 2,814 kJ의 에너지가 방출되는데 식 12-12와 같이 표현된다.

$$C_6H_{12}O_6+6O_2 \rightarrow 6CO_2+6H_2O+ 2,814\ kJ/mol_{glucose} \quad \text{(식 12-12)}$$

포도당의 분자량은 180.2 g/mol이므로 포도당의 에너지 증가량은 2,814/180.2 = 15.6 kJ/g이다. 1 mole의 포도당을 이화작용을 통해 산화시켜 CO_2와 H_2O로 분해하는 과정은 표 12.1과 같이 여러 단계를 거치게 되는데, 이때 각 단계마다 그에 상응하는 ATP를 생산한다.

1 mole의 ATP는 30.5 kJ에 해당하는 에너지를 방출한다. 1 mole의 포도당이 완전히 산화되어 최종적으로 생성되는 ATP에 의해 방출하는 에너지의 총합은 다음과 같다.

표 12-1 포도당 1몰의 이화작용 각 단계에 따른 ATP의 생성 몰 수

이화작용 단계	생성된 ATP 몰 수
해당 작용(한 개의 포도당을 2개의 피루브산으로 변환)	8
2개의 피루브산이 2개의 아세틸조효소A(acetyl CoA)로 변환	6
2개의 아세트산이 CO_2와 H_2O로 분해	24
총 합	38

$$38\ \text{mol}_{\text{ATP}}/\text{mol}_{\text{glucose}} \times 30.5\ \text{kJ/mol}_{\text{ATP}} = 1159\ \text{kJ}_{\text{stored}}/\text{mol}_{\text{glucose}}$$

이 에너지가 모두 사용된다고 가정하고 직접적으로 변환되는 모든 에너지에 대한 에너지 효율을 계산하면 41.2%가 된다.

$$E_{eff} = (\frac{1159}{2814}) \times 100 = 41.2\%$$

이 계산 결과에 의하면 동물은 동물 세포 내에서 효과적으로 사용되는 에너지 형태인 ATP를 산화과정을 통해 생산해 냄으로써 1 mole의 포도당으로부터 41.2%의 에너지를 변환시킬 수 있다는 것을 알 수 있다. 에너지 효율은 많은 연구로부터 발표되었는데, 각기 다른 연구가 진행될 때 사용한 가정에 따라서 40~60% 정도의 범위를 나타낸다.

3. 신진대사와 에너지

신진대사metabolism란 생물체가 생존과 성장을 위하여 기본적으로 필요로 하는 영양분 섭취와 이의 새로운 물질로의 전환 그리고 에너지 생산 등에서 수행되는 일련의 화학적 반응을 말한다.

일반적으로, 동물에서의 에너지 변환은 화학적 에너지로부터 다른 형태의 에너지로 변화하는 과정이다. 예를 들면, 동물의 몸에서 화학적 에너지는 동물의 체온을 유지시켜 주는 열에너지로 변환되며, 동물의 움직임을 위해 역학적 에너지로도 변환된다. 또한, 신경계의 작용을 위한 전기 에너지로 변화되기도 한다.

동물은 섭취하여 흡수한 음식을 부분적으로 또는 전체적으로 산화시켜서 분해된 물질을 통해 에너지를 얻기도 하고 지방, 단백질, 탄수화물 형태로 저장된 신진대사 에너지(음식물 섭취로부터 얻어지는 에너지)로부터 에너지를 공급받기도 한다. 어떤 방법으로 에너지를 얻든, 처음에 ATP가 가지고 있는 에너지의 형태는 화학적 에너지다. 화학적 에너지는 화학적 반응을 통해 다른 형태의 물질이 되면서 방출되는데, 이는 ATP와 이에 결합되어 있는 물질이 가지는 높은 에너지 결합을 통해 이루어진다.

모든 생물체의 화학적 반응 과정은 에너지를 필요로 하는데, 반응 후 생긴 생성물은 반응 전의 반응물보다 적은 양의 에너지를 가지게 된다. 이러한 이유로 인해 모든 동물은 주기적인 화학적 에너지 즉, 음식의 섭취가 항상 필요하다.

신진대사 활동의 대표적인 형태는 섭취한 음식을 생물체가 필요로 하는 저분자로 분해하는 이화작용과 간단한 물질로부터 고분자 물질을 만드는 동화작용을 들 수 있다. 근육 세포는 호흡, 혈액 펌프, 씹기, 걷기 등의 운동을 하기 위해 각 부위의 근육을 수축시켜 주는 일을 하고, 세포막을 사이에 두고 이온이나 물질의 능동 수송을 이끌어 내기 위해 일을 하기도 한다. 이런 모든 일들을 가능하게 해 주는 에너지원이 바로, 음식으로부터 분해되어 몸속에 저장되어 있던 화학적 에너지다.

4. 기브스 에너지

열역학 제1법칙에 의하면, 모든 에너지는 보존되고 상호 변환의 형태로 변환한다. 화학적 에너지는 열에너지로 변환하며, 그 반대도 마찬가지로 일어난다. 역학적 에너지 역시 열에너지와 화학적 에너지로 변환하며 화학적 에너지도 역학적 에너지로 변환 가능하다.

열에너지는 특정한 화학 결합이 생성되거나 분해될 때 발생한다. 열역학 제2법칙으로 설명될 수 있듯이, 새로운 생성물은 원래의 반응물보다 더 많은 화학적 에너지를 가질 수 없다. 이런 반응 전후의 생성물과 반응물의 화학적 에너지 차이가 바로 물질의 변환에서 얻어지는 열에너지다. 이렇게 생성된 열은 동물의 체온을 항상 일정하게 유지하는 역할을 한다.

반응물이 산화물인 이산화탄소와 물로 완전히 산화되면 열이 발생하는데, 이 열에 의해 증가되는 열에너지를 연소열이라고 정의한다. 연소열은 열량계로 측정할 수 있으며 일반적으로 단위는 kJ/mol 혹은 kJ/g을 사용한다.

대표적인 유기물의 연소열은 표 12.2와 같다. 지방은 탄수화물보다 두 배 이상의 에너지를 가지고 있으며 단백질은 이 두 가지 물질의 중간 값에 해당하는 에너지를 가지고 있다는 것을 알 수 있다. 열은 탄소와 수소의 중합체가 공기 중에서 산소와 반응하여 산화될 때만 생성된다. 분자에 있는 산소가 탄소나 수소와 만나 결합하여 이산화탄소와 물을 만들어 낸다.

탄수화물의 일반적인 분자구조는 $C_nH_{2n}O_n$이다. 탄수화물의 분자구조를 보면 수소와 결합할 수 있는 충분한 산소가 분자에 이미 있기 때문에, 열은 오직 탄소가 산화되는 과정을 통해서만 생성된다. 지방은 다른 물질보다 높은 탄소 : 산소 비율을 가지기 때문에 이산화탄소와 물이 생성될 때 더 많은 열이 발생하게 된다. 또한, 수소의 산화과정에서도 탄소의 산화과정보다 더 많은 에너지를 생산하게 된다. 1 g의 수소를 연소시키면 144 kJ/g의 열

표 12-2 몇 가지 유기물의 연소열

생성물		연소에너지(kJ/g)
탄수화물	포도당	15.6
	전분	17.5
	셀룰로오스	17.5
지방	육우 지방	39.3
	옥수수기름	39.3
	스테아르산	39.9
단백질	육우 근육	22.2
	달걀 흰자(알부민)	23.8
	글루텐	25.1

이 발생하고, 1 g의 탄소를 연소시키면 33 kJ/g의 열이 발생한다. 즉 수소가 탄소보다 약 4배 정도 많은 열을 발생한다. 그러므로 더 많은 열을 생성하기 위한 중합체를 만들 때, 산소와 수소와의 결합(H_2O, 물)을 산소와 탄소와의 결합(CO_2, 이산화탄소)보다 더 많이 만들어 낸다.

열역학 법칙은 기본적으로 최종단계의 상태는 변환 반응의 경로에 독립적이라는 가정에 기초한다. 즉, 포도당이 이산화탄소와 물로 분해되는 반응의 최종 형태는 동물의 몸에서 여러 단계의 신진대사 과정을 거쳐 분해되는 과정에 상관없이 동일하다.

생물체의 화학반응이 일어날 때 기브스 자유 에너지Gibbs free energy 변환은 식 12-10에서와 같이 표현할 수 있다.

$$\Delta G = \Delta H - T\Delta S \qquad \text{(식 12-13)}$$

어떤 화학반응 후에 분자의 배열 정도가 더 어지러워지면 다시 말해 엔트로피가 커지면 ΔS는 양수를 가진다. S_1은 반응 전의 엔트로피, S_2를 반응 후의 엔트로피라고 가정하면 $S_2 > S_1$일 때, $\Delta S = S_2 - S_1$는 양수의 값을 가진다.

외부에서 가해지는 에너지가 없다면, 반응의 방향성은 무질서도가 높아지는 방향으로 진행될 것이다(엔트로피가 높아지는 방향). 그러므로 반응에서 ΔS가 양수이면 반드시 음수의 dG를 나타낸다. $\Delta G < 0$일 때의 반응을 자발적인 반응이라고 한다.

동물의 몸 내부에서 자발적으로 반응이 일어나면 생화학 반응에서 생기는 에너지를 외부에 방출하게 되는데 이를 에너지 방출성exergonic이라 부른다. 이 에너지 중의 일부는 매개체가 되는 합성물질의 결합에 저장된 화학적 에너지를 통해 다른 반응으로 에너지를 전달하는 역할을 하며, 일부는 열로 방출된다.

외부에서 공급되는 에너지가 반드시 필요한 반응을 에너지 흡수성endergonic이라 부른다. 포도당이 글리코겐으로 변환되는 반응이 이런 종류의 반응이다. 포도당이 글리코겐으로 변환되는 반응이 일어나려면 자유에너지가 외부에서 가해져야만 한다. 이런 종류의 에너지의 일부분은 ATP → ADP로 변환되는 과정을 통해 공급된다. 이 두 과정은 밀접하게 연관coupled되어 있는데, 그 과정을 나타내면 식 12-14, 12-15와 같다.

$$\text{ATP} + H_2O \rightarrow \text{ADP} + H_2PO_4 + \Delta G$$

(exergonic-free energy released) (식 12-14)

$$\text{Glucose} + \Delta G \rightarrow \text{Glycogen}$$ (endergonic-free energy absorbed)

(식 12-15)

신진대사 과정은 분자를 분해하여 소화시키고 소화된 생성물들을 음식이 분해되며 방출되는 에너지를 이용하여 새로운 분자를 만들어 내는 과정을 말한다. 이 과정에서 일부의 에너지는 열로서 손실되기도 한다. 성숙한 동물의 몸 내부에 존재하는 다양한 분자들이 가지고 있는 모든 에너지의 합을 계산하면, 그 개체가 섭취한 모든 음식물이 원래 가지고 있었던 에너지의 총합보다 항상 작은 값을 나타낸다. 그 차이는 에너지가 변환되는 과정에서 항상 발생하는 열로 인해 에너지의 일부가 손실되기 때문이다.

5. 인간과 식품 에너지

1) 식품 에너지

제빵, 제당, 통조림 등의 식품제조공정에서는 다량의 열에너지를 사용하고 있으며 분쇄 혼합공정에는 기계 및 전기 에너지를 많이 사용하고 있다. 이와 같은 에너지의 소모는 생산원가에 지대한 영향을 미칠 뿐 아니라 제품의 품질에도 민감한 영향을 끼친다. 따라서 식품가공공정에서는 에너지의 관리가 중요하다. 식품가공공정 중 사용되는 에너지는 열역학 제1법칙인 에너지 보존의 법칙이 그대로 적용된다. 즉, 시스템에 투입된 에너지와 시스템을 떠나는 에너지 사이에는 식 12-16과 같은 관계가 성립된다.

투입된 에너지 = 떠나는 에너지 + 축적된 에너지 (식 12-16)

energy input = energy output + energy accumulation

위와 같은 식을 에너지 수지식이라고 하며 어떤 에너지의 형태에도 적용된다. 시스템에 관여하는 에너지가 여러 종류일 때는 그 수지식이 다소 복잡하며, 열수지식은 질량, 온도, 비열 및 열용량 등으로 세울 수 있기 때문에 이들에 관하여 알아둘 필요가 있다.

2) 열용량

어떤 물체의 열용량은 단위 질량의 물체를 단위 온도만큼 올리는 데 필요한 열로써 정의된다. 가열 또는 냉각과정이 압력이 일정한 조건인가 또는 부피가 일정한 조건인가에 따라 열용량은 각각 정압 열용량 C_p와 정적열용량 C_v로 구별된다. C_p와 C_v는 단위 질량에 대한 열용량이므로 이를 때때로 비열이라고도 한다.

회분 공정batch process에서 가열 또는 냉각할 때 가해 주거나 제거해 주어야 하는 열 Q(J)은 식 12-17로 계산한다.

$$Q = \text{질량} \times \text{비열} \times \text{온도변화} = MC_p\Delta T \tag{식 12-17}$$

여기서, M(kg): 질량

C_p(J/kgK): 비열

ΔT(K 또는 ℃): 온도변화

연속 공정에서 열 이동속도 q(J/s)는

$$q = Q/t = \text{질량유량} \times \text{비열} \times \text{온도변화} = \dot{m}C_p\Delta T \tag{식 12-18}$$

여기서, $\dot{m}$(kg/s): 질량유량

고체와 액체의 C_p는 상당히 넓은 온도 범위에서 거의 일정하다. 그러나 기체의 C_p는 온도의 함수이므로 Q는 식 12-19와 같이 적분식으로 구해진다.

$$Q = M\int_{T_1}^{T_2} C_p dT = \dot{m}C_{pm}(T_2 - T_1) \tag{식 12-19}$$

온도 범위가 작은 경우 C_p는 일정한 것으로 생각할 수 있으므로 평균온도

$((T_1 + T_2)/2)$에서의 C_{pm}을 구하여 열량을 간단히 구할 수 있다. 그러나 온도 변화가 클 경우에는 C_p를 온도의 함수로 나타내어 적분하거나 또는 평균 열용량 C_{pm}을 구하여 계산하여야 한다.

3) 엔탈피와 열

엔탈피는 내부 에너지에 압력과 부피의 곱을 더한 것으로 정의된다. 가열과 냉각 조작에서 엔탈피 변화는 매우 중요하다. 일정한 압력조건에서 엔탈피의 증가는 물체가 흡수한 열과 같다. 엔탈피는 어떤 물체가 일정한 온도에서 가지고 있는 총 열에너지를 의미한다. 엔탈피의 절대값은 직접적으로 구할 수 없고 기준 상태에 대한 변화량으로 구한다. 즉 임의의 기준 상태에서의 엔탈피를 0이라 가정하고 이 기준 상태로부터 현재 상태로의 엔탈피 변화를 현 상태에서의 엔탈피값으로 생각한다. 일반적으로 엔탈피는 단위질량의 엔탈피 kJ/kg으로 나타낸다.

$$\Delta H = \Delta U + P\Delta V \tag{식 12-20}$$

물체를 가열 또는 냉각시킬 때 물체의 상이 변하는 경우와 변하지 않는 경우가 있다. 물체의 상은 변하지 않고 온도만 변하는 경우의 엔탈피 변화인 현열과 온도는 변하지 않고 물체의 상이 변하는 경우의 엔탈피 변화인 잠열을 비교하면 물체의 상이 변할 때는 비교적 많은 열의 변화가 일어난다.

예를 들어 0℃, 1 atm의 얼음은 334.9 kJ/kg의 열을 흡수하여 0℃의 물이 되는데 이 엔탈피의 변화를 융해열이라 한다. 현열과 잠열을 동시에 포함하는 과정에서 총열량은 두 열량의 합으로 구할 수 있다. 예를 들어 10℃의 물 1 kg을 100℃의 수증기로 변화시키는 데 필요한 열량을 구해 보자. 현열은 물의 열용량과 온도와의 곱이므로 4.1868 × (100−10) = 376.8 kJ이다.

100℃에서 물의 증발잠열은 2,260.8 kJ/kg이므로 두 열량을 합하면 총열량은 2,637.6 kJ이다. 이와 같은 계산은 엔탈피를 사용하여 간단히 계산할 수 있다.

정압과정에서 흡수 또는 방출한 열량은 현열이든 잠열이든 관계없이 엔탈피의 변화와 같다. 그러므로 어떤 물체의 엔탈피 값이 표로 주어지면 정압과정에서 흡수한 열량은 엔탈피의 차로 구할 수 있다. 물은 고상, 액상 및 증기상으로 존재할 수 있으며, 또는 이들 상이 평형을 이루고 공존할 수 있다.

예제 12-1

−10℃의 얼음 1 kg을 1 atm에서 100℃의 수증기로 변화시켰을 때 엔탈피의 변화를 계산하시오.

풀이

(a) 얼음의 가열 (−10℃ → 0℃)

얼음의 열용량 = 0.485 cal/g·℃

$\Delta H_1 = MC_p\Delta T_1 = (1000)(0.485)(10) = 4{,}850$ cal

(b) 얼음의 용해 (0℃)

얼음의 용해잠열 = 80 cal/g

$\Delta H_f = M\lambda_f = (1000)(80) = 80{,}000$ cal

(c) 물의 가열 (0℃ → 100℃)

물의 열용량 = 1 cal/g·℃

$\Delta H_2 = MC_p\Delta T_2 = (1000)(1)(100) = 10{,}000$ cal

(d) 물의 증발 (100℃)

물의 증발잠열 = 540 cal/g

$\Delta H_v = M\lambda_v = (1000)(54) = 54{,}000$cal

총엔탈피 변화는

$\Delta H = \Delta H_1 + \Delta H_f + \Delta H_2 + \Delta H_v = 148{,}850$ cal $= 148.85$ kcal $= 623.2$ kJ

4) 밤 열량계

열량계calorimeter란 화학(연소)반응이나 물리적 상변화에 관련된 열을 측정하는 측정기구다. 음식물의 에너지 함유량 측정은 밤 열량계Bomb calorimeter를 이용한다. 밤 칼로리미터는 연소실 역할을 하는 강성용기steel bomb와 표본sample이 연소할 때 발생하는 열을 흡수할 수조가 있고, 단열이 잘 된 외부용기로 구성되어 있다. 그 외에도 음식물과 같은 표본을 완전 연소시킬 수 있는 점화 코일과 연소에 필요한 산소를 공급하는 배관, 초기 샘플 온도를 조정할 수 있는 히터가 설치되어 있고, 수조에는 열의 분포를 고르게 하기 위한 교반기와 온도계가 설치되어 있다. 표본이 연소하여 얻어지는 열에너지는 물과 용부물체의 온도를 상승시키는데, 밤 칼로리미터 구성물질의 비열을 알고 있으므로 에너지보전 법칙을 적용하여 음식물과 같은 표본의 열량을 구할 수 있다.

열량계는 영양소의 발열량 외에도 난방 또는 연료나 건축재 등의 발열량을 구할 때 사용되는데 위에서 설명한 밤 칼로리미터 외에도 여러 가지 변형된 열량계가 있다. 사용목적에 따라 Differential scanning calorimeters, isothermal microcalorimeters, titration calorimeters and accelerated rate calorimeters로 구분된다.

5) 인체의 열역학

열역학의 중요하고도 흥미로운 응용 분야의 하나는 생체계인데 여기서는 에너지 전달과 변환 과정이 상당히 복잡하다. 인체는 열적인 평형에 있지 않으므로 해석하기가 쉽지 않다.

인체는 기본적으로 수소, 산소, 탄소 및 질소의 네 가지 원소로 이루어져 있다. 인체를 구성하는 전체 원자 중에서 수소는 63%, 산소는 25.5%, 탄소는 9.5% 그리고 질소는 1.4%를 차지한다. 나머지 0.6%의 원자는 생명에 필

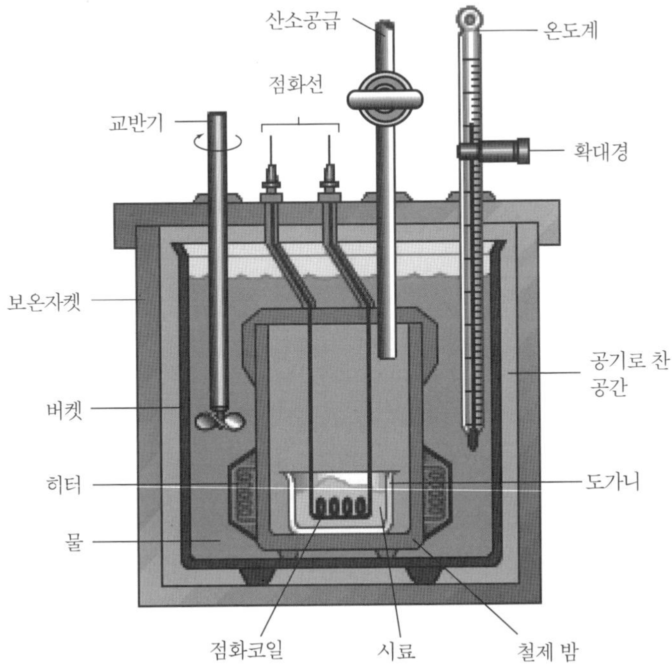

그림 12-4 밤 열량계의 개략도

수적인 20가지 요소다. 질량 기준으로 인체의 약 72%는 물이다.

살아 있는 생체의 기초요소는 세포인데 이것은 생체의 생존을 위해 필수적인 기능을 수행하는 작은 공장과 같다. 인체는 단세포처럼 간단할 수 있다. 인체는 평균 직경이 0.01 mm인 약 100조 개의 세포를 가지고 있다. 세포막은 어떤 물질을 통과시키고 반면에 다른 물질은 통과시키지 않는 반투막이다. 세포에서는 매초마다 분자들이 분해되고 에너지가 방출되고 새로운 분자들이 형성되는 수천 개의 화학 반응이 일어난다.

인체의 온도를 37℃로 유지하는 한편 생명유지를 위해 세포나 조직에서 수행하는 고도의 화학활동을 신진대사라고 한다. 간단한 말로 신진대사는 탄수화물, 지방 및 단백질과 같은 영양소를 태우는 것을 말한다. 휴식상태의 신진대사율을 기초대사율이라 하며 이것은 외부 활동이 없는 상태에서 호흡이나 혈액 순환 같이 신체가 필수 기능을 수행하는 데 필요한 대사율이다. 신진대사율은 활동 정도에 따라 증가하며 심한 운동을 할 때에는 기초대사율의 10배를 넘을 수도 있다. 신진대사 에너지에 대한 현열의 비율은 일이 심한 경우에는 약 40%이고, 일이 가벼운 경우에는 약 70%이다. 나머지 에너지는 잠열의 형태로 호흡에 의해 몸으로부터 방출된다.

기초대사율은 성별, 체격, 일반적인 건강상태 등에 따라 변하며 나이에 따라 현격하게 감소한다. 이것이 20대 후반과 30대에 음식물 섭취를 증가시키지 않더라도 체중이 증가하는 이유 중의 하나다. 두뇌와 간은 신진대사 활동의 주된 부분이다. 이 두 기관은 신체 질량의 약 4%에 불과하지만 성인의 경우 기초대사율의 거의 50%를 차지한다. 소아의 경우 기초대사 활동의 약 절반이 두뇌에서 일어난다.

세포에서 생화학 작용은 반드시 일정한 온도, 압력 및 체적에서 일어난다. 화학 에너지가 열에너지로 변환될 때, 세포의 온도는 증가하는 경향이 있다. 그러나 이 에너지는 곧바로 몸의 바깥부분에 이 에너지를 수송하는 순환계에 전달되고 결국 피부를 통하여 주위로 전달된다.

근육세포는 20%에 가까운 변환효율로 화학 에너지를 역학적 에너지로 변환하는 엔진과 매우 유사하게 작용한다. 신체가 주위에 순수 일을 하지 않을 때 전체 일은 열로 변한다. 이 경우에 신체 내에서 신진대사 동안 방출된 음식물 속의 화학 에너지 전부는 결국 주위에 전달된다. 사람이 섭취하는 음식물에서 나오는 에너지는 열역학 제1법칙(에너지 보존의 법칙)에 의거하여 사람의 신진대사 활동에 소모된 에너지와 피부를 통하여 방출되는 에너지의 합과 같아야 한다.

예제 12-2

몸무게가 68 kg인 사람이 점심 식사로 구운 감자 한 개, 달걀 한 개, 핫도그 한 개, 우유 한 컵(200 ml)와 후식으로 사과 한 개를 먹었다. 점심 후 1시간 조깅을 한다면 얼마의 에너지가 몸에 저장되는가? 조깅은 1시간당 약 500 kcal 에너지를 소모한다. 구운 감자 한 개 열량은 250 kcal, 달걀 한 개는 80 kcal, 핫도그 한 개는 300 kcal, 우유 한 컵은 136 kcal의 열량이 있다.

풀이

인간의 몸을 밀폐 시스템으로 생각하여 열역학 제1법칙인 에너지 보존의 법칙을 적용한다.

흡수한 에너지 E_{in} = (250 + 80 + 300 + 136) kcal = 766 kcal = 3,206 kJ

소모하는 에너지 E_{out} = 500 kcal = 2,093 kJ

축적된 에너지 $\Delta U = E_1 - E_2$ = 3,206 kJ − 2,093 kJ = 1,113 kJ

▶▶▶ 연습문제

1. 식물과 동물 시스템에서 신진대사란 무엇인가? 기초신진대사율은 무엇을 말하는가?

2. 식물시스템에서 물의 역할에 대해서 설명하시오.

3. 태양광 에너지를 투입량으로 볼 때, 식물의 광합성의 에너지 효율은 얼마나 되는지 조사하고 가장 효율이 낮은 과정은 어디인지 논의하시오.

4. 특정파장의 빛을 발산하는 LED는 식물공장용 조명장치로 유망하게 여겨지고 있다. 일반조명과 식물용 조명창치의 차이를 광합성의 원리에 근거하여 설명하시오.

5. 돼지는 체온을 39℃로 유지하는 동물로서 사료와 물을 섭취하고 분뇨를 배설한다. 이 과정에서 얻은 에너지를 이용하여 호흡과 체온유지, 체중증가 등에 에너지를 소모한다. 돼지의 에너지 수지식을 제안하시오.

6. 동물의 몸체를 동물 시스템이라고 한다면 주변공기가 동물의 체온보다 높은

경우와 낮은 경우에 동물의 항상성 유지를 위한 메커니즘이 무엇일지 설명하시오. 또한 그 결과를 이용하여 비육우를 키우는 농업인이 경제적으로 취할 수 있는 조치가 무엇일지 추론하시오.

7. 동물 시스템에서 에너지 생산의 하나인 포도당 1 몰의 이화작용의 각 단계에 따른 ATP의 생성 몰 수와 그 결과 얻어지는 총에너지를 구하시오.

8. 체지방이 25 kg인 사람은 아무것도 먹지 않고 그 체지방을 에너지원으로 사용한다면 얼마 동안 생존할 수 있는가?

9. 45 kg의 여자가 캔 콜라를 유일한 에너지원으로 마시면서 약 1시간 동안 조깅을 하려고 한다. 조깅에 필요한 에너지를 충당하기 위해서는 몇 개의 캔 콜라를 준비해야 하는가?

10. Bomb 열량계의 작동원리에 대해서 설명하시오.

11. 사료의 각 성분에다 각 성분의 소화율을 곱한 것을 가소화양분이라고 한다. 가소화 양분의 총량(TDN)을 구하는 식은 다음과 같이 주어지는데, 조지방에 곱해진 2.25의 의미와 가소화 가용물질소물의 의미를 설명하시오.

    TDN(%) = 가소화 조단백질(%) + 가소화 조지방(%) × 2.25 + 가소화 조섬유(%) + 가소화 가용물질소물(%)

부록

Table A–1 여러 물질의 몰질량, 기체상수 및 삼중점

Substance	Formula	Molar mass, M kg/kmol	Gas constant, R kJ/kg·K	Critical-point properties		
				Temperature, K	Pressure, MPa	Volume, m^3/kmol
Air	-	28.97	0.287	132.5	3.77	0.0883
Ammonia	NH_3	17.03	0.4882	405.5	11.28	0.0724
Argon	Ar	39.948	0.2081	151	4.86	0.0749
Benzene	C_6H_6	78.115	0.1064	562	4.92	0.2603
Bromine	Br_2	159.808	0.052	584	10.34	0.1355
n-Butane	C_4H_{10}	58.124	0.143	425.2	3.8	0.2547
Carbon dioxide	CO_2	44.01	0.1889	304.2	7.39	0.0943
Chlorine	Cl_2	70.906	0.1173	417	7.71	0.1242
Chloroform	$CHCl_3$	119.38	0.06964	536.6	5.47	0.2403
Dichlorofluoromethane (R-21)	$CHCl_2F$	102.92	0.08078	451.7	5.17	0.1973
Ethane	C_2H_6	30.07	0.2765	305.5	4.48	0.148
Ethyl alcohol	C_2H_5OH	46.07	0.1805	516	6.38	0.1673
Ethylene	C_2H_4	28.054	0.2964	282.4	5.12	0.1242
Helium	He	4.003	2.0769	5.3	0.23	0.0578
Methane	CH_4	16.043	0.5182	191.1	4.64	0.0993
Methyl alcohol	CH_3OH	32.042	0.2595	513.2	7.95	0.118
Methyl chloride	CH_3Cl	50.488	0.1647	416.3	6.68	0.143
Neon	Ne	20.183	0.4119	44.5	2.73	0.0417
Nitrogen	N_2	28.013	0.2968	126.2	3.39	0.0899
Nitrous oxide	N_2O	44.013	0.1889	309.7	7.27	0.0961
Oxygen	O_2	31.999	0.2598	154.8	5.08	0.078
Propane	C_3H_8	44.097	0.1885	370	4.26	0.1998
Sulfur dioxide	SO_2	64.063	0.1298	430.7	7.88	0.1217
Tetrafluoroethane (R-134a)	CF_3CH_2F	102.03	0.08149	374.2	4.059	0.1993
Trichlorofluoromethane (R-11)	CCl_3F	137.37	0.06052	471.2	4.38	0.2478
Water	H_2O	18.015	0.4615	647.1	22.06	0.056
Xenon	Xe	131.3	0.06332	289.8	5.88	0.1186

Source: Yunus A. Cengel and Michael A. Boles. 2006. *Thermodynamics: An Engineering Approach* 5th ed. MaGraw-Hill.

Table A-2 여러 가지 이상기체의 비열

Temperature, K	C_p kJ/kg·K	C_v kJ/kg·K	k	C_p kJ/kg·K	C_v kJ/kg·K	k	C_p kJ/kg·K	C_v kJ/kg·K	k
	Air			Carbon Dioxide, CO_2			Carbon Monoxide, CO		
250	1.003	0.716	1.401	0.791	0.602	1.314	1.039	0.743	1.400
300	1.005	0.718	1.400	0.846	0.657	1.288	1.040	0.744	1.399
350	1.008	0.721	1.398	0.895	0.706	1.268	1.043	0.746	1.398
400	1.013	0.726	1.395	0.939	0.750	1.252	1.047	0.751	1.395
450	1.020	0.733	1.391	0.978	0.790	1.238	1.054	0.757	1.392
500	1.029	0.742	1.387	1.014	0.825	1.229	1.063	0.767	1.387
550	1.040	0.753	1.381	1.046	0.857	1.220	1.075	0.778	1.382
600	1.051	0.764	1.376	1.075	0.886	1.213	1.087	0.790	1.376
650	1.063	0.776	1.370	1.102	0.913	1.207	1.100	0.803	1.370
700	1.075	0.788	1.364	1.126	0.937	1.202	1.113	0.816	1.364
750	1.087	0.800	1.359	1.148	0.959	1.197	1.126	0.829	1.358
800	1.099	0.812	1.354	1.169	0.980	1.193	1.139	0.842	1.353
900	1.121	0.834	1.344	1.204	1.015	1.186	1.163	0.866	1.343
1000	1.142	0.855	1.336	1.234	1.045	1.181	1.185	0.888	1.335
	Hydrogen, H_2			Nitrogen, N_2			Oxygen, O_2		
250	14.051	9.927	1.416	1.039	0.742	1.400	0.913	0.653	1.398
300	14.307	10.183	1.405	1.039	0.743	1.400	0.918	0.658	1.395
350	14.427	10.302	1.400	1.041	0.744	1.399	0.928	0.668	1.389
400	14.476	10.352	1.398	1.044	0.747	1.397	0.941	0.681	1.382
450	14.501	10.377	1.398	1.049	0.752	1.395	0.956	0.696	1.373
500	14.513	10.389	1.397	1.056	0.759	1.391	0.972	0.712	1.365
550	14.530	10.405	1.396	1.065	0.768	1.387	0.988	0.728	1.358
600	14.546	10.422	1.396	1.095	0.778	1.382	1.003	0.743	1.350
650	14.571	10.447	1.395	1.086	0.789	1.376	1.017	0.758	1.343
700	14.604	10.480	1.394	1.098	0.801	1.371	1.031	0.771	1.337
750	14.645	10.521	1.392	1.110	0.813	1.365	1.043	0.783	1.332
800	14.695	14.570	1.390	1.121	0.825	1.360	1.054	0.794	1.327
900	14.822	10.698	1.385	1.145	0.849	1.349	1.074	0.814	1.319
1000	14.983	10.859	1.380	1.167	0.870	1.341	1.090	0.830	1.313

Source: Yunus A. Cengel and Michael A. Boles. 2006. *Thermodynamics: An Engineering Approach* 5th ed. MaGraw-Hill.

Table A-3 공기의 이상기체 특성표

T K	h KJ/kg	P_r	u KJ/kg	v_r	$s°$ KJ/kg·K
200	199.97	0.3363	142.56	1707.0	1.29559
210	209.97	0.3987	149.69	1512.0	1.34444
220	219.97	0.4690	156.82	1346.0	1.39105
230	230.02	0.5477	164.00	1205.0	1.43557
240	240.02	0.6355	171.13	1084.0	1.47824
250	250.05	0.7329	178.28	979.0	1.51917
260	260.09	0.8405	185.45	887.8	1.55848
270	270.11	0.9590	192.60	808.0	1.59634
280	280.13	1.0889	199.75	738.0	1.63279
285	285.14	1.1584	203.33	706.1	1.65055
290	290.16	1.2311	206.91	676.1	1.66802
295	295.17	1.3068	210.49	647.9	1.68515
298	298.18	1.3543	212.64	631.9	1.69528
300	300.19	1.3860	214.07	621.2	1.70203
305	305.22	1.4686	217.67	596.0	1.71865
310	310.24	1.5546	221.25	572.3	1.73498
315	315.27	1.6442	224.85	549.8	1.75106
320	325.31	1.7375	228.42	528.6	1.76690
325	330.34	1.8345	232.02	508.4	1.78249
330	340.42	1.9352	235.61	489.4	1.79783
340	340.42	2.149	242.82	454.1	1.82790
350	350.49	2.379	250.02	422.2	1.85708
360	360.58	2.626	257.24	393.4	1.88543
370	370.67	2.892	264.46	367.2	1.91313
380	380.77	3.176	271.69	343.4	1.94001
390	390.88	3.481	278.93	321.5	1.96633
400	400.98	3.806	286.16	301.6	1.99194
410	411.12	4.153	293.43	283.3	2.01699
420	421.26	4.522	300.69	266.6	2.04142
430	431.43	4.915	307.99	251.1	2.06533
440	441.61	5.332	315.30	236.8	2.08870
450	451.80	5.775	322.62	223.6	2.11161
460	462.02	6.245	329.97	211.4	2.13407

Table A-3 (계속)

T K	h KJ/kg	P_r	u KJ/kg	v_r	$s°$ KJ/kg·K
470	472.24	6.742	337.32	200.1	2.15604
480	482.49	7.268	344.70	189.5	2.17760
490	492.74	7.824	352.08	179.7	2.19876
500	503.02	8.411	359.49	170.6	2.21952
510	513.32	9.031	366.92	162.1	2.23993
520	523.63	9.684	374.36	154.1	2.25997
530	533.98	10.37	381.84	146.7	2.27967
540	544.35	11.10	389.34	139.7	2.29906
550	555.74	11.86	396.86	133.1	2.31809
560	565.17	12.66	404.42	127.0	2.33685
570	575.59	13.50	411.97	121.2	2.35531
580	586.04	14.38	419.55	115.7	2.37348
590	596.52	15.31	427.15	110.6	2.39140
600	607.02	16.28	434.78	105.8	2.40902
610	617.53	17.30	442.42	101.2	2.42644
620	628.07	18.36	450.09	96.92	2.44356
630	638.63	19.84	457.78	92.84	2.46048
640	649.22	20.64	465.50	88.99	2.47716
650	659.84	21.86	473.25	85.34	2.49364
660	670.47	23.13	481.01	81.89	2.50985
670	681.14	24.46	488.81	78.61	2.52589
680	691.82	25.85	496.62	75.50	2.54175
690	702.52	27.29	504.45	72.56	2.55731
700	713.27	28.80	512.33	69.76	2.57277
710	724.04	30.38	520.23	67.08	2.58810
720	734.82	32.02	528.14	64.53	2.60319
730	745.62	33.72	536.07	62.13	2.61803
740	756.44	35.50	544.02	59.82	2.63280
750	767.29	37.35	551.99	57.63	2.64737
760	778.18	39.27	560.01	55.54	2.66176
780	800.03	43.35	576.12	51.64	2.69013
800	821.95	47.75	592.30	48.08	2.71787
820	843.98	52.59	608.59	44.84	2.74504

Table A-3 (계속)

T K	h KJ/kg	P_r	u KJ/kg	v_r	$s°$ KJ/kg·K
840	866.08	57.60	624.95	41.85	2.77170
860	888.27	63.09	641.40	39.12	2.79783
880	910.56	68.98	657.95	36.61	2.82344
900	932.93	75.29	674.58	34.31	2.84856
920	955.38	82.05	691.28	32.18	2.87324
940	977.92	89.28	708.08	30.22	2.89748
960	1000.55	97.00	725.02	28.40	2.92128
980	1023.25	105.2	741.98	26.73	2.94468
1,000	1046.04	114.0	758.94	25.17	2.96770
1,020	1068.89	123.4	776.10	23.72	2.99034
1,040	1091.85	133.3	793.36	23.29	3.01260
1,060	1114.86	143.9	810.62	21.14	3.03449
1,080	1137.89	155.2	827.88	19.98	3.05608
1,100	1161.07	167.1	845.33	18.896	3.07732
1,120	1184.28	179.7	862.79	17.886	3.09825
1,140	1207.57	193.1	880.35	16.946	3.11883
1,160	1230.92	207.2	897.91	16.064	3.13916
1,180	1254.34	222.2	915.57	15.241	3.15916
1,200	1277.79	238.0	933.33	14.470	3.17888
1,220	1301.31	254.7	951.09	13.747	3.19834
1,240	1324.93	272.3	968.95	13.069	3.21751
1,260	1348.55	290.8	986.90	12.435	3.23638
1,280	1372.24	310.4	1004.76	11.835	3.25510
1,300	1395.97	330.9	1022.82	11.275	3.27345
1,320	1419.76	352.5	1040.88	10.747	3.29160
1,340	1443.60	375.3	1058.94	10.247	3.30959
1,360	1467.49	399.1	1077.10	9.780	3.32724
1,380	1491.44	424.2	1095.26	9.337	3.34474
1,400	1515.42	250.5	1113.52	8.919	3.36200
1,420	1539.44	278.0	1131.77	8.526	3.37901
1,440	1563.51	506.9	1150.13	8.153	3.39586
1,460	1587.63	537.1	1168.49	7.801	3.41247
1,480	1611.79	568.8	1186.95	7.468	3.42892

Table A–3 (계속)

T K	h KJ/kg	P_r	u KJ/kg	v_r	$s°$ KJ/kg·K
1,500	1635.97	601.9	1205.41	7.152	3.44516
1,520	1660.23	636.5	1223.87	6.854	3.46120
1,540	1684.81	672.8	1242.43	6.569	3.47712
1,560	1708.82	710.5	1260.99	6.301	3.49276
1,580	1733.17	750.0	1279.65	6.046	3.50829
1,600	1757.57	791.2	1298.30	5.804	3.52364
1,620	1782.00	834.1	1316.96	5.574	3.53879
1,640	1806.46	878.9	1335.72	5.355	3.55381
1,660	1830.96	925.6	1354.48	5.147	3.56867
1,680	1855.50	974.2	1373.24	4.949	3.58335
1,700	1880.1	1025	1392.7	4.761	3.5979
1,750	1941.6	1161	1439.8	4.328	3.6336
1,800	2003.3	1310	1487.2	3.994	3.6684
1,850	2065.3	1475	1534.9	3.601	3.7023
1,900	2127.4	1655	1582.6	3.295	3.7354
1,950	2189.7	1852	1630.6	3.022	3.7677
2,000	2252.1	2068	1678.7	2.776	3.7994
2,050	2314.6	2303	1726.8	2.555	3.8303
2,100	2377.7	2559	1775.3	2.356	3.8605
2,150	2440.3	2837	1823.8	2.175	3.8901
2,200	2503.2	3138	1872.4	2.012	3.9191
2,250	2566.4	3464	1921.3	1.864	3.9474

Source: Yunus A. Cengel and Michael A. Boles. 2006. *Thermodynamics: An Engineering Approach* 5th ed. MaGraw-Hill.

Table B-1 압축액체 물의 열역학 특성

T ℃	v m³/kg	u KJ/kg	h KJ/kg	s KJ/kg·K	v m³/kg	u KJ/kg	h KJ/kg	s KJ/kg·K
	P = 5 MPa (263.94℃)				P = 10 MPa (311.00℃)			
Sat.	0.0012862	1148.1	1154.5	2.9207	0.0014522	1393.3	1407.9	3.3603
0	0.0009977	0.04	5.03	0.0001	0.0009952	0.12	10.07	0.0003
20	0.0009996	83.61	83.61	0.02954	0.0009973	83.31	93.28	0.2943
40	0.0010057	166.92	171.95	0.5705	0.0010035	166.33	176.37	0.5685
60	0.0010149	250.29	255.36	0.8287	0.0010127	249.43	259.55	0.826
80	0.0010267	333.82	338.96	1.0723	0.0010244	332.69	342.94	1.0691
100	0.0010410	417.65	422.85	1.3034	0.0010385	416.23	426.62	1.2996
120	0.0010576	501.91	507.19	1.5236	0.0010549	500.18	510.73	1.5191
140	0.0010769	586.80	592.18	1.7344	0.0010738	584.72	595.45	1.7293
160	0.0010988	672.55	678.04	1.9374	0.0010954	670.06	681.01	1.9316
180	0.0011240	759.49	765.09	2.1338	0.0011200	756.48	767.68	2.1271
200	0.0011531	847.92	853.68	2.3251	0.0011482	844.32	855.8	2.3174
220	0.0011868	938.39	944.32	2.5127	0.0011809	934.01	945.82	2.5037
240	0.0012268	1031.6	1037.7	2.6983	0.0012192	1026.2	1038.3	2.6876
260	0.0012755	1128.5	1134.9	2.8841	0.0012653	1121.6	1134.3	2.871
280					0.0013226	1221.8	1235	3.0565
300					0.0013980	1329.4	1343.3	3.2488
	P = 15 MPa (342.16℃)				P = 20 MPa (365.75℃)			
Sat.	0.0016572	1585.5	1610.3	3.6848	0.0020378	1785.8	1826.6	4.0146
0	0.0009928	0.18	15.07	0.0004	0.0009904	0.23	20.03	0.0005
20	0.0009951	83.01	97.93	0.2932	0.0009929	82.71	102.57	0.2921
40	0.0010013	165.75	180.77	0.5666	0.0009992	165.17	185.16	0.5646
60	0.0010105	248.58	263.74	0.8234	0.0010084	247.75	267.92	0.8208
80	0.0010221	331.59	346.92	1.0659	0.0010199	330.50	350.90	1.0627
100	0.0010361	414.85	430.39	1.2958	0.0010337	413.50	434.17	1.2920
120	0.0010522	498.50	514.28	1.5148	0.0010496	496.85	517.84	1.5105
140	0.0010708	582.69	598.75	1.7243	0.0010679	580.71	602.07	1.7194
160	0.0010920	667.63	684.01	1.9259	0.0010886	665.28	687.05	1.9203
180	0.0011160	753.58	770.32	2.1206	0.0011122	750.78	773.02	2.1143
200	0.0011435	840.84	858.00	2.3100	0.0011390	837.49	860.27	2.3027

Table B–1 (계속)

T ℃	v m³/kg	u KJ/kg	h KJ/kg	s KJ/kg·K	v m³/kg	u KJ/kg	h KJ/kg	s KJ/kg·K
	P = 15 MPa (342.16℃)				P = 20 MPa (365.75℃)			
220	0.0011752	929.81	947.43	2.4951	0.0011697	925.77	949.16	2.4867
240	0.0012121	1021.0	1039.2	2.6774	0.0012053	1016.1	1040.2	2.6676
260	0.0012560	1115.1	1134.0	2.8586	0.0012472	1109.0	1134.0	2.8469
280	0.0013096	1213.4	1233.0	3.0410	0.0012978	1205.6	1231.5	3.0265
300	0.0013783	1317.6	1338.3	3.2279	0.0013611	1307.2	1334.4	3.2091
320	0.0147330	1431.9	1454.0	3.4263	0.0014450	1416.6	1445.5	3.3996
340	0.0016311	1567.9	1592.4	3.6555	0.0015693	1540.2	1571.6	3.6086
360					0.0018248	1703.6	1740.1	3.8787
	P = 30 MPa				P = 40 MPa			
Sat.								
0	0.0009857	0.29	29.86	0.0003	0.0009767	0.29	49.13	-0.0010
20	0.0009886	82.11	111.77	0.2897	0.0009805	80.93	129.95	0.2845
40	0.0009951	164.05	193.90	0.5607	0.0009872	161.90	211.25	0.5528
60	0.0010042	246.14	276.26	0.8156	0.0009962	243.08	292.88	0.8055
80	0.0010155	328.40	358.86	1.0564	0.0010072	324.42	374.78	1.0442
100	0.0010129	410.87	441.74	1.2847	0.0010201	405.94	456.94	1.2705
120	0.0010445	493.66	525.00	1.5020	0.0010349	487.69	539.43	1.4859
140	0.0010623	576.90	608.76	1.7098	0.0010517	569.77	622.36	1.6916
160	0.0010823	660.74	693.21	1.9094	0.0010704	652.33	705.85	1.8889
180	0.0011049	745.40	778.55	2.1020	0.0010914	735.49	790.06	2.0790
200	0.0011304	831.11	865.02	2.2888	0.0011149	819.45	875.19	2.2628
220	0.0011595	918.15	952.93	2.4707	0.0011412	904.39	961.45	2.4414
240	0.0011927	1006.9	1042.7	2.6491	0.0011708	990.55	1049.1	2.6156
260	0.0012314	1097.8	1134.7	2.8250	0.0012044	1078.2	1138.4	2.7864
280	0.0012770	1191.5	1229.8	3.0001	0.0012430	1167.7	1229.9	2.9547
300	0.0013322	1288.9	1328.9	3.1761	0.0012879	1259.6	1324.0	3.1218
320	0.0014014	1391.7	1433.7	3.3558	0.0013409	1354.3	1421.4	3.2888
340	0.0014932	1502.4	1547.1	3.5438	0.0014049	1452.9	1523.1	3.4575
360	0.0016276	1626.8	1675.6	3.7499	0.0014848	1556.5	1630.7	3.6301
380	0.0018729	1782.0	1838.2	4.0026	0.0015884	1667.1	1746.5	3.8102

Source: Yunus A. Cengel and Michael A. Boles. 2006. *Thermodynamics: An Engineering Approach* 5th ed. MaGraw-Hill.

Table B-2 포화수증기의 열역학 특성 – 온도 기준

Temp. T ℃	Sat. press. P_{sat} kPa	Specific volume m³/kg: Sat. liquid v_f	Sat. vapor v_g	Internal energy kJ/kg: Sat. liquid u_f	Evap. u_{fg}	Sat. vapor u_g	Enthalpy kJ/kg: Sat. liquid h_f	Evap. h_{fg}	Sat. vapor h_g	Entropy kJ/kg·K: Sat. liquid s_f	Evap. s_{fg}	Sat. vapor s_g
0.01	0.6117	0.001000	206.00	0.000	2374.9	2374.9	0.001	2500.9	2500.9	0.0000	9.1556	9.1556
5	0.8725	0.001000	147.03	21.019	2360.8	2381.8	21.020	2489.1	2510.1	0.0763	8.9487	9.0249
10	1.2281	0.001000	106.32	42.020	2346.6	2388.7	42.022	2477.2	2519.2	0.1511	8.7488	8.8999
15	1.7057	0.001001	77.885	62.980	2332.5	2395.5	62.982	2465.4	2528.3	0.2245	8.5559	8.7803
20	2.3392	0.001002	57.762	83.913	2318.4	2402.3	83.915	2453.5	2537.4	0.2965	8.3696	8.6661
25	3.1698	0.001003	43.340	104.83	2304.3	2409.1	104.83	2441.7	2546.5	0.3672	8.1895	8.5567
30	4.2469	0.001004	32.879	125.73	2290.2	2415.9	125.74	2429.8	2555.6	0.4368	8.0152	8.4520
35	5.6291	0.001006	25.205	146.63	2276.0	2422.7	146.64	2417.9	2564.6	0.5051	7.8466	8.3517
40	7.3851	0.001008	19.515	167.53	2261.9	2429.4	167.53	2406.0	2573.5	0.5724	7.6832	8.2556
45	9.5953	0.001010	15.251	188.43	2247.7	2436.1	188.44	2394.0	2582.4	0.6386	7.5247	8.1633
50	12.352	0.001012	12.026	209.33	2233.4	2442.7	209.34	2382.0	2591.3	0.7038	7.3710	8.0748
55	15.763	0.001015	9.5639	230.24	2219.1	2449.3	230.26	2369.8	2600.1	0.7680	7.2218	7.9898
60	19.947	0.101700	7.6670	251.16	2204.7	2455.9	251.18	2357.7	2608.8	0.8313	7.0769	7.9082
65	25.043	0.001020	6.1935	272.09	2190.3	2462.4	272.12	2345.4	2617.5	0.8937	6.9360	7.8296
70	31.202	0.001023	5.0396	293.04	2175.8	2468.9	293.07	2333.0	2626.1	0.9551	6.7989	7.7540
75	38.597	0.001026	4.1291	313.99	2161.3	2475.3	314.03	2320.6	2634.6	1.0158	6.6655	7.6812
80	47.416	0.001029	3.4053	334.97	2146.6	2481.6	335.02	2308.0	2643.0	1.0756	6.5355	7.6111
85	57.868	0.001032	2.8261	355.96	2131.9	2487.8	356.02	2295.3	2651.4	1.1346	6.4089	7.5435

Table B–2 (계속)

Temp. T ℃	Sat. press. P_{sat} kPa	Specific volume m^3/kg		Internal energy kJ/kg			Enthalpy kJ/kg			Entropy kJ/kg·K		
		Sat. liquid v_f	Sat. vapor v_g	Sat. liquid u_f	Evap. u_{fg}	Sat. vapor u_g	Sat. liquid h_f	Evap. h_{fg}	Sat. vapor h_g	Sat. liquid s_f	Evap. s_{fg}	Sat. vapor s_g
90	70.183	0.001036	2.3593	376.97	2117.0	2494.0	377.04	2282.5	2659.6	1.1929	6.2853	7.4782
95	84.609	0.001040	1.9808	398.00	2102.0	2500.1	398.09	2269.6	2667.6	1.2504	6.1647	7.4151
100	101.42	0.001043	1.6720	419.06	2087.0	2506.0	419.17	2256.4	2675.6	1.3072	6.0470	7.3542
105	120.90	0.001047	1.4186	110.15	2071.8	2511.9	440.28	2243.1	2683.4	1.3634	5.9319	7.2952
110	143.38	0.001052	1.2094	461.27	2056.4	2517.7	461.42	2229.7	2691.1	1.4188	5.8193	7.2382
115	169.18	0.001056	1.0360	482.42	2040.9	2523.3	482.59	2216.0	2698.6	1.4737	5.7092	7.1829
120	198.67	0.001060	0.89133	503.60	2025.3	2528.9	503.81	2202.1	2706.0	1.5279	5.6013	7.1292
125	232.23	0.001065	0.77012	524.83	2009.5	2534.3	525.07	2188.1	2713.1	1.5816	5.4956	7.0771
130	270.28	0.001070	0.66808	546.10	1993.4	2539.5	546.38	2173.7	2720.1	1.6346	5.3919	7.0265
135	313.22	0.001075	0.58179	567.41	1977.3	2544.7	567.75	2159.1	2726.9	1.6872	5.2901	6.9773
140	361.53	0.001080	0.50850	588.77	1960.9	2549.6	589.16	2144.3	2733.5	1.7392	5.1901	6.9294
145	415.68	0.001085	0.44600	610.19	1944.2	2554.4	610.64	2129.2	2739.8	1.7908	5.0919	6.8827
150	476.16	0.001091	0.39248	631.66	1927.4	2559.1	632.18	2113.8	2745.9	1.8418	4.7753	6.8371
155	543.49	0.001096	0.34648	653.19	1910.3	2563.5	653.79	2098.0	2751.8	1.8924	4.7002	6.7927
160	618.23	0.001102	0.30680	674.79	1893.0	2567.8	675.47	2082.0	2757.5	1.9426	4.8066	6.7492
165	700.93	0.001108	0.27244	696.46	1875.4	2571.9	697.24	2065.6	2762.8	1.9923	4.7143	6.7067
170	792.18	0.001114	0.24260	718.20	1857.5	2575.7	719.08	2048.8	2767.9	2.0417	4.6233	6.6650
175	892.60	0.001121	0.21659	740.02	1839.4	2579.4	741.02	2031.7	2772.7	2.0906	4.5335	6.6242

Table B–2 (계속)

Temp.	Sat. press.	Specific volume m^3/kg		Internal energy kJ/kg			Enthalpy kJ/kg			Entropy kJ/kg·K		
T °C	P_{sat} kPa	Sat. liquid v_f	Sat. vapor v_g	Sat. liquid u_f	Evap. u_{fg}	Sat. vapor u_g	Sat. liquid h_f	Evap. h_{fg}	Sat. vapor h_g	Sat. liquid s_f	Evap. s_{fg}	Sat. vapor s_g
180	1002.8	0.001127	0.19384	761.92	1820.9	2582.8	763.05	2014.2	2777.2	2.1392	4.4448	6.5841
185	1123.5	0.001134	0.17390	783.91	1802.1	2586.0	785.19	1996.2	2781.4	2.1875	4.3572	6.5447
190	1255.2	0.001141	0.15636	806.00	1783.0	2589.0	807.43	1977.9	2785.3	2.2355	4.2705	6.5059
195	1398.8	0.001149	0.14089	828.18	1763.6	2591.7	829.78	1959.0	2788.8	2.2831	4.1847	6.4678
200	1554.9	0.001157	0.12721	850.46	1743.7	2594.2	852.26	1939.8	2792.0	2.3305	4.0997	6.4302
205	1724.3	0.001640	0.11508	872.86	1723.5	2596.4	874.87	1920.0	2794.8	2.3776	1.0154	6.3930
210	1907.7	0.001173	0.10429	895.38	1702.9	2598.3	897.61	1899.7	2797.3	2.4245	3.9318	6.3563
215	2105.9	0.001181	0.094680	918.02	1681.9	2599.9	920.50	1878.8	21799.3	2.4712	3.8489	6.3200
220	2319.6	0.001190	0.086094	940.79	1660.5	2601.3	943.55	1857.4	2801.0	2.5176	3.7664	6.2840
225	2549.7	0.001199	0.078405	963.70	1638.6	2602.3	966.76	1835.4	2802.2	2.5639	3.6844	6.2483
230	2797.1	0.001209	0.071505	986.76	1616.1	2602.9	990.14	1812.8	2802.9	2.6100	3.6028	6.2128
235	3062.6	0.001219	0.065300	1010.0	1593.8	2603.2	1013.7	1789.5	2803.2	2.6560	3.5216	6.1775
240	3347.0	0.001229	0.059707	1033.4	1569.8	2603.1	1037.5	1765.5	2803.0	2.7018	3.4405	6.1424
245	3651.2	0.001240	0.054656	1056.9	1545.7	2602.7	1061.5	1740.8	2802.2	2.7476	3.3596	6.1072
250	3976.2	0.001252	0.050085	1080.7	1521.1	2601.8	1085.7	1715.3	2801.0	2.7933	3.2788	6.0721
255	4322.9	0.001263	0.045941	1104.7	1495.8	2600.5	1110.1	1689.0	2799.7	2.8390	3.1979	6.0369
260	4692.3	0.001276	0.042175	1128.8	1469.9	2598.7	1134.8	1661.8	2796.6	2.8847	3.1169	6.0017
265	5085.3	0.001289	0.038748	1153.3	1443.2	2596.5	1159.8	1633.7	2793.5	2.9304	3.0358	5.9662

Table B–2 (계속)

Temp. T ℃	Sat. press. P_{sat} kPa	Specific volume m³/kg Sat. liquid v_f	Sat. vapor v_g	Internal energy kJ/kg Sat. liquid u_f	Evap. u_{fg}	Sat. vapor u_g	Enthalpy kJ/kg Sat. liquid h_f	Evap. h_{fg}	Sat. vapor h_g	Entropy kJ/kg·K Sat. liquid s_f	Evap. s_{fg}	Sat. vapor s_g
270	5503.0	0.001303	0.035622	1177.9	1415.7	2593.7	1185.1	1604.6	2789.7	2.9762	2.9542	5.9305
275	5946.4	0.001317	0.032767	1202.9	1387.4	2590.3	1210.7	1574.5	2785.2	3.0221	2.8723	5.8944
280	6416.6	0.001333	0.030153	1228.2	1358.2	2586.4	1236.7	1543.2	2779.9	3.0681	2.7898	5.8579
285	6914.6	0.001349	0.027756	1253.7	1328.1	2581.8	1263.1	1510.7	2773.7	3.1144	2.7066	5.8210
290	7441.8	0.001366	0.025554	1279.7	1296.9	2576.5	1289.8	1476.9	2766.7	3.1608	2.6225	5.7834
295	7999.0	0.001384	0.023528	1306.0	1264.5	2570.5	1317.1	1441.6	2758.7	3.2076	2.5374	5.7450
300	8587.9	0.001404	0.021659	1332.7	1230.9	2563.6	1344.8	1404.8	2749.6	3.2548	2.4511	5.7059
305	9209.4	0.001425	0.019932	1360.0	1195.9	2555.8	1373.1	1366.3	2739.4	3.3024	2.3633	5.6657
310	9865.0	0.001447	0.018333	1387.7	1159.3	2547.1	1402.0	1325.9	2727.9	3.3506	2.2737	5.6243
315	10,556	0.001472	0.016849	1416.1	1121.1	2537.2	1431.6	1283.4	2715.0	3.3994	2.1821	5.5816
320	11,284	0.001499	0.015470	1445.1	1080.9	2526.0	1462.0	1238.5	2700.6	3.4491	2.0881	5.5372
325	12,051	0.001528	0.014183	1475.0	1038.5	2513.4	1493.4	1191.0	2684.3	3.4998	1.9911	5.4909
330	12,858	0.001560	0.012979	1505.7	993.5	2499.2	1525.8	1140.3	2666.0	3.5516	1.8906	5.4422
335	13,707	0.001597	0.011848	1537.5	945.5	2483.0	1559.4	1086.0	2645.4	3.6050	1.7857	5.3907
340	14,601	0.001638	0.010783	1570.7	893.8	2464.5	1594.6	1027.4	2622.0	3.6602	1.6756	5.3358
345	15,541	0.001685	0.009772	1605.5	837.7	2443.2	1631.7	963.4	2595.1	3.7179	1.5585	5.2765
350	16,529	0.001741	0.008806	1642.4	775.9	2418.3	1671.2	892.7	2563.9	3.7788	1.4326	5.2114
355	17,570	0.001808	0.007872	1682.2	706.4	2388.6	1714.0	812.9	2526.9	3.8442	1.2942	5.1384

Table B–2 (계속)

Temp.	Sat. press.	Specific volume m³/kg		Internal energy kJ/kg			Enthalpy kJ/kg			Entropy kJ/kg·K		
T ℃	P_{sat} kPa	Sat. liquid v_f	Sat. vapor v_g	Sat. liquid u_f	Evap. u_{fg}	Sat. vapor u_g	Sat. liquid h_f	Evap. h_{fg}	Sat. vapor h_g	Sat. liquid s_f	Evap. s_{fg}	Sat. vapor s_g
360	18,666	0.001895	0.006950	1726.2	625.7	2351.9	1761.5	7210.1	2481.6	3.9165	1.1373	5.0537
365	19,822	0.002015	0.006009	1777.2	526.4	2303.6	1817.2	605.5	2422.7	4.0004	0.9489	4.9493
370	21,044	0.002217	0.004953	1844.5	385.6	2230.1	1891.2	443.1	2334.3	4.1119	0.6890	4.8009
373.95	22,064	0.003106	0.003106	2015.7	0	2015.7	2084.3	0	2084.3	4.4070	0	4.4070

Source: Yunus A. Cengel and Michael A. Boles. 2006. *Thermodynamics: An Engineering Approach* 5th ed. MaGraw-Hill.

Table B–3 포화수증기의 열역학 특성 – 압력 기준

		Specific volume m^3/kg		Internal energy kJ/kg			Enthalpy kJ/kg			Entropy kJ/kg·K		
Press. P_{sat} kPa	Sat. temp. T_{sat} ℃	Sat. liquid v_f	Sat. vapor v_g	Sat. liquid u_f	Evap. u_{fg}	Sat. vapor u_g	Sat. liquid h_f	Evap. h_{fg}	Sat. vapor h_g	Sat. liquid s_f	Evap. s_{fg}	Sat. vapor s_g
1.0	6.97	0.001000	129.19	29.302	2355.2	2384.5	29.303	2484.4	2513.7	0.1059	8.8690	8.9749
1.5	13.02	0.001001	87.964	54.686	2338.1	2392.8	54.688	2470.1	2524.7	0.1956	8.6314	8.8270
2.5	17.50	0.001001	66.990	73.431	2325.5	2398.9	73.433	2459.5	2532.9	0.2606	8.4621	8.7227
2.5	21.08	0.001002	54.242	88.422	2315.4	2403.8	88.424	2451.0	2539.4	0.3118	8.3302	8.6421
3.0	24.08	0.001003	45.654	100.98	2306.9	2407.9	100.98	2443.9	2544.8	0.3543	8.2222	8.5765
4.0	28.96	0.001004	34.791	121.39	2293.1	2414.5	121.39	2432.3	2553.7	0.4224	8.0510	8.4734
5.0	32.87	0.001005	28.185	137.75	2282.1	2419.8	137.75	2423.0	2560.7	0.4762	7.9176	8.3938
7.5	40.29	0.001008	19.233	168.74	2261.1	2429.8	168.75	24505.3	2574.0	0.5763	7.6738	8.2501
10	45.81	0.001010	14.670	191.79	2245.4	2437.2	191.81	2392.1	2583.9	0.6492	7.4996	8.1488
15	53.97	0.001014	10.020	225.93	2222.1	2448.0	225.94	2372.3	2598.3	0.7549	7.2522	8.0071
20	60.06	0.001017	7.6481	251.40	2204.6	2456.0	251.42	2357.5	2608.9	0.8320	7.0752	7.9073
25	64.96	0.001020	6.2034	271.93	2190.4	2462.4	271.96	2345.5	2617.5	0.8932	6.9370	7.8302
30	69.09	0.001022	5.2287	289.24	2178.5	2467.7	289.27	2335.3	2624.6	0.9441	6.8234	7.7675
40	75.86	0.001026	3.9933	317.58	2158.8	2476.3	317.62	2318.4	2636.1	1.0261	6.6430	7.6691
50	81.32	0.001030	3.2403	340.49	2142.7	2483.2	340.54	2304.7	2645.2	1.0912	6.5019	7.5931
75	91.76	0.001037	2.2172	384.36	2111.8	2496.1	384.44	2278.0	2662.4	1.2132	6.2426	7.4558
100	99.61	0.001043	1.6941	417.40	2088.2	2505.6	417.51	2257.5	2675.0	1.3028	6.0562	7.3589
101.325	99.97	0.001043	1.6734	418.95	2087.0	2506.0	419.06	2256.5	2675.6	1.3069	6.0476	7.3545

Table B–3 (계속)

Press.	Sat. temp.	Specific volume m^3/kg		Internal energy kJ/kg			Enthalpy kJ/kg			Entropy kJ/kg·K		
P_{sat} kPa	T_{sat} ℃	Sat. liquid v_f	Sat. vapor v_g	Sat. liquid u_f	Evap. u_{fg}	Sat. vapor u_g	Sat. liquid h_f	Evap. h_{fg}	Sat. vapor h_g	Sat. liquid s_f	Evap. s_{fg}	Sat. vapor s_g
200	120.21	0.001061	0.88578	504.50	2024.6	2529.1	504.71	2201.6	2706.3	1.5302	5.5968	7.1270
225	123.97	0.001064	0.79329	520.47	2012.7	2533.2	520.71	2191.0	2711.7	1.5706	5.5171	7.0877
250	127.41	0.001067	0.71873	535.08	2001.8	2536.8	535.35	2181.2	2716.5	1.6072	5.4453	7.0525
275	130.58	0.001070	0.65732	548.57	1991.6	2540.1	548.86	2172.0	2720.9	1.6408	5.3800	7.0207
300	133.52	0.001073	0.30582	561.11	1982.1	2543.2	561.43	2163.5	2724.9	1.6717	5.3200	6.9917
325	136.27	0.001076	0.56199	572.84	1973.1	2545.9	573.19	2155.4	2728.6	1.7005	5.2645	6.9650
350	138.86	0.001079	0.52422	583.89	1964.6	2548.5	584.26	2147.7	2732.0	1.7274	5.2128	6.9402
375	141.30	0.001081	0.49133	594.32	1956.6	2550.9	594.73	2140.4	2735.1	1.7526	5.1645	6.9171
400	143.61	0.001084	0.46242	604.22	1948.9	2553.1	604.66	2133.4	2738.1	1.7765	5.1191	6.8955
450	147.90	0.001088	0.41392	622.65	1934.5	2557.1	623.14	2120.3	2743.4	1.8205	5.0356	6.8561
500	151.83	0.001093	0.37483	639.54	1921.2	2560.7	640.09	2108.0	2748.1	1.8604	4.9603	6.8207
550	155.46	0.001097	0.34261	655.16	1908.8	2564.9	655.77	2096.6	2752.4	1.8970	4.8916	6.7886
600	158.83	0.001101	0.31560	669.72	1897.1	2566.8	670.38	2085.8	2756.2	1.9308	4.8285	6.7593
650	161.98	0.001104	0.29260	683.37	1886.1	2569.4	684.08	2075.5	2759.6	1.9623	4.7699	6.7322
700	164.95	0.001108	0.27278	696.23	1875.6	2571.8	697.00	2065.8	2762.8	1.9918	4.7153	6.7071
750	167.75	0.001111	0.25552	708.40	1865.6	2574.0	709.24	2056.4	2765.7	2.0195	4.6642	6.6837
800	170.41	0.001115	0.24035	719.97	1856.1	2576.0	720.87	2047.5	2768.3	2.0457	4.6160	6.6616
850	172.94	0.001118	0.22690	731.00	1846.9	2577.9	731.95	2038.8	2770.8	2.0705	4.5705	6.6409

Table B–3 (계속)

Press. P_{sat} kPa	Sat. temp. T_{sat} ℃	Specific volume m³/kg Sat. liquid v_f	Sat. vapor v_g	Internal energy kJ/kg Sat. liquid u_f	Evap. u_{fg}	Sat. vapor u_g	Enthalpy kJ/kg Sat. liquid h_f	Evap. h_{fg}	Sat. vapor h_g	Entropy kJ/kg·K Sat. liquid s_f	Evap. s_{fg}	Sat. vapor s_g
900	175.35	0.001121	0.21489	741.55	1838.1	2579.6	742.56	2030.5	2773.0	2.0941	4.5293	6.6213
950	177.66	0.001124	0.20411	751.67	1829.6	2581.3	752.74	2022.4	2775.2	2.1166	4.4862	6.6027
1,000	179.88	0.001127	0.19644	761.39	1821.4	2582.8	762.51	2014.6	2777.1	2.1381	4.4470	6.5850
1,100	184.06	0.001133	0.17745	779.78	1805.7	2585.5	781.03	1999.6	2780.7	2.1785	4.3735	6.5520
1,200	187.96	0.001138	0.16326	796.96	1790.9	2587.8	798.33	1985.4	2783.8	2.2159	4.3058	6.5217
1,300	191.60	0.001144	0.15119	813.10	1776.8	2589.9	814.59	1971.9	2786.5	2.2508	4.2428	6.4936
1,400	195.04	0.001149	0.14078	828.35	1763.4	2591.8	829.96	1958.9	2788.9	2.2835	4.1840	6.4675
1,500	198.29	0.001154	0.13171	842.82	1750.6	2593.4	844.55	1946.4	2791.0	2.3143	4.1287	6.4430
1,750	205.72	0.001166	0.11344	876.12	1720.6	2596.7	878.16	1917.1	2795.2	2.3844	4.0033	6.3877
2,000	212.38	0.001177	0.099587	906.12	1693.0	2599.1	908.47	1889.8	2798.3	2.4467	3.8923	6.3390
2,250	218.41	0.001187	0.088717	933.54	1667.3	2600.9	936.21	1864.3	2800.5	2.5029	3.7926	6.2954
2,500	223.95	0.001197	0.079952	958.87	1643.2	2602.1	961.87	1840.1	2801.9	2.5542	3.7016	6.2558
3,000	233.85	0.001217	0.066667	1004.6	1598.5	2603.2	1008.3	1794.9	2803.2	2.6454	3.5402	6.1856
3,500	242.56	0.001235	0.057061	1045.4	1557.6	2603.0	1049.7	1754.0	2802.7	2.7253	3.3991	6.1244
4,000	250.35	0.001252	0.049779	1082.4	1519.3	2601.7	1087.4	1713.5	2800.8	2.7966	3.2731	6.0696
5,000	263.94	0.001286	0.039448	1148.1	1448.9	2597.0	1154.5	1639.7	2794.2	2.9207	3.0530	5.9737
6,000	275.59	0.001319	0.032449	1205.8	1384.1	2589.9	1213.8	1570.9	2784.6	3.0275	2.8627	5.8908
7,000	285.83	0.001352	0.027378	1258.0	1323.0	2581.0	1267.5	1505.2	2772.6	3.1220	2.6927	5.8148

Table B–3 (계속)

Press. P_{sat} kPa	Sat. temp. T_{sat} ℃	Specific volume m^3/kg Sat. liquid v_f	Sat. vapor v_g	Internal energy kJ/kg Sat. liquid u_f	Evap. u_{fg}	Sat. vapor u_g	Enthalpy kJ/kg Sat. liquid h_f	Evap. h_{fg}	Sat. vapor h_g	Entropy kJ/kg·K Sat. liquid s_f	Evap. s_{fg}	Sat. vapor s_g
8,000	295.01	0.001384	0.023525	1306.0	1264.5	2570.5	1317.1	1441.6	2758.7	3.2077	2.5373	5.7450
9,000	303.35	0.001418	0.020489	1350.9	1207.6	2558.5	1363.7	1379.3	2742.9	3.2866	2.3925	5.6791
10,000	311.00	0.001452	0.018028	1393.3	1151.8	2545.2	1407.8	1317.6	2725.5	3.3603	2.2556	5.6159
11,000	318.08	0.001488	0.015988	1433.9	1096.6	2530.4	1450.2	1256.1	2706.3	3.4299	2.1245	5.5544
12,000	324.68	0.001526	0.014264	1473.0	1041.3	2514.3	1491.3	1194.1	2685.4	3.4964	1.9975	5.4939
13,000	330.85	0.001566	0.012781	1511.0	985.5	2496.6	1531.4	1131.3	2662.7	3.5606	1.8730	5.4336
14,000	336.67	0.001610	0.011487	1548.4	928.7	2477.1	1571.0	1067.0	2637.9	3.6232	1.7497	5.3728
15,000	342.16	0.001657	0.010341	1585.5	870.3	2455.7	1610.3	1000.5	2610.8	3.6848	1.6261	5.3108
16,000	347.36	0.001710	0.009312	1622.6	809.4	2432.0	1649.9	931.1	2581.0	3.7461	1.5005	5.2466
17,000	352.29	0.001770	0.008374	1660.2	745.1	2405.4	1690.3	857.4	2547.7	3.8082	1.3709	5.1791
18,000	356.99	0.001840	0.007504	1699.1	675.9	2375.0	1732.2	777.8	2510.0	3.8720	1.2343	5.1064
19,000	361.47	0.001926	0.006677	1740.3	598.9	2339.2	1776.8	689.2	2466.0	3.9396	1.0860	5.0256
20,000	365.75	0.002038	0.005862	1785.8	509.0	2294.8	1826.6	585.5	2412.1	4.0146	0.9164	4.9310
21,000	369.83	0.002207	0.004994	1841.6	391.9	2233.5	1888.0	450.4	2338.4	4.1071	0.7005	4.8076
22,000	373.71	0.002703	0.003644	1951.7	140.8	2092.4	2011.1	161.5	2172.6	4.2942	0.2496	4.5439
22,064	373.95	0.003106	0.003106	2015.7	0	2015.7	2084.3	0	2084.3	4.4070	0	4.4070

Source: Yunus A. Cengel and Michael A. Boles. 2006. *Thermodynamics: An Engineering Approach* 5th ed. MaGraw-Hill.

Table B-4 과열수증기의 열역학 특성

T ℃	v m^3/kg	u KJ/kg	h KJ/kg	s KJ/kg·K	v m^3/kg	u KJ/kg	h KJ/kg	s KJ/kg·K	v m^3/kg	u KJ/kg	h KJ/kg	s KJ/kg·K
	P = 0.01 MPa (45.81℃)				P = 0.05 MPa (81.32℃)				P = 0.10 MPa (99.61℃)			
Sat.	14.670	2437.2	2583.9	8.1488	3.2403	2483.2	2645.2	7.5931	1.6941	2505.6	2675.0	7.3589
50	14.867	2443.3	2592.0	8.1741								
100	17.196	2515.5	2687.5	8.4489	3.4187	2511.5	2682.4	7.6953	1.6959	2506.2	2675.8	7.3611
150	19.513	2587.6	2783.0	8.6893	3.8897	2585.7	2780.2	7.9413	1.9367	2582.9	2776.6	7.6148
200	21.826	2661.4	2879.6	8.9049	4.3562	2660.0	2877.8	8.1592	2.1724	2658.2	2875.5	7.8356
250	24.136	2736.1	2977.5	9.1015	4.8206	2735.1	2976.2	8.3598	2.4062	2733.9	2974.5	8.0346
300	26.446	2812.3	3076.7	9.2827	5.2841	2811.6	3075.8	8.5387	2.6389	2810.7	3074.5	8.2172
400	31.063	2969.3	3280.0	9.6094	6.2094	2968.9	3279.3	8.8659	3.1027	2968.3	3278.6	8.5452
500	35.680	3132.9	3489.7	9.8998	7.1338	3132.6	3489.3	9.1566	3.5655	3132.2	3488.7	8.8362
600	60.296	3303.3	3706.3	10.1631	8.0577	3303.1	3706.0	9.4201	4.0279	3302.8	3705.6	9.0999
700	44.911	3480.8	3929.9	10.4056	8.9813	3480.6	3929.7	9.6626	4.4900	3480.4	3929.4	9.3424
800	49.527	3665.4	4160.6	10.6312	9.9047	3665.2	4160.4	9.8883	4.9519	3665.0	4160.2	9.5682
900	54.143	3856.9	4398.3	10.8429	10.8280	3856.8	4398.2	10.1000	5.4137	3856.7	4398.0	9.7800
1,000	58.758	4055.3	4642.8	11.0429	11.7513	4055.2	4642.7	10.3000	5.8755	4055.0	4642.6	9.9800
1,100	63.373	4260.0	4893.8	11.2326	12.6745	4259.9	4893.7	10.4897	6.3372	4259.8	4893.6	10.1698
1,200	67.989	4470.9	5150.8	11.4132	13.5977	4470.8	5150.7	10.6704	6.7988	4470.7	5150.6	10.3504
1,300	72.604	4687.4	5413.4	11.5857	14.5209	4687.3	5413.3	10.8429	7.2605	4687.2	5413.3	10.5229

Table B-4 (계속)

T ℃	v m^3/kg	u KJ/kg	h KJ/kg	s KJ/kg·K	v m^3/kg	u KJ/kg	h KJ/kg	s KJ/kg·K	v m^3/kg	u KJ/kg	h KJ/kg	s KJ/kg·K
	P = 0.20 MPa (120.21℃)				P = 0.30 MPa (133.52℃)				P = 0.40 MPa (143.61℃)			
Sat.	0.88578	2529.1	2706.3	7.1270	0.46242	2543.2	2724.9	6.9917	0.46242	2553.1	2738.1	6.8955
150	0.95986	2577.1	2769.1	7.2810	0.47088	2571.0	2761.2	7.0792	0.47088	2564.4	2752.8	6.9306
200	1.08049	2654.6	2870.7	7.5081	0.53434	2651.0	2865.9	7.3132	0.53434	2647.2	2860.9	7.1723
250	1.19890	2731.4	2971.2	7.7100	0.59520	2728.9	2967.9	7.5180	0.59520	2726.4	2964.5	7.3804
300	3.31623	2808.8	3072.1	7.8941	0.65489	2807.0	3069.6	7.7037	0.65489	2805.1	3067.1	7.5677
400	1.54934	2967.2	3277.0	8.2236	0.77265	2966.0	3275.5	8.0347	0.77265	2964.9	3273.9	7.9003
500	1.78142	3131.4	3487.7	8.5153	0.88936	3130.6	3486.6	8.3271	0.88936	3129.8	3485.5	8.1933
600	2.01302	3302.2	3704.8	8.7793	1.00558	3301.6	3704.0	8.5915	1.00558	3301.0	3703.3	8.4580
700	2.24434	3479.9	3928.8	9.0221	1.12152	3479.5	3928.2	8.8345	1.12115	3479.0	3927.6	8.7012
800	2.47550	3664.7	4159.8	9.2479	1.23730	3664.3	4159.3	9.0605	1.23730	3663.9	4158.9	8.9274
900	2.70656	3856.3	4397.7	9.4598	1.35298	3856.0	4397.3	9.2725	1.35298	3855.7	4396.9	9.1394
1,000	2.93755	4054.8	4642.3	9.6599	1.46859	4054.5	4642.0	9.4726	1.46859	4054.3	4641.7	9.3396
1,100	3.16848	4259.6	4893.3	9.8497	1.58414	4259.4	4893.1	9.6624	1.58414	4259.2	4892.9	9.5295
1,200	3.39938	4470.5	5150.4	10.0304	1.69966	4470.3	5150.2	9.8431	1.69966	4470.2	5150.0	9.7102
1,300	3.63026	4687.1	5413.1	10.2029	1.81516	4686.4	5413.0	10.0157	1.81516	4686.7	5412.8	9.8828
	P = 0.50 MPa (151.83℃)				P = 0.60 MPa (158.83℃)				P = 0.80 MPa (170.41℃)			
Sat.	0.37483	2560.7	2748.1	6.8207	0.31560	2566.8	2756.2	6.7593	0.24035	2576.0	2768.3	6.6616

Table B-4 (계속)

T ℃	v m³/kg	u KJ/kg	h KJ/kg	s KJ/kg·K	v m³/kg	u KJ/kg	h KJ/kg	s KJ/kg·K	v m³/kg	u KJ/kg	h KJ/kg	s KJ/kg·K
	P = 0.50 MPa (151.83℃)				P = 0.60 MPa (158.83℃)				P = 0.80 MPa (170.41℃)			
200	0.42503	2643.3	2855.8	7.0610	0.35212	2639.4	2850.6	6.9683	0.26088	2631.1	2839.8	6.8177
250	0.47443	2723.8	2961.0	7.2725	0.39390	2721.2	2957.6	7.1833	0.29321	2715.9	2950.4	7.0402
300	0.52261	2803.3	3064.6	7.4614	0.43442	2801.4	3062.0	7.3740	0.32416	2797.5	3056.9	7.2345
350	0.57015	2883.0	3168.1	7.6346	0.47428	2881.6	3166.1	7.5481	0.35442	2878.6	3162.2	7.4107
400	0.61731	2963.7	3272.4	7.7956	0.51374	2962.5	3270.8	7.7097	0.38429	2960.2	3267.7	7.5735
500	0.71095	9129.0	3484.5	8.0893	0.59200	3128.2	3483.4	8.0041	0.44332	3126.6	3481.3	7.8692
600	0.80409	3300.4	9702.5	8.3544	0.66976	3299.8	3701.0	8.2695	0.50186	3298.7	3700.1	8.1354
700	0.89696	3478.6	3927.0	8.5978	0.74725	3478.1	3926.4	8.5132	0.56011	3477.2	3925.3	8.3794
800	0.98966	3663.6	4158.4	8.8240	0.82457	3663.2	4157.9	8.3950	0.61820	3662.5	4157.0	8.6061
900	1.08227	3855.4	4396.6	9.0362	0.90179	3855.1	4396.2	8.9518	0.67619	3854.5	4395.5	8.8185
1,000	1.17480	4054.0	4641.4	9.2364	0.97893	4053.8	4641.1	9.1521	0.73411	4053.3	4640.5	9.0189
1,100	1.22673	4259.0	4892.6	9.4263	1.05603	4258.8	4892.4	9.3420	0.79197	4258.3	4891.9	9.2090
1,200	1.35972	4470.0	5149.8	9.6071	1.13309	4469.8	5149.6	9.5229	0.84980	4469.4	5149.3	9.3898
1,300	1.45214	4686.6	5412.6	9.7797	1.21012	4686.4	5412.5	9.6955	0.90761	4686.1	5412.2	9.5625
	P = 1.00 MPa (179.88℃)				P = 1.20 MPa (187.96℃)				P = 1.40 MPa (195.04℃)			
Sat.	0.19437	2582.8	2777.1	6.5850	0.16326	2587.8	2783.8	6.5217	0.14078	2591.8	2788.9	6.4675
200	0.20602	2622.3	2828.3	6.6956	0.16934	2612.9	2816.1	6.5909	0.14303	2602.7	2803.0	6.4975

Table B-4 (계속)

T ℃	v m³/kg	u KJ/kg	h KJ/kg	s KJ/kg·K	v m³/kg	u KJ/kg	h KJ/kg	s KJ/kg·K	v m³/kg	u KJ/kg	h KJ/kg	s KJ/kg·K
	P = 1.00 MPa (179.88℃)				P = 1.20 MPa (187.96℃)				P = 1.40 MPa (195.04℃)			
250	0.23275	2710.4	2943.1	6.9265	0.19241	2704.7	2935.6	6.8313	0.16356	2698.9	2927.9	6.7488
300	0.25799	2793.7	3051.6	7.1246	0.21386	2789.7	3046.3	7.0335	0.18233	2785.7	3040.9	6.9553
350	0.28250	2875.7	3158.2	7.3029	0.23455	2872.7	3154.2	7.2139	0.20029	2869.7	3150.1	7.1379
400	0.30661	2957.9	3264.5	7.4670	0.25482	2955.5	3261.3	7.3793	0.21782	2953.1	3258.1	7.3046
500	0.35411	3125.0	3479.1	7.7642	0.29464	3123.4	3477.0	7.6779	0.25216	3121.8	3474.8	7.6047
600	0.40111	3297.5	3698.6	8.0311	0.33395	3296.3	3697.0	7.9456	0.28597	3295.1	3695.5	7.8730
700	0.44783	3476.3	3924.1	8.2755	0.37297	3475.3	3922.9	8.1904	0.31951	3474.4	3921.7	8.1183
800	0.49438	3661.7	4156.1	8.5024	0.41184	3661.0	4155.2	8.4176	0.35288	3660.3	4154.3	8.3458
900	0.54083	3853.9	4394.8	8.7150	0.45059	2853.3	4394.0	8.6303	0.38614	3852.7	4393.3	8.5587
1,000	0.58721	4052.7	4640.0	8.9155	0.48928	4052.2	4639.4	8.8310	0.41933	4051.7	4638.8	8.7595
1,100	0.63354	4257.9	4891.4	9.1057	0.52792	4257.5	4891.0	9.0212	0.45247	4257.0	4890.5	8.9497
1,200	0.47983	4469.0	5148.9	9.2866	0.56652	4468.7	5148.5	9.2022	0.48558	4468.3	5148.1	9.1308
1,300	0.72610	4685.8	5411.9	9.4593	0.60509	4685.5	5411.6	9.3750	0.51866	4685.1	5411.3	9.3036
	P = 1.60 MPa (201.37℃)				P = 1.80 MPa (207.11℃)				P = 2.00 MPa (212.38℃)			
Sat.	0.12374	2594.8	2792.8	6.4200	0.11037	2597.3	2795.9	6.3775	0.09959	2599.1	2798.3	6.3390
225	0.13293	2645.1	2857.8	6.5537	0.11678	2637.0	2847.2	6.4825	0.10381	2628.5	2836.1	6.4160
250	0.14190	2692.9	2919.9	6.6753	0.12502	2686.7	2911.7	6.6088	0.11150	2680.3	2903.3	6.5475

Table B–4 (계속)

T ℃	v m³/kg	u KJ/kg	h KJ/kg	s KJ/kg·K	v m³/kg	u KJ/kg	h KJ/kg	s KJ/kg·K	v m³/kg	u KJ/kg	h KJ/kg	s KJ/kg·K
	P = 1.60 MPa (201.37℃)				P = 1.80 MPa (207.11℃)				P = 2.00 MPa (212.38℃)			
300	0.15866	2781.6	3035.4	6.8864	0.14025	2777.4	3029.9	6.8246	0.12551	2773.2	3024.2	6.7684
350	0.17459	2866.6	3146.0	7.0713	0.15460	2863.6	3141.9	7.0120	0.13860	2860.5	3137.7	6.9583
400	0.19007	2950.8	3254.9	7.2394	0.16849	2948.3	3251.6	7.1814	0.15122	2945.9	3248.4	7.1292
500	0.22029	3120.1	3472.6	7.5410	0.19551	3118.5	3470.4	7.4845	0.17568	3116.9	3468.3	7.4337
600	0.24999	3293.9	3693.9	7.8101	0.22200	3292.7	3692.3	7.7543	0.19962	3291.5	3690.7	7.7043
700	0.27941	3473.5	3920.5	8.0558	0.24822	3472.6	3919.4	8.0005	0.22326	3471.7	3918.2	7.9509
800	0.30865	3659.5	4153.4	8.2834	0.27426	3658.8	4152.4	8.2284	0.24674	3658.0	4151.5	8.1791
900	0.33780	3852.1	4392.6	8.4965	0.30020	3851.5	4391.9	8.4417	0.27012	3850.9	4391.1	8.3925
1,000	0.36687	4021.2	4638.2	8.6974	0.32606	4050.7	4637.6	8.6427	0.29342	4050.2	4637.1	8.5936
1,100	0.39589	4256.6	4890.0	8.8878	0.35188	4256.2	4889.6	8.8331	0.31667	4255.7	4889.1	8.7842
1,200	0.42488	4467.9	5147.7	9.0689	0.37766	4467.6	5147.3	9.0143	0.33989	4467.2	5147.0	8.9654
1,300	0.45383	4684.8	5410.9	9.2418	0.40341	4684.5	5410.6	9.1872	0.36308	4684.2	5410.3	9.1384
	P = 2.50 MPa (223.95℃)				P = 3.00 MPa (233.85℃)				P = 3.50 MPa (242.56℃)			
Sat.	0.07995	2602.1	2801.9	6.2558	0.06667	2603.2	2803.2	6.1856	0.05706	2603.0	2802.7	6.1244
225	0.08026	2604.8	2805.5	6.2629								
250	0.08705	2663.6	2880.9	6.4107	0.07063	2644.7	2856.5	6.2893	0.05876	2624.0	2829.7	6.1764

Table B-4 (계속)

T ℃	v m^3/kg	u KJ/kg	h KJ/kg	s KJ/kg·K	v m^3/kg	u KJ/kg	h KJ/kg	s KJ/kg·K	v m^3/kg	u KJ/kg	h KJ/kg	s KJ/kg·K
	P = 2.50 MPa (223.95℃)				P = 3.00 MPa (233.85℃)				P = 3.50 MPa (242.56℃)			
300	0.09894	2762.2	3009.6	6.6459	0.08118	2750.8	2994.3	6.5412	0.06845	2738.8	2978.4	6.4484
350	0.10979	2852.5	3127.0	6.8424	0.09056	2844.4	3116.1	6.7450	0.07680	2836.0	3104.9	6.6601
400	0.12012	2939.8	3240.1	7.0170	0.09938	2933.6	3231.7	6.9235	0.08456	2927.2	3223.2	6.8428
450	0.13015	3026.2	3351.6	7.1768	0.10789	3021.2	3344.9	7.0856	0.09198	3016.1	3338.1	7.0074
500	0.13999	3112.8	3462.8	7.3254	0.11620	3108.6	3457.2	7.2359	0.09919	3104.5	3451.7	7.1593
600	0.15931	3288.5	3686.8	7.5979	0.13245	3285.5	3682.8	7.5103	0.11325	3282.5	3678.9	7.4357
700	0.17835	3469.3	3915.2	7.8455	0.14841	3467.0	3912.2	7.7590	0.12702	3464.7	3909.3	7.6855
800	0.19722	3656.2	4149.2	8.0744	0.16420	6954.3	4146.9	7.9885	0.14061	3652.5	4144.6	7.9156
900	0.21597	3879.4	4389.3	8.2882	0.17988	3847.9	4387.5	8.2028	0.15410	3846.4	4385.7	8.1304
1,000	0.23466	4049.0	4635.6	8.4897	0.19549	4047.7	4634.2	8.4045	0.16751	6046.4	4632.7	8.3324
1,100	0.25330	4254.7	4887.9	8.6804	0.21105	4253.6	4886.7	8.5955	0.18087	4252.5	4885.6	8.5236
1,200	0.27190	4466.3	5146.0	8.8618	0.22658	4465.3	5145.1	8.7771	0.19420	4464.4	5144.1	8.7053
1,300	0.29048	4683.4	5409.5	9.0349	0.24207	4682.6	5408.8	8.9502	0.20750	4681.8	5408.0	8.8786
	P = 4.0 MPa (250.35℃)				P = 4.5 MPa (257.44℃)				P = 5.0 MPa (263.94℃)			
Sat.	0.04978	2601.7	2800.8	6.0696	0.04406	2599.7	2978.0	6.0198	0.03945	2597.0	2794.2	5.9737
275	0.05461	2668.9	2887.3	6.2312	0.04733	2651.4	2864.4	0.1429	0.04144	2632.3	2839.5	6.0571
300	0.05887	2726.2	2961.7	6.3639	0.05138	2713.0	2944.2	6.2854	0.04535	2699.0	2925.7	6.2111

Table B-4 (계속)

T ℃	v m³/kg	u KJ/kg	h KJ/kg	s KJ/kg·K	v m³/kg	u KJ/kg	h KJ/kg	s KJ/kg·K	v m³/kg	u KJ/kg	h KJ/kg	s KJ/kg·K
	P = 4.0 MPa (250.35℃)				P = 4.5 MPa (257.44℃)				P = 5.0 MPa (263.94℃)			
350	0.06647	2827.4	3093.3	6.5843	0.05842	2818.6	3081.5	6.5153	0.05197	2809.5	3069.3	6.4516
400	0.07343	2920.8	3214.5	6.7714	0.06477	2914.2	3205.7	6.7071	0.05784	2907.5	3196.7	6.6483
450	0.08004	3011.0	3331.2	6.9386	0.07076	3005.8	3324.2	6.8770	0.06332	3000.6	3317.2	6.8210
500	0.08644	3100.3	3446.0	7.0922	0.07654	3096.0	3440.4	7.0323	0.06858	3091.8	3434.7	6.9781
600	0.09886	3279.4	3674.9	7.3706	0.87660	3276.4	3670.9	7.3127	0.07870	3273.3	3666.9	7.2605
700	0.11098	3462.4	3906.3	7.6214	0.09850	3460.0	3903.3	7.5647	0.08852	3457.7	3900.3	7.5136
800	0.12292	3650.6	4142.3	7.8523	0.10916	3648.8	4140.0	7.7962	0.09816	3646.9	4137.7	7.7458
900	0.13476	3844.8	4383.9	8.0675	0.11972	3843.3	4382.1	8.0118	0.10769	3841.8	4380.2	7.9619
1,000	0.14653	4045.1	4631.2	8.2698	0.13020	4043.9	4629.8	8.2144	0.11715	4042.6	4628.3	8.1648
1,100	0.15824	4251.4	4884.4	8.4612	0.14064	4250.4	4883.2	8.4060	0.12655	4249.3	4882.1	8.3566
1,200	0.16992	4463.5	5143.2	8.6430	0.15103	4462.6	5142.2	8.5880	0.13592	4461.6	5141.3	8.5388
1,300	0.18157	4680.9	5407.2	8.8164	0.16140	4680.1	5406.5	8.7616	0.14527	4679.3	5405.7	8.7124
	P = 6.0 MPa (275.59℃)				P = 7.0 MPa (285.83℃)				P = 8.0 MPa (295.01℃)			
Sat.	0.03245	2589.9	2784.6	5.8902	0.027378	2581.0	2772.6	5.8148	0.023525	2570.5	2758.7	5.7450
300	0.03619	2668.4	2885.6	6.0703	0.029492	2633.5	2839.9	5.9337	0.024279	2592.3	2786.5	5.7937
350	0.04225	2790.4	3043.9	6.3357	0.035262	2770.1	3016.9	6.2305	0.029975	2748.3	2988.1	6.1321
400	0.04742	2893.7	3178.3	6.5432	0.039958	2879.5	3159.2	6.4502	0.034344	2864.6	3139.4	6.3658

Table B-4 (계속)

T ℃	v m³/kg	u KJ/kg	h KJ/kg	s KJ/kg·K	v m³/kg	u KJ/kg	h KJ/kg	s KJ/kg·K	v m³/kg	u KJ/kg	h KJ/kg	s KJ/kg·K
	$P = 6.0$ MPa (275.59℃)				$P = 7.0$ MPa (285.83℃)				$P = 8.0$ MPa (295.01℃)			
450	0.05217	2989.9	3302.9	6.7219	0.044187	2979.0	3288.3	6.6353	0.038194	2967.8	3273.3	6.5579
500	0.05667	3083.1	3423.1	6.8826	0.048157	3074.3	3411.4	6.8000	0.041670	3065.4	3399.5	6.7266
550	0.06102	3175.2	3541.3	7.0308	0.051966	3167.9	3531.6	6.9507	0.045172	3160.5	3521.8	6.8800
600	0.06527	3267.2	3658.8	7.1693	0.055665	3261.0	3650.6	7.0910	0.048463	3254.7	3642.4	7.0221
700	0.07355	3453.0	3894.3	7.4247	0.062850	3448.3	3888.3	7.3487	0.215060	3443.6	3882.2	7.2822
800	0.08165	3643.2	4133.1	7.6582	0.069856	3639.5	4128.5	7.5836	0.061011	3635.7	4123.8	7.5185
900	0.08964	3838.8	4376.6	7.8751	0.076750	3835.7	4373.0	7.8014	0.067082	3832.7	4369.3	7.7372
1,000	0.09756	4040.1	4625.4	8.0786	0.083571	4037.5	4622.5	8.0055	0.073079	4035.0	4619.6	7.9419
1,100	0.10543	4247.1	4879.7	8.2709	0.090341	4245.0	4877.4	8.1982	0.079025	4242.8	4875.0	8.1350
1,200	0.11326	4459.8	5139.4	8.4534	0.097075	4457.9	5137.4	8.3810	0.084934	4456.1	5135.5	8.3181
1,300	0.12107	4677.7	5404.1	8.6273	0.103781	4676.1	5402.6	8.5551	0.090817	4674.5	5401.0	8.4925
	$P = 9.0$ MPa (303.35℃)				$P = 10.0$ MPa (311.00℃)				$P = 12.5$ MPa (327.81℃)			
Sat.	0.020489	2558.5	2742.9	5.6791	0.018028	2545.2	2725.5	5.6159	0.013496	2505.6	2674.3	5.4638
325	0.023284	2647.6	2857.1	5.8738	0.019877	2611.6	2810.3	5.7596				
350	0.025816	2725.0	2957.3	6.0380	0.022440	2699.6	2924.0	5.9460	0.016138	2624.9	2826.6	5.7130
400	0.029960	2849.2	3118.8	6.2876	0.026436	2833.1	3097.5	6.2141	0.020030	2789.6	3040.0	6.0433
450	0.033524	2956.3	3258.0	6.4872	0.029782	2944.5	3242.4	6.4219	0.023019	2913.7	3201.5	6.2749

Table B-4 (계속)

T ℃	v m³/kg	u KJ/kg	h KJ/kg	s KJ/kg·K	v m³/kg	u KJ/kg	h KJ/kg	s KJ/kg·K	v m³/kg	u KJ/kg	h KJ/kg	s KJ/kg·K
	P = 9.0 MPa (303.35℃)				P = 10.0 MPa (311.00℃)				P = 12.5 MPa (327.81℃)			
500	0.036793	3056.3	3387.4	6.6603	0.032811	3047.0	3375.1	6.5995	0.256300	3023.2	3343.6	6.4651
550	0.398850	3153.0	3512.0	6.8164	0.035655	3145.4	3502.0	6.7585	0.028033	3126.1	3476.5	6.6317
600	0.428610	3248.4	3634.1	6.9605	0.038378	3242.0	3625.8	6.9045	0.030306	3225.8	3604.6	6.7828
650	0.457550	3343.4	3755.2	7.0954	0.041018	3338.0	3748.1	7.0408	0.032491	3324.1	3730.2	6.9227
700	0.048589	3438.8	3876.1	7.2229	0.043597	3434.0	3870.0	7.1693	0.034612	3422.0	3854.6	7.0540
800	0.054132	3632.0	4119.2	7.4606	0.048629	3628.2	4114.5	7.4085	0.038724	3618.8	4102.8	7.2967
900	0.059562	3829.6	4365.7	7.6802	0.053547	3826.5	4362.0	7.6290	0.042720	3818.9	4352.9	7.5195
1,000	0.064919	4032.4	4616.7	7.8855	0.058391	4029.9	4613.8	7.8349	0.046641	4023.5	4606.5	7.7269
1,100	0.702240	4240.7	4872.7	8.0791	0.063183	4238.5	4870.3	8.0289	0.050510	4233.1	4864.5	7.9220
1,200	0.075492	4454.2	5133.6	8.2625	0.067938	4452.4	5131.7	8.2126	0.054342	4447.7	5127.0	8.1065
1,300	0.080733	4672.9	5399.5	8.4371	0.072667	4671.3	5398.0	8.3874	0.058147	4667.3	5394.1	8.2819
	P = 15.0 MPa (342.16℃)				P = 17.5 MPa (354.67℃)				P = 20.0 MPa (365.75℃)			
Sat.	0.010341	2455.7	2610.8	5.3108	0.007932	2390.7	2529.5	5.1435	0.005862	2294.8	2412.1	4.9310
350	0.011481	2520.9	2963.1	5.4438								
400	0.015671	2740.6	2975.7	5.8819	0.012463	2684.3	2902.4	5.7211	0.009950	2617.9	2816.9	5.5526
450	0.018477	2880.8	3157.9	6.1434	0.015204	2845.4	3111.4	6.0212	0.012721	2807.3	3061.8	5.9043
500	0.020828	2998.4	3310.8	6.3480	0.017385	2972.4	3276.7	6.2424	0.014793	2945.3	3241.2	6.1446

Table B-4 (계속)

T ℃	v m^3/kg	u KJ/kg	h KJ/kg	s KJ/kg·K	v m^3/kg	u KJ/kg	h KJ/kg	s KJ/kg·K	v m^3/kg	u KJ/kg	h KJ/kg	s KJ/kg·K
	P = 15.0 MPa (342.16℃)				P = 17.5 MPa (354.67℃)				P = 20.0 MPa (365.75℃)			
550	0.229450	3106.2	3450.4	6.5230	0.019305	3085.8	3423.6	6.4266	0.016571	3064.7	3396.2	6.3390
600	0.024921	3209.3	3583.1	6.6796	0.021073	3192.5	3561.3	6.5890	0.018185	3175.3	3539.0	6.5075
650	0.026804	3310.1	3712.1	6.8233	0.022742	3295.8	3693.8	6.7366	0.019695	3281.4	3675.3	6.6593
700	0.028621	3409.8	3839.1	6.9573	0.024342	3397.5	3823.5	6.8735	0.021134	3385.1	3807.8	6.7991
800	0.032121	3609.3	4091.1	7.2037	0.027405	3599.7	4079.3	7.1237	0.023870	3590.1	4067.5	7.0531
900	0.035503	3811.2	4343.7	7.4288	0.030348	3803.5	4334.6	7.3511	0.026484	3795.7	4325.4	7.2829
1,000	0.038808	4017.1	4599.2	7.6378	0.033215	4010.7	4592.0	7.5616	0.029020	4004.3	4584.7	7.4950
1,100	0.042062	4227.7	4858.6	7.8339	0.036029	4222.3	4852.8	7.7588	0.031504	4216.9	4847.0	7.6933
1,200	0.045279	4443.1	5122.3	8.0192	0.038806	4438.5	5117.6	7.9449	0.033952	4433.8	5112.9	7.8802
1,300	0.048469	4663.3	5390.3	8.1952	0.041556	4659.2	5386.5	8.1215	0.036371	4655.2	5382.7	8.0574
	P = 25.0 MPa				P = 30.0 MPa				P = 35.0 MPa			
375	0.001978	1799.9	1849.4	4.0345	0.001792	1738.1	1791.9	3.9313	0.001701	1702.8	1762.4	3.8724
400	0.006005	2428.5	2578.7	5.1400	0.002798	2068.9	2152.8	4.4758	0.002105	1914.9	1988.6	4.2144
425	0.007886	2607.8	2805.0	5.4708	0.005299	2452.9	2611.8	5.1473	0.003434	2253.3	2373.5	4.7751
450	0.009176	2721.2	2950.6	5.6759	0.006737	2618.9	2821.0	5.4422	0.004957	2497.5	2671.0	5.1946
500	0.011143	2887.3	3165.9	5.9643	0.008691	2824.0	3084.8	5.7956	0.006933	2755.3	2997.9	5.6331
550	0.012736	3020.8	3339.2	6.1816	0.101750	2974.5	3279.7	6.0403	0.008348	2925.8	3218.0	5.9093

Table B-4 (계속)

T ℃	v m³/kg	u KJ/kg	h KJ/kg	s KJ/kg·K	v m³/kg	u KJ/kg	h KJ/kg	s KJ/kg·K	v m³/kg	u KJ/kg	h KJ/kg	s KJ/kg·K
	P = 25.0 MPa				P = 30.0 MPa				P = 35.0 MPa			
600	0.014140	3140.0	3493.5	6.3637	0.011445	3103.4	3446.8	6.2373	0.009523	3065.6	3399.0	6.1229
650	0.015430	3251.9	3637.7	6.5243	0.012590	3221.7	3599.4	6.4074	0.010565	3190.9	3560.7	6.3030
700	0.016643	3359.9	3776.0	6.6702	0.013654	3334.3	3743.9	6.5599	0.011523	3308.3	3711.6	6.4623
800	0.018922	3570.7	4043.8	6.9322	0.015628	3551.2	4020.0	6.8301	0.013278	3531.6	3996.3	6.7409
900	0.021075	3780.2	4307.1	7.1668	0.017473	3764.6	4288.8	7.0695	0.014904	3749.0	4270.6	6.9853
1,000	0.023150	3991.5	4570.2	7.3821	0.019240	6978.6	4555.8	7.2880	0.016450	3965.8	4541.5	7.2069
1,100	0.025172	4206.1	4835.4	7.5825	0.020954	4195.2	4823.9	7.4906	0.017942	4184.4	4812.4	7.4118
1,200	0.027157	4424.6	5103.5	7.7710	0.022630	4415.3	5094.2	7.6807	0.019398	4406.1	5085.0	7.6034
1,300	0.029115	4647.2	5375.1	7.9494	0.024279	4639.2	5367.6	7.8602	0.020827	4631.2	5360.2	7.7841
	P = 40.0 MPa				P = 50.0 MPa				P = 60.0 MPa			
375	0.001641	1677.0	1742.6	3.8290	0.001560	1638.6	1716.6	3.7642	0.001503	1609.7	1699.9	3.7149
400	0.001911	1855.0	1931.4	4.1145	0.001731	1787.8	1874.4	4.0024	0.001633	1745.2	1843.2	3.9317
425	0.002538	2097.5	2199.0	4.5044	0.002009	1960.3	2060.7	4.2746	0.001816	1892.9	2001.8	4.1630
450	0.003692	2364.2	2511.8	4.9449	0.002487	2160.3	2284.7	4.5896	0.002086	2055.1	2180.2	4.4140
500	0.005623	2681.6	2906.5	5.4744	0.003890	2528.1	2722.6	5.1762	0.002295	2393.2	5570.3	4.9356
550	0.006985	2875.1	3154.4	5.7857	0.005118	2769.5	3025.4	5.5563	0.003955	2664.6	2901.9	5.3517
600	0.008089	3026.8	3350.4	6.0170	0.006108	2947.1	3252.6	5.8245	0.004833	2866.8	3156.8	5.6527

Table B–4 (계속)

T ℃	v m^3/kg	u KJ/kg	h KJ/kg	s KJ/kg·K	v m^3/kg	u KJ/kg	h KJ/kg	s KJ/kg·K	v m^3/kg	u KJ/kg	h KJ/kg	s KJ/kg·K
	P = 40.0 MPa				P = 50.0 MPa				P = 60.0 MPa			
650	0.009053	3159.5	3521.6	6.2078	0.006957	3095.6	3443.5	6.0373	0.005591	3031.3	3366.8	5.8867
700	0.009930	3282.0	3679.2	6.3740	0.007717	3228.7	3614.6	6.2179	0.006265	3175.4	3551.3	6.0814
800	0.011521	3511.8	3972.6	6.6613	0.009907	3472.2	3925.8	6.5225	0.007556	3432.6	3880.0	6.4033
900	0.012980	3733.3	4252.5	6.9107	0.010296	3702.0	4216.8	6.7819	0.008519	3670.9	4182.1	6.6725
1,000	0.014360	3952.9	4527.3	7.1355	0.011441	3927.4	4499.4	7.0131	0.009504	3902.0	4472.2	6.9099
1,100	0.015686	4173.7	4801.1	7.3425	0.012534	4252.2	4778.9	7.2244	0.010439	4130.9	4757.3	7.1255
1,200	0.016976	4396.9	5075.9	7.5357	0.013590	4378.6	5058.1	7.4207	0.011339	4360.5	5040.8	7.3248
1,300	0.018239	4623.3	5352.8	7.7175	0.014620	4607.5	5338.5	7.6048	0.012213	4591.8	5324.5	7.5111

Source: Yunus A. Cengel and Michael A. Boles. 2006. *Thermodynamics: An Engineering Approach* 5th ed. MaGraw-Hill.

기호 설명

그리스 문자 Greek letters

β	성능계수	coefficient of performance, COP
δ	변화량	increasement or change
Δ	변화량	increasement or change
β_R	냉장고 성능계수	COP of refrigerator
η	열효율	thermal efficiency
μ	포화도	degree of saturation
ρ	밀도	density
σ	생성되는 엔탈피	generated enthalpy
Φ	상대습도	relative humidity
ω	비습도(습도비)	specific humidity, humidity ratio
Ψ	유동 엑서지	flow exergy
φ	비유동 엑서지	non-flow exergy

영문자 Alphabets

$\vec{V}$	속도	velocity
A	헬름홀츠 자유 에너지	Helmholtz function
a, b	계수	coefficients of a general function
AF	공연비	air-fuel ratio
BDC	하사점	bottom dead center
c	광속	speed of light
C	비열	specific heat
C	상수, 일정한	constant number
COP	성능계수	coefficient of performance
CV	검사체적	control volume

E	에너지	energy
g	중력가속도	gravitational acceleration
g	비기브스 에너지	specific Gibb's function
G	기브스 자유 에너지	Gibb's function
gen	발생(한)	generation
H	(총)엔탈피	(total) enthalpy
h	비엔탈피	specific enthalpy (per mass)
I	비가역성	ir-reversibility
k	비열비	specific heat ratio
ke	비운동 에너지	specific kinetic energy
KE	운동 에너지	kinetic energy
M	분자량	molecular weight
m	질량	mass
MEP	평균유효압력	mean effective pressure
mf	질량비율	mass fraction
m_g	공기 중 최대수분량	saturated water content in wet air
N	몰당 분자수	no. of molecules per mole
n	몰수	mole number of (substance)
n	폴리트로픽 지수	polytropic exponent
net	순수(한), 정미	net
P	압력	pressure
P	압력	pressure
P_a	공기 분압	partial pressure of dry air
P_{atm}	대기압	atmospheric pressure
P_{abs}	절대압력	absolute pressure
P_{gage}	계기압력	gage pressure
pe	비위치 에너지	specific potential energy
PE	위치 에너지	potential energy
P_r	상대압력	relative pressure
P_v	수증기 분압	partial pressure of vapor
Q	(총)열	(total) heat

q	비열유량	specific heat per mass
R	기체상수	gas constant
r_f	연료차단비	fuel cut-off ratio
r_p	압력비	pressure ratio
r_v	압축비	volume ratio
S	(총)엔트로피	(total) entropy
s	비엔트로피	specific entropy
$surr$	주변(의)	surrounding
sys	시스템	system
t	시간	time
T	온도	temperature
$T_{℃}$	섭씨온도	Celcius temperature
T_C	임계점 온도	critical temperature
TDC	상사점	top dead center
T_{dp}	노점온도	dew point temperature
$T_{°F}$	화씨온도	Farenheit temperature
T_R	환산온도	reduced temperature
U	(총)내부 에너지	(total) internal energy
U	내부 에너지	internal energy
u	비내부 에너지	specific internal energy
USUF	균일상태균일유동	uniform state-uniform flow
V	체적	volume
v	비체적	specific volume
w	질량당 일	work per mass
W	(총)일	work
W_{lost}	손실 일	lost work
x	건도	quality
y	몰분율(몰비율)	mole fraction
Z	압축성 계수	compressibility factor
Z	해발 고도	elevation

하첨자 subscript

1,2,3,4	상태번호	state number in a cycle or a process
1	초기/입구상태	initial state or state at inlet
2	최종/출구상태	final state or state at outlet
a	공기의	air or atmospheric
a	실제(의)	actual
abs	절대적인	absolute
avg	평균	average
C	임계의	critical
c	광속(빛의 속도)	speed of light
dp	이슬점	dew point
e	출구	exit
f	연료	fuel
f	유(액)체의	fluid(liquid)
g	계기의	gage
g	기체의	gas
H	난방, 고온	heating or high temp,
i	임의의 수	dummy number
i	입구의(내부)	inlet(inside)
int	내부	internally
irr	비가역	ir-reversible
k	동역학적인	kinematic
L	저온	low temp.
p	생성물	products
p	압력	pressure
p	위치 에너지의	potential
R	냉장	refrigeration
r	반응물	reactants
r	상대적인	relative
r	환산(한)	reduced
rev	가역	reversible

sat	포화	saturation or saturated
surr	주변	surroundings
th	이론적인	theoretical
v	체적(의)	volume

상첨자 superscript

$\cdot$	단위 시간당의 양	over dot, quantity per unit time
$-$	단위 몰당의 양	over bar, quantity per unit mole
$\circ$	표준기준상태	over circle, Standard reference state

찾아보기

A~Z

저자 약력

조성인

서울대학교 농과대학 농공학과, 농학사

미국 Purdue Univ. 대학원 Agricultural Engineering학과, 공학석사(M.S.)

미국 Purdue Univ. 대학원 Agricultural Engineering학과, 공학박사(Ph.D)

(현) 서울대학교 농업생명과학대학 바이오시스템·소재학부, 교수

이중용

서울대학교 농과대학 농공학과, 농학사

서울대학교 대학원 농공학과, 농학석사(M.S.)

미국 Univ. of Illinois at Urbana-Champaign 대학원

Agricultural and Biological Engineering학과, 공학박사(Ph.D)

(현) 서울대학교 농업생명과학대학 바이오시스템·소재학부, 교수

정종훈

서울대학교 농과대학 농공학과, 농학사

서울대학교 대학원 농공학과, 농학석사(M.S.)

미국 Louisiana St. Univ. 대학원 Biological and Agricultural Engineering학과, 공학박사(Ph.D)

(현) 서울대학교 농업생명과학대학 바이오시스템·소재학부, 교수

송대빈

서울대학교 농과대학 농공학과, 농학사

서울대학교 대학원 농공학과, 농학석사(M.S.)

서울대학교 대학원 농공학과, 공학박사(Ph.D)

(현) 경상대학교 농업생명과학대학 생물산업기계공학과, 교수